当代建筑节能理论与政策论丛

可持续发展的理论与测度方法

韩 英 编著

中国建筑工业出版社

图书在版编目(CIP)数据

可持续发展的理论与测度方法/韩英编著. —北京：
中国建筑工业出版社，2006
(当代建筑节能理论与政策论丛)
ISBN 978-7-112-08691-7

Ⅰ. 可… Ⅱ. 韩… Ⅲ. 自然资源—可持续发展—研
究—中国 Ⅳ. X22

中国版本图书馆 CIP 数据核字(2006)第 126820 号

责任编辑：郑淮兵 张 晶
责任设计：崔兰萍
责任校对：张树梅 张 虹

当代建筑节能理论与政策论丛
可持续发展的理论与测度方法
韩 英 编著
*
中国建筑工业出版社出版、发行(北京西郊百万庄)
新 华 书 店 经 销
北京天成排版公司制版
北京二二〇七工厂印刷
*
开本：787×960 毫米 1/16 印张：15¼ 字数：315 千字
2007 年 1 月第一版 2007 年 1 月第一次印刷
印数：1—3000 册 定价：**32.00** 元
ISBN 978-7-112-08691-7
(15355)

本社网址：http：//www.cabp.com.cn
网上书店：http：//www.china-building.com.cn

内 容 提 要

本书研究可持续发展的基本理论与测度方法。

目前，可持续发展的研究已经取得了很大的进展，关于可持续发展的研究文献浩如烟海。但是，作为一个庞大而复杂的研究领域，对可持续发展的研究并不透彻，这直接导致了可持续发展在实践中的可操作性不强，可持续发展战略的实施不力。在当今世界各国对可持续发展战略的推广实施呼声越来越大，对可持续发展实践的重视程度越来越高之际，研究如何提高可持续发展这一伦理规范的可行性有着重要的意义。而要想达到提高可持续发展可行性与实践操作性的目的，则首先必须透彻理解可持续发展的基本理论及其度量方法。这是因为，可持续发展概念、理论的清晰化为其操作性的增强提供基础，而如何度量可持续发展水平，可持续发展测度方法的清晰化又是提高可持续发展可行性的基础。可持续发展的基本理论与应用方法研究上的不透彻，才导致了对于可持续发展实践的指导不力，致使可持续发展的可操作性及可行性不强。本书从可持续发展的基本理论与测度方法的同步研究入手，为可持续发展的可行性研究作出理论上的尝试与努力。

编委会

序

可持续发展作为伦理标准得到公认的标志，是 1987 年发表世界环境与发展委员会的报告《我们共同的未来》，该报告给出了可持续发展的定义；1992 年在巴西里约热内卢召开了联合国环境与发展大会，通过此次大会成立了可持续发展委员会，即明确了可持续发展将被列入世界政治议程。可见，可持续发展作为处理代际关系的伦理准则而得到公认，仅仅是最近二十年内的事。虽然很多研究者从不同角度进行了大量探讨。但是，到目前为止，可持续发展在具体化和可操作性方面，仍然存在着明显的不足。

可持续发展理论所试图解决的是人类的发展危机，而人类的发展危机涉及到自然科学与社会科学等多学科内容，从而导致关于可持续发展的研究呈现出百家争鸣之势，产生或者发展了诸如生态经济学、资源经济学、环境经济学、生态哲学、环境社会学等学科，它们从经济学、生态学、社会学等学科传统与范式出发，从多个侧面解释与研究人类的发展问题。目前，可持续发展的研究已经取得了很大的进展，关于可持续发展的研究文献浩如烟海。以国内研究为例，在中国期刊网(www. china journal. net)上输入“可持续发展”的关键词检索到的文章数量如今可达到 62657 篇(2005 年)。但是，作为一个庞大而复杂的研究领域，对于可持续发展的理论研究尚不透彻，应用方法研究刚刚起步。可持续发展的理论与应用方法研究尚不透彻，对于可持续发展实践的指导不力，致使可持续发展的可行性及可操作性不强。

韩英博士在读博期间阅读了大量的理论性书籍及参考文献，并参与完成了由本人主持的国家自然科学基金课题“房地产业与国民经济协调和可持续发展研究”(批准号：79870026)和北京市教育委员会科技发展计划项目“建筑产品全寿命周期资源优化与绿色管理问题研究”(课题编号：01KJ-068)等可持续发展理论的应用课题，在博士论文的基础之上完成了本书。本书从可持续发展的理论与应用方法的同步研究入手，为增强可持续发展的可行性作出了尝试与贡献。这部书凝结着作者在可持续发展研究领域的探索成果与智慧、灵感与乐趣。在她多年漫漫求学的道路上，特别是在攻读博士学位期间，付出了艰辛的劳动和汗水，在本书交付出版之际我对她表示衷心的祝贺。

我希望本书的出版能够对推动我国可持续发展理论的研究和应用发挥作用，同时激发起更多读者对于可持续发展领域研究的兴趣，为可持续发展的理论与实践研究作出贡献。也希望作者永不停止在该领域探索的脚步。

2006 年 10 月于北京

前　言

可持续发展概念的提出是20世纪80年代后期的事情。到目前为止，可持续发展在具体化和可操作性方面，存在着一些不足之处。如何提高这一规范的可操作性及可行性，成为可持续发展理论研究中急待解决的问题。

本书通过对可持续发展基础理论与测度方法的研究，欲达到提高可持续发展可行性与实践操作性的目的。可持续发展的概念、理论的清晰化为其操作性的增强提供了基础，而如何度量可持续发展水平？可持续发展测度方法的研究又是提高可持续发展可行性的基础性研究。本书拟通过对可持续发展的基础理论与对可持续发展的测度方法的同步研究，为可持续发展的可行性研究作出理论上的尝试与努力。

目前，国内外可持续发展的研究重心转向国家可持续发展战略研究，更加注重可持续发展实践的研究。但由于理论界对可持续发展的讨论还不能完全停止；不同国家和地区对可持续发展的目标还存在着认识上的差异性；可持续发展测度所涉及的方法体系与传统的方法体系有所不同，测度方法尚不成熟，有待理论上的完善与实际操作的进一步检验。因此，应用现有的可持续发展理论与测度方法对可持续发展进程进行解释、评价和监测还缺乏一致性，实际操作起来还有困难。可持续发展实践研究的超前性及其理论与测度方法研究的相对滞后，说明可持续发展实践在世界范围的迫切性，同时也显示了可持续发展的理论与测度研究面临的压力。因此，本书的写作具有重要的理论与现实意义。

本书虽广泛吸收了国内外已有的研究成果，但内容仍不成熟，疏漏与错误之处在所难免，希望得到广大读者的批评与指正。

目 录

第一章 绪 论

第一节 研究背景及意义

一、本书所针对的问题

可持续发展作为伦理标准得到公认的标志，是1987年世界环境与发展委员会发表的报告《我们共同的未来》，该报告给出了可持续发展的定义；以及1992年在巴西里约热内卢召开的联合国环境与发展大会，通过此次大会成立了可持续发展委员会，及明确了可持续发展将被列入世界政治议程。可见，可持续发展作为处理代际关系的伦理准则而得到公认，仅仅是最近20年内的事。到目前为止，可持续发展在具体化和可操作性方面，存在着明显的不足。如何提高这一规范的可操作性及可行性，成为可持续发展理论研究中亟待解决的问题。

本书通过对可持续发展基础理论与测度方法的研究，欲达到提高可持续发展可行性与实践操作性的目的。可持续发展概念、理论的清晰化为其操作性的增强提供基础，而如何度量可持续发展水平，可持续发展测度方法的研究又是提高可持续发展可行性的基础性研究。相关研究尚未透彻，本书拟通过对可持续发展的基础理论与对可持续发展的测度方法的同步研究，为可持续发展的可行性研究作出理论上的尝试与努力。

二、研究背景及意义

可持续发展概念的提出是20世纪80年代后期的事情，这一概念与思想的产生与人类在20世纪的生产与生活方式是分不开的。20世纪人类活动的一大特征表现在对科学技术与经济发展取得的日新月异的进步与成果上：20

世纪初结束的第二次工业革命，开辟了电气化的新纪元；自第二次世界大战结束至80年代末完成的第三次工业革命期间，电子计算机、原子能、宇航工程和生物工程等许多科技领域的重大新成果层出不穷。这些进步把人类带入了一个崭新的知识经济时代，并深刻地影响和改变了人们的生产方式和生活方式。因此，从经济学角度看，人类在20世纪取得了巨大的收益，但同时，也付出了昂贵的代价。

20世纪以来，随着科技进步和经济的迅猛发展，人类干预大自然的能力和规模空前增长。回顾20世纪的发展历程可以发现，地球上发生了3种影响深远的变化：一是人类物质文明高度发达。社会生产力的极大提高和经济规模的空前扩大，创造了前所未有的物质财富，大大推动了人类文明的进程。二是人口的过度增长。二战结束后，世界人口增长速度加快，从30亿增加到40亿用了15年，从40亿增加到50亿用了12年，而至21世纪到来时，全球人口数已经突破了60亿，增加这10亿人口用了不到10年的时间。三是生态环境遭受严重破坏。由于自然资源的过度开发与消耗和污染物质的大量排放，导致了全球性的资源短缺、环境污染和生态破坏。由于人们长期以来片面追求产值的经济畸形发展和不合理的消费方式，既浪费了宝贵的自然资源，又向环境倾注了大量有毒、有害的污染物，使自然环境不断恶化，严重影响了人类生活质量，阻碍了福利的增长。据联合国环境规划署负责人克劳斯·特普费尔于1998年7月18日在法国《问题》周刊发表题为“环境——地球上的十大祸患”的论文指出，威胁人类的十大环境祸患是：土壤遭到破坏、气候变化和能源浪费、生物的多样性减少、森林面积减少、淡水资源受到威胁、化学污染、混乱的城市化、海洋的过度开发和沿海地带被污染、空气污染、极地臭氧层空洞。显然，人类已经开始遭受全球生态系统破坏的“报复”。这种反作用的强度与涉及范围极大，持续时间极长，并且其恢复的经济代价与时间代价也极大。根据现在的发展趋势看，恶劣的自然环境已经严重威胁到当代人的生存与发展。一系列严峻的挑战说明人类的生存环境状况已经严重恶化，当代人的经济发展已经威胁到作为同一物种的后代人的发展利益甚至生存。因此，自20世纪80年代末期可持续发展思想提出以来，很快就得到国际学术界的广泛认同，“可持续发展”这个名词至今也成为全球使用频率最高的词汇之一。不论是发达国家，还是发展中国家，人们对社会、经济发展与生态环境相协调的可持续发展观已达成共识，对它的研究与实践也将直接关系到人类自身的前途与命运。

可持续发展理论所试图解决的是人类的发展危机，后者涉及自然科学与社会科学等多学科内容，从而导致关于可持续发展的研究呈现出百家争鸣之势，产生或者发展了诸如生态经济学、资源经济学、环境经济学、生态哲学、环境社会学等学科，它们从经济学、生态学、社会学等学科传统与范式出发，从多个侧面解释与研究人类的发展问题。目前，可持续发展的研究已经取得了很大的进展，关于可持续发展的研究文献浩如烟海。以国内研究为例，在中国期刊网（www. chinajournal. net）上输入“可持续发展”的关键词检索到的文章数量如今可达到 62657 篇（2005 年）。但是，作为一个庞大而复杂的研究领域，对于可持续发展的理论研究尚不透彻，应用方法的研究刚刚起步。可持续发展的理论与应用方法研究不透彻，对于可持续发展实践的指导不力，致使可持续发展的可行性及可操作性不强。本书从可持续发展的理论与应用方法的同步研究入手，为增强可持续发展的可行性作出努力。因此，本书的写作具有重要的理论与现实意义。

第二节　国内外相关研究概述

一、可持续发展思想的历史考察

早在远古时期，中国就有了朴素的可持续发展思想。古书《逸周书·大聚篇》记有大禹的话：“早春三月，山林不登斧，以成草木之长。夏三月，川泽不入网罟，以成鱼鳖之长。”春秋时齐国相国管仲在《管子·王行》中有：“亡伤襁褓，时则不凋”，即丰富的自然资源构成发展的客观基础。在《管子》外篇，第五卷中有：“地力不可竭，民力不可殚”，指出了土地对人口承载的极限问题。北魏的农学家贾思勰在总结中国农学经验时，概括出以下循环农业生产模式：

“养蚕$\xrightarrow{\text{废料}}$鱼塘$\xrightarrow{\text{肥料}}$桑林$\xrightarrow{\text{食物}}$养蚕”，反映了贾思勰“顺天时，量地利，用力少而成功多，任情返道，劳而无获”的朴素的可持续发展思想。

现代西方可持续发展思想的最早研究可上溯到马尔萨斯。马尔萨斯在1789年发表的《人口原理》中，第一次明确地指出人口和其他物质一样，具有迅速繁殖的倾向，这种倾向受到自然环境(主要指土地和粮食)的限制。达尔文在其1859年出版的《物种起源》中，在论述生物和环境的关系上也与马尔萨斯保持一致，并发展了他的一些观点。

进入20世纪以后，工业得到了迅速的发展，人口增长速度加快，与此同时，由于资源被掠夺性地开采使用，生态环境不断恶化，形成了人口、资源、生态环境之间的矛盾和冲突。这种冲突导致了人们自发地反思人类的发展模式。人们已经意识到人类必须走一条可持续发展的道路，但形成研究体系则是最近30年的事。

第一个有影响的研究是20世纪60年代末美国鲍尔丁的“宇宙飞船经济理论”。其含义是，人类赖以生存的最大的生态系统是地球，而地球只不过是茫茫无垠的太空中的一艘小小的宇宙飞船。人口和经济的不断增长，最终将使这艘小小的飞船内有限的资源消耗殆尽，人类生产、消费排放的废物又将使这飞船内完全被污染，到那时，人类社会将以崩溃而终结。鲍尔丁的理论其价值及意义在于提出了以下观点：①必须改变“增长型经济”而采取“储备型经济”；②必须改变传统的“消耗型经济”而代之以“生态型经济”；③应实行“福利量”的经济而不能像以往只注重于“生产量”的经济；④应建立重复使用物质资源的“循环式经济”以替代传统的“单程式经济”。

20世纪70年代初，以人口、资源、环境为主要内容，以讨论人类前途为中心议题的“罗马俱乐部”成立，1972年，以梅多斯为首的研究者发表了震动全世界的著作——《增长的极限》。其主要论点为：人类社会的增长由5种相互影响、相互制约的发展趋势构成，即：加速发展的工业化、人口剧增、粮食私有制、不可再生资源枯竭、生态环境恶化，它们都以指数形式增长。由于地球的有限性，这5种趋势的增长都是有限的，一旦达到极限，增长就会被迫停止。《增长的极限》其结论是：人类社会的无限增长是不现实的，而等待自然极限来临迫使增长停止又是社会难以接受的；协调发展是人类自我限制增长可取的方法。

20世纪70年代的全球绿色运动亦含有可持续发展的思想。例如，人与自然的协调一致，保护生态环境，不破坏生态系统的稳定性，社会问题和生态问题的相互联系，尊重公平与平等等。虽然绿色运动的绿色思想并不等同于可持续发展思想，但是它促进了可持续发展思想的形成与发展。

意味着可持续发展科学思想真正的形成与成熟则体现于联合国等国际组织发表于20世纪70～90年代的4个重要报告中。

1972年联合国在瑞典首都斯德哥尔摩召开了有114个国家参加的第一次“人类与环境会议”。会议期间出版了由经济学家B. 沃德和微生物学家R. 杜博斯为会议准备的背景报告——《只有一个地球：对一个小小行星的关怀和维护》。会议通过了著名的《人类环境宣言》，提出“只有一个地球”的口号，要求人类保护地球环境，使之不仅成为现在人类生活的场所，而且也适合将来子孙后代的居住生活。它包含着可持续发展理论中“代际公平”的初步思想。

1980年国际自然与资源保护联合会（IUCN）、联合国环境规划署(UNEP)和世界自然基金会(WWF)共同发表了《世界自然保护大纲》，书中对可持续发展思想给予了系统阐述，指出：“强调人类利用对生物的管理，使生物圈既能满足当代人的最大持续利益，又能保持其满足后代人需求与欲望的能力。”

1987年世界环境与发展委员会发表了《我们共同的未来》报告。该报告系统论述了可持续发展的概念、原则和实践问题，提出了后来为全球所公认的可持续发展概念：“可持续发展是在满足当代人需求的同时，不损害后代人满足其需求的能力的发展”。至此，形成了比较系统的全球性可持续发展观和发展战略。

1992年6月，联合国在巴西里约热内卢召开了“环境与发展”大会，有183个国家和70多个国际组织参加。会议通过了《里约热内卢环境与发展宣言》、《21世纪议程》等重要文件，提出了“环境与发展必须协调”的口号。这标志着可持续发展思想被世界上绝大多数国家和组织承认接受。

二、国外研究成果、研究现状与趋势

(一) 研究成果

国外学者对于可持续发展的研究，其研究成果主要集中于可持续发展的含义和基本理论的讨论上。

可持续发展思想的产生源于大量资源环境问题的出现，资源环境的稀缺性及有限性与人类的永续发展构成了尖锐的矛盾。在考虑如何协调这一矛盾的过程中，不同领域的研究者从不同角度为可持续发展的含义及其基本理论作出了贡献。

1. 古典经济学的贡献

古典经济学理论是关于自然资源尤其是土地的稀缺及其对收益和经济发展所造成的影响的学问。因此，资源稀缺是古典经济学理论的立论基础。

亚当·斯密在其《国民财富的性质和原因研究》中构筑了经济增长的基本模式以说明劳动和资本在推动物资生产中的巨大作用❶。他所构筑的经济增长模式隐含着一个重要的假设前提，即劳动和资本所需的自然资源与环境基础不存在任何障碍，可以无限地满足劳动和资本的需要。换言之，阻碍经济增长的不是自然资源和环境，而是劳动和资本。这种设定被称为“斯密设定”。最早对“斯密设定”表示疑义的是马尔萨斯，他在《人口原理》与《政治经济学原理》中系统论述了他的绝对资源稀缺的观点。

马尔萨斯的观点概括起来包括：①人口的增长在数量上可以是无限的，而且增长的速度是呈指数型的。这就使得人口的数量增长呈加速之势。②自然资源的数量却是一定的、有限的；而且其增长是缓慢的，不具指数型的加速特征。③人口的指数增长和自然资源的非指数平稳增长在经过一段时间后，或早或迟，人口数量将超过自然资源所能够承受的水平。④如果人类不认识自然资源的有限性，不仅自然资源与环境将遭到破坏，而且人口数量将以饥荒、战争、瘟疫等灾难性形式而减少。在马尔萨斯看来，无论是资源物理数量的有限还是经济上的稀缺，都是绝对存在的，不会因技术进步和社会发展而改变❷。马尔萨斯认为，不变的土地供给，对人口持续正增长趋势的假设以及农业上的报酬递减，预示着在长期中每单位资本的产出将呈现下降趋势。按照马尔萨斯的说法，存在一种使人们的生活下降到只能维持生计的最低水平的长期趋势，此时经济达到稳定状态。

稳定状态的概念是由大卫·李嘉图(David Ricardo)提出并发展的，尤其

❶ 曼昆．经济学原理［M］．北京：机械工业出版社，2003.

❷ 张丰．可持续发展的经济学分析［D］．武汉大学博士论文，1999，14～18

是在他的《政治经济与税收原则》一书中得到具体论述。他认为，自然资源存在质差，如土地有肥力高低之分，矿产资源有品质差异。而质量较高、开采成本较低的自然资源贮量是有限的，但质量较低，难于开采的自然资源可以不断纳入开采之中。这样，李嘉图实际上否认自然资源经济利用的绝对极限。在其分析中，根本上没有涉及极限或绝对稀缺的字眼。他所强调的，是肥力较高的自然资源数量的相对稀缺。他不仅承认这一稀缺，而且将这一相对稀缺作为其经济分析的出发点。不仅如此，李嘉图还强调技术进步的作用。一方面，可以改良土壤，提高土地生产力；另一方面，可以使用机器，节省劳动，提高单位劳动的产出量。因此，在李嘉图看来，这种相对稀缺并不构成对经济发展的不可逾越的限制。

古典经济学家约翰·穆勒将资源稀缺的概念延伸到更为广义的环境，并在此基础上，从哲学的高度，提出了建立"静态经济"的思想。他认为，自然资源、人口和财富均应保持在一个静止稳定的水平，而且这一水平要远离自然资源的极限水平，以防止出现食物缺乏和生态环境的破坏。在他看来，荒野生境、野生动植物都应受到保护，尽管它们可能用以生产人类所需的食物或与人类争夺食物。不仅如此，人们还要为子孙后代着想，不要危害他们的生存利益❶。

"静态经济"的思想，已超出了稀缺的范畴，将环境保护及其影响的时间尺度拓展到了更为长远的未来。穆勒的这一思想，在本世纪 70 年代初由戴利作了进一步拓展，并形成被梅多斯等人所接受的静态经济的概念。

2. 新古典经济学的贡献

由 19 世纪 70 年代的"边际革命"发轫，以马歇尔为代表的新古典经济学，其研究重心已经偏离了古典经济学的研究传统。古典经济学主要关注的是资源的稀缺程度与经济增长的关系，因而他们关心分工、组织和制度问题；而新古典经济学主要关注的是在资源稀缺或资源数量一定的条件下，如何在不同的用途中配置资源，使其达到帕累托最优状态。这种研究重心的转移使得资源稀缺程度对经济增长的影响在新古典经济学体系中被降低了。

从总体上看，新古典经济学在"能否可持续发展"的问题上持乐观态

❶ 尚卫平．可持续发展的理论思考与统计研究［D］．厦门大学博士论文，2000，15～18

度。新古典经济学家们认为，市场机制的自发运行可以解决资源与可持续发展的矛盾，从而可以避免马尔萨斯陷阱。他们提出的理由如下：①科学技术的发展足以提高土地和其他资源的生产率，从而克服报酬递减趋势；或者说，在资源数量一定的情况下，科学技术的发展可以推动生产可能性曲线向外移动，从而使社会总产出增加，这个效果和亚当·斯密当年所说的人口增长带来经济增长的黄金时代是类似的。②价格会对资源的稀缺程度做出灵敏反应，一种资源愈稀缺，这种资源的价格就愈高，使用这种资源的成本就愈高。由于“经济人”的目标是追求自身利益最大化，所以，资源稀缺程度提高本身就成为技术和使用资源行为变革的动力。随着稀缺资源的价格不断上升，一方面，人们会寻找和发明节约这种资源的新技术。例如，当石油价格上涨时，人们会在汽车上使用节油装置(如使用每公里油耗更低的发动机)。另一方面，人们会寻找这种稀缺资源的替代品。当石油价格上升时，会刺激人们去开发利用太阳能、风能和原子能。③随着经济发展和社会生活水平的不断提高，人们倾向于选择缩小家庭规模的决策，这会引起人口增长率的下降，由此会缓解人口增长与资源消耗的矛盾。

与古典经济学强调土地肥力递减从而报酬递减不同，马歇尔强调人类改变土壤性质的力量。他相信人类依靠机械和化学方法，可以“把土壤肥力置于人类的控制之下”。

作为经济学家，马歇尔不会否认报酬递减律的存在。那么，随着人口的不断增长，人类会不会陷入马尔萨斯陷阱呢？马歇尔的回答是否定的。因为人口的增长会引起市场的扩大、贸易的发展和产业组织的发展，因此，“虽然报酬递减律发生作用，但人口对生活资料的压力，在很长时期内，仍可为开辟新的供给范围、铁路和轮船交通的低廉与组织和知识的进步所遏制。”

但是，马歇尔认为，人口增长必然会产生另一类问题，这就是“在人口稠密的地方，获得新鲜空气和阳光，以及在某种情况下——新鲜的水的困难日见增加”[❶]，还有名胜之地的天然美具有不能忽视的直接货币价值。由此我们看到，马歇尔所说的“资源”内涵已经比古典经济学所说的“资源”的内涵大大扩展了，并且，马歇尔不但讨论了资源与经济增长和社会发展的关

❶ 方福前. 可持续发展理论在西方经济学中的演进［J］. 当代经济研究，2000(10)：14～22

系，而且关注环境与经济增长和社会发展的关系。马歇尔在经济和社会的可持续发展问题上是一个乐观主义者。他的基本理由是：自然在生产上所起的作用表现出报酬递减的倾向，而人类所起的作用(如：知识的进步，教育的普及，科学技术的发展，新机器新方法的采用，市场范围的扩大等)则表现出报酬递增的倾向。报酬递增倾向会压倒报酬递减倾向。因此，人类的未来是美好的，是可以持续发展的："随着文明的进步，人类尝试发展新的欲望和满足这些欲望的较为高价的新方法。进步的速度有时是缓慢的，而且偶尔甚至也有很大的退步；但是，现在我们正以一年比一年迅速的快步前进；我们无法推测将在何处停下来。在各方面，进一步的机会是一定会发生的，这些机会都会改变我们的社会和工业的生活之性质，使我们能利用巨额储存的资本来提供新的满足，并将它用于新的欲望来提供节省人力的新方法。[1]"

此外，在不可再生资源的效率配置问题研究上，美国的数理经济学家霍特林(H. Hotelling)对此作出了贡献。霍特林于 1931 年发表了论文"可枯竭资源经济学"，对不可再生资源的效率配置作了详尽的分析。

在霍特林假定的优化开采程序中，给定量的矿产资源被看成是一笔资产。如果开采利用，其所有者便将这笔资产在市场上转化为资本资产。资本用以投资，在资本市场上按市场利率增值。如果这笔资产放在地下不开采，只要资源的市场价格的变化率与市场利率相同，那么，该资产的市场增值量与开发转化为资本以后的增值量是一样的。对于资源所有者来说，他将并不介意是让资产在地下增值还是让资产开采后变为资本增值。

霍特林规则的政策含义是：资源存量本身的变化或者说枯竭与否并无关紧要，关键是要看矿产资源的开发是否有效率。这一结论使人们对"能否可持续发展"报以乐观的态度。

3. 生态经济学的贡献

生态经济学是一门新兴的交叉科学。其显著的特征是将经济系统看作是地球这个更大的系统的子系统。也就是说，生态经济学是基于对经济与环境系统相互依赖的认识，以及根据 18 及 19 两个世纪以来的自然科学，特别是热力学和生态学的发展，在研究共同的经济——环境系统的基础上产生的。

---

[1] 方福前. 可持续发展理论在西方经济学中的演进 [J]. 当代经济研究，2000(10)：14～22

正是经济系统和环境系统的相互依存与制约才产生了可持续发展问题，生态经济学为可持续发展的研究提供了理论基础，它的原理、规律成为可持续发展研究的科学而有力的依据。

经济行为对物质基础即自然环境的依赖性，是古典经济学而不是新古典经济学主要关心的问题。肯尼思·布尔丁(Kenneth Boulding)在研究经济的可持续发展的过程中，在新古典经济学占统治地位的情况下，在经济学研究中继续坚持应用重要的自然规律，因为这些自然规律影响了经济行为的物质基础。20 世纪 80 年代，一大批经济学家和生态学家得出结论：若想在理解和论述经济—环境系统问题上有所进步的话，必须以交叉学科的方式进行研究，并决定把该学科叫做“生态经济学”。

生态经济学是研究生态系统和经济系统之间相互关系及其规律的科学，它是人类对经济增长与生态环境关系的反思。生态经济学认为生态系统和经济系统耦合为一个系统，它的研究对象则是这个生态经济系统。它通过研究生态经济系统进展演替的特征，揭示出生态经济不能持续发展的原因在于经济无限增长与生态供给的阈值之间的矛盾，导致了不可持续发展的出现。经济学的任务就是维持生态经济系统的进展演替，即可持续发展。

从生态经济学角度研究可持续发展的学者主要有 E. Barbier，D. Pearce，R. Turner 和 A. Merkandya，他们都是剑桥或牛津大学的教授，因此也被称为伦敦学派。他们的主要观点即生态系统结构中各种资源的互补功能及多样性在生态系统恢复力中的重要作用都限制了替代范围，而新古典经济学强调人造资本、人力资本和自然资本的可替代性，对可持续发展的解释完全违反了上述自然规律。通过引入环境化解能力存在上限和维持可持续存在下限的假定，他们对以上可持续发展释义加以修正。同时，他们还提出了关键自然资本这一概念，它是指人类生存和生态系统不可缺失的基本物种或基本过程(如环境支持功能)，它与人造资本之间不存在替代性。他们将可持续发展理解为在对自然资本中某些关键要素以实物量形式加以保护的约束下，使总资本价值在经济发展过程中保持不变。他们对加强可持续发展思想的形成作出了贡献。

4. 生态学的贡献

诞生于 19 世纪的生态学是一门研究生物和环境之间关系的科学。生态学也为可持续发展的研究提供了有力的科学支持及理论基础。该学科认为，自然界的每一部分，其生物和它们的非生物(物理)环境相互联系和相互作用，彼此之间进行着连续的能量和物质交换，从而形成一种自然整体，这就是生态系统。任何一个生态系统都有向稳定、成熟的阶段发展的特性。而成熟、稳定的阶段即是生态平衡或叫做自然界的平衡。这种平衡是动态平衡，而保持这种动态平衡的力量来自于自然界本身所具有的一种被称为反馈的机制。同时，平衡也是有条件的，即平衡只存在于一定的条件或范围之内。当平衡受到外部的剧烈干扰，这种干扰超过了系统的自我调节能力，平衡被打破但又不能维持一个新的、低一级的平衡，系统即处于一种失衡的状态。失衡的生态系统常常表现为生物与环境之间的不协调，这种不协调因生态系统固有的自我调节能力而在一个很长的时期内不被发现。但如果不对此失衡的生态系统加以警惕，则系统最终的崩溃是不可避免的[1]。而系统稳定性的高低直接取决于系统结构的复杂度和系统内物种的多样性。即存在“多样性导致稳定性”的规律。生态学还认为，人类是复杂的“生物地球化学”循环的不可分离的一部分。人类作为主体，其生存和繁衍，必然而且只能依赖于自然环境系统这个主体。但另一方面，人类又是其中的一分子，其生命活动的每一部分都自然地融入该客体之中，并作为主体影响、改变和维持着该自然环境系统。因此，人类既可以保护和改善自然，又可能损害和毁灭自然。如果人类出于生存和发展的目的，以自己的意志随意改变和迁移世界上的各种生物物种和环境状态，人为中断物种的自然演替，必将造成一些物种的灭绝，破坏生态多样性和系统的平衡。反之如果正确处理好人与自然的关系，解决好发展与限制的矛盾，则自然就能持续地供给人类生存和繁衍的所需，保证人类社会的可持续发展。

生态学家指出可持续发展的重点在于维护基本的生态过程和生命支持系统，保护基因多样性和物种与生态系统的可持续利用。他们认为，如果要使经济发展可持续，其必要条件是经济活动所最终依赖的生态系统必须可持续(Tisdell，1987)，主张保护所有生态要素的完整性和可再生能力(Turner，

[1] Solow R. On the international allocation of natural resources [J]. *Scandinavian Journal of Economics*，1986，88(1)：144.

1993)。

5. 环境经济学的贡献

环境经济学是以环境与经济之间的相互关系为特定研究对象的经济学分支。它的以下理论观点为可持续发展研究提供了经济学支持：①“经济与环境协调”观。环境经济学认为，环境是人类生产劳动的条件和对象，自然资源——如土地、森林、草原、淡水、矿藏等的数量和质量对人类经济活动有重大影响。同时，环境还是人类社会在经济活动中产生的废弃物的排放场所和自然净化场所。从而，环境危机都是由经济发展而产生，环境问题也需在经济发展过程中解决。如何兼顾经济发展和环境的保护与利用，是可持续发展的研究任务。②“环境财富论”和“自然资源价值”观。环境经济学把环境作为公共财产，作为全民享有的社会福利，不仅为人类生存所必需而且为人类生活质量的提高提供物质条件。在环境经济学家看来，随着人口的增加和经济的不断发展，自然生态环境就不再是数量十分丰富的“免费商品”，而是数量有限价值不断增加的特殊商品，主张让损害环境者付费。③“宇宙飞船经济”观。这是20世纪60年代后期鲍尔丁提出的，其含义在前文已作过阐述。

环境经济学家认为，局限在环境容纳能力范围内的经济发展才是可持续的发展。强调了地球环境有限的容纳能力对人口规模的限制，及其经济活动对环境的压力局限在阈值范围以内是实现可持续发展的必要条件。

6. 热力学的贡献

Daly在分析中强调人类活动规模对全球容纳能力所产生的“规模效应”。他认为，温室效应、臭氧层耗损和酸雨都是我们已经越过宏观经济合理规模“警戒线”的有力证据。Daly认为稳定态经济(Steady-State Economy)即为可持续发展模式。稳定态经济指零经济增长和零人口增长，以及在此基础上宏观经济规模的零增长。以上对于可持续发展理解的根据是地球系统是由热力学极限和有限资源构成的一个有限系统，所能容纳的宏观经济总规模也有限。因此，可持续发展要求整个经济中流通的物质流和能量流速率应该极小化。热力学第二定律意味着能量的百分之百循环是不可能的。稳定态经济范式的支持者们并不排除“发展”，他们排除的是“数量型”的发展，强调在零增长中进行“质”的发展。

7. 伦理学的贡献

从伦理学角度看，可持续发展观念的核心是公平与和谐，公平包括人地公平、代际公平以及不同地域、不同人群之间的代内公平；和谐则是指全球范围内的人与人、人与自然的和谐。

人地公平把人看成是大地共同体的一员，认为人与大地为一体，人与自然应和谐相处。人地公平指的就是人类和大自然应保持一种公正关系，就是要求人类有意识地控制自己的行为，合理地控制利用、改造自然界的程度，维护生态系统的完整稳定，保持生物的多样性❶。

代内公平原则是用以调整不平等的国际政治经济秩序，消除世界贫困，寻求共同发展的伦理原则。它强调当代人在利用自然资源满足利益上机会均等，在谋求生存与发展上权利均等。宇宙只有一个地球，其空间、资源、能源和环境都是有限的，任何国家与地区的发展都不能以损害其他国家和地区发展为代价。

代际公平原则是当代人与后代人享用自然、利用自然、开发自然的权力均等。解决代际公平必须通过一个原则加以落实，这个原则就是人与自然和谐的原则，即使人类发展行为与环境相协调。具体地说，就是当代人以及每一代人在满足本代人的生存和发展需要的同时，应当使资源和环境条件保持相对稳定性，从而持续供给后代所使用的资源。通过这一原则，伦理学家们就把代与代之间的问题放到每一代人内部的实践中来解决。因此，从伦理学角度分析，人与自然和谐的原则是可持续发展的根本原则。

(二) 研究现状与趋势

目前，国外可持续发展研究的重心已转向可持续发展战略的实施。1992年6月，在巴西里约热内卢召开的联合国环境与发展大会上，可持续发展已成为人类的共识，并被写入大会发表的文件中。此后可持续发展的研究重心转向国家可持续发展战略研究，更加注重可持续发展实践的研究。在欧洲大陆，国际应用系统分析研究所等国际组织着眼于全球和欧洲，进行了“生物圈的生态可持续发展”研究、“欧洲未来的环境研究”。在英国，学者们从经

❶ (英)伊恩·莫法特. 可持续发展原则分析和政策 [M]. 宋国君译. 北京：经济科学出版社，2002，148～165.

济学理论出发，结合具体的生态过程，对发展中国家的可持续发展进行了定量化的实证研究。美国从社会体制角度探讨可持续发展，在政府制定可持续发展政策方面作了尝试。1993 年 6 月，美国成立了“总统可持续发展理事会”，负责执行 1992 年联合国环境与发展大会制定的《21 世纪议程》，起草国家可持续发展战略及行动计划框架。理事会认为可持续发展应分为 3 种目标：①国际可持续发展，指发展中国家在发展经济时，不应对环境造成损害。②发达国家可持续发展，指通过提高效率和改变消费模式与生活方式，减少在能源和自然资源消耗中的浪费现象。③自然的持续性，指人类将对自然的利用限制在自然系统能够进行循环的范围内。美国提出了可持续发展的 4 个主题：①生态效率，指每单位经济增长所消耗的资源和能源数量。发达国家的可持续发展战略是追求提高生态效率。②经济进步，即发展中国家通过发展经济，消除贫困。③公平，指公平地利用和保护地球上的资源；公平地承担环境风险；公平地进行社会分配。一个贫富悬殊的世界是不能持续的。④选择，即通过谨慎的技术选择，抑制全球变暖、臭氧层破坏、生物多样性减少等全球性环境问题的发生和发展。巴西视社会经济稳定发展与自然供需平衡为可持续发展的基石。其可持续发展的主要内容包括：消除贫困；合理利用能源；建立生态平衡经济发展区；开发多样化生物产品；强化可持续发展能力建设等。

由于可持续发展战略的实施成为各国可持续发展研究的重心，因此，如何评价和监测可持续发展的状态和进程则成为当前各国可持续发展研究的热点与前沿领域❶。自从可持续发展从哲学理念进入操作层次后，国际上就一直在研究测量可持续发展状态的有效方法。到目前为止，可持续发展测度研究已主要涉及经济学、生态学、统计学等学科方法，其中联合国核算专家开发的综合环境经济核算体系形成的 EDP 指标、世界银行开发的国家财富指标、真实储蓄指标、加拿大学者 William E Rees 与 Mathis Wackernagel 共同提出的生态占用测度指标等，在可持续发展测度研究领域具有重要的理论和实践意义。此外，一些国际组织也提出了较为系统的指标体系，来系统研究可持续发展测度问题。在国际上比较有影响的可持续发展测度指

❶ 赵玉川．我国可持续发展统计指标研究的思考［J］．北京统计，2000(6)，32.

标体系有：联合国CSD可持续发展指标体系；联合国STAT可持续发展指标体系；英国可持续发展指标体系；世界银行可持续发展指标体系等。但由于理论界对可持续发展的讨论还不能完全停止；不同国家和地区对可持续发展目标存在着认识上的差异性；可持续发展测度所涉及的方法体系与传统的方法体系有所不同，测度方法尚不成熟，有待理论上的完善与实际操作的进一步检验，因此，应用现有的可持续发展测度方法对可持续发展进程进行评价和监测还缺乏一致性，实际操作起来还有困难。世界各主要国家和国际组织仍在坚持不懈地对可持续发展的理论与测度进行探索与完善。

三、国内研究概况与有待解决的问题

早在1984年，我国著名生态学家马世骏就提出了“生态—经济—社会”三维复合理论，并进而提出效率、公平性与可持续性三者组成复合生态系统的“生态序”，高的“生态序”是生态规划的主要目标，也是实现系统可持续发展的充分必要条件。

1996年叶文虎提出，可持续发展的核心内容是协同和公平。协同是指社会进步的目标、经济增长的目标和环境保护的目标这三者之间的协同，也即人类社会与自然环境的协同。公平，就是人类与其他生物物种之间、不同人群之间及不同地区和国家的人群之间在占有自然资源和物质财富分配上具有“时空公平”。

1997年，张坤民在《可持续发展论》中阐述了可持续发展的基本内涵是：①可持续发展不否定经济增长，尤其是穷国的经济增长。②可持续发展要求以自然资源为基础，同环境承载力相协调。③可持续发展以提高生活质量为目标，同社会进步相适应。④可持续发展承认并要求在产品和服务的价格中体现出自然资源的价值。并强调把发展与环境作为一个有机整体。

1997年，潘家华在《持续发展途径的经济学分析》中讨论了有关环境伦理、环境危机及环境资源状态辨识参数的一些基本原理，并从经济学的角度分析了国际上有关持续发展途径的特征、局限、实践意义及运用前景，从古典的资源稀缺、常规的效率利用、悲观的极限增长、能动的能力建设、回收

性的绿色发展等方面就可持续发展的模式进行了具体分析[1]，就经济效益与环境可持续发展的关系，建立了持续发展市场调控的优化模型，讨论了多目标协同的决策与经济政策问题。

2000年，徐玉高、侯世昌根据不同资本之间替代程度的大小将可持续性分为弱可持续性、中等持续性、强持续性和绝对强持续性。从资本可替代的角度，对经济发展可持续性问题进行了探讨。他们认为现实生活中的情景与中等可持续性类似，应向强可持续性努力。从学术渊源上看，徐、侯二人的观点是对埃里克·诺伊迈耶理论的推广和扩展。

刘培哲教授在其2001年出版的《可持续发展理论与中国21世纪议程》中提出："可持续发展既不是单指经济发展和社会发展，也不是单指生态持续，而是指以人为中心的经济—社会—自然复合系统的可持续。"作者从三维结构复合系统出发定义可持续发展，认为"可持续发展就是能动地调控经济—社会—自然系统，使人类在不超越资源与环境承载力的条件下，促进经济发展，保持资源永续利用和提高生活质量"。

周毅于2002年发表"再论可持续发展"，对可持续发展问题进行了比较深入的研究，认为可持续发展的基本含义可分为3个方面：第一，可持续发展鼓励人类经济活动的发展，但决不意味着把经济发展与环境保护对立起来。因为没有经济的发展，社会财富就不能增加，人民生活就无法改善。无论是社会生产力的发展，综合国力的增强，人民生活水平的提高，还是资源的有效利用，环境和生态的保护都有赖于经济发展。经济发展是发展中国家的物质基础，也是实现人口、资源、环境与经济协调发展的保障。第二，可持续发展意味着经济增长和社会生活质量极大地依赖于环境质量。因此，可持续发展要以保护自然为基础，使经济发展与生态环境承载能力相适应。包括保护生命支持系统，保护生物多样性，保护地球生态的完整性。第三，可持续发展要求经济、社会和环境三方面协调发展，以改善和提高生活质量为目的，经济发展和人民生活水平提高、社会进步、生态安全相适应，同时应当创造一个保障人们享有平等、自由、教育、人权和安定的社会环境。也就是说，可持续发展既要求经济持续和社会持续，也要求生态持续。生态持续

[1] 李金华. 中国可持续发展核算体系［M］. 北京：社会科学文献出版社，2000，22～68.

是经济可持续的基础，经济持续是发展的条件，社会持续是发展的目的。人类共同追求的目标应该是自然—经济—社会复合系统的持续、稳定、健康发展。

王松霈于2003年发表“生态经济学为可持续发展提供理论基础”一文，提出以下观点：可持续发展思想的建立是生态时代的要求，主张用生态经济学的理论研究可持续发展并用其指导建立协调高效的人工生态系统。

此外，北京大学的王奇（1999，2000，2001）[1]、北京大学的邓文碧（2001，2002，2003）[2]、中国人民大学的高敏雪（1998，1999，2000，2001，2002，2003）、东北财经大学的宋旭光（1999，2000，2001，2002，2003，2004）等学者多年研究可持续发展问题，并大量撰文发表，他们对我国可持续发展的研究作出了贡献。

总体来说，可持续发展研究在我国很受重视，但其研究水平仍处于较初级的阶段，在其研究过程中存在着以下问题：

（1）研究的领域涉及面广，有人口可持续发展、资源可持续利用、生态可持续发展、科技可持续发展、社区可持续发展等，但研究成果不深入且缺乏理论根据[3]。

（2）可持续发展的对策研究已经开始，可持续发展的理论研究尚不透彻，指标体系建设研究相对滞后[4]。对策研究具有超前性，说明可持续发展实践在我国的迫切性，同时也显示了可持续发展的理论与测度研究面临的压力。

---

[1] 王奇．可持续发展的经济学研究［D］．北京大学博士论文，2001，3～26.

[2] 邓文碧．环境社会系统研究［D］．北京大学博士论文，2003，3～37.

[3] 宋旭光．可持续发展指标的研究思路［J］．统计与决策，2002(12)：17.

[4] 高敏雪．可持续发展指标体系评价［J］．北京统计，2001(3)：22～23.

第二章 可持续发展的内涵解析与实现条件分析

本章从多角度讨论发展及可持续性的概念，在综合各角度对可持续发展定义的基础之上，归纳出可持续发展的 3 点内涵。在此基础之上，讨论可持续发展的实现条件。

第一节 发展与可持续性的概念阐释

可持续发展一词译自英文“Sustainable Development”。其中，Sustainable 是“可维持的、可持续的”之意，Development 是耳熟能详的“发展”之意。从这两个词的关系来看，“可持续的”是对“发展”的界定，即可持续发展首先代表一种发展观，其次表现出这种发展观的特殊性——可持续性。因此，对“可持续发展”的清晰阐释应从对“发展”和“可持续性”这两个概念的理解开始。

一、发展的概念

在当代的任何一个国家和地区中，“发展”都是一个令人怦然心动的字眼。人们赋予发展许多含义。在科学发展史上，“发展”一词主要有 3 种含义：第一，哲学家认为“发展”是关于纯粹思维规定的辩证的演进，即把社会发展看作是与一系列逻辑概念的辩证进展相一致的含义上的“发展”，这就有了“逻辑的与历史的一致”之说。第二，社会学家认为“发展”的含义就是社会进步。第三，经济学家认为“发展”的实质就是指一个国家、一个民族、一个地区如何实现现代化的问题。也就是说，“发展”是研究、探讨、总结和寻求一个国家、一个民族、一个地区在通往现代化过程中所遇到的各种理论和实践的问题，它包括发展的目标、发展的模式、发展的途径、发展的方法、发展的优先领域，以及相互之间的联系等。

社会学家认为，增长、发展、进步和社会进步是性质不同的概念。增长是指社会活动规模的扩大；发展是结构的辩证观，是指社会整体内部各组成部分的联结、相互作用以及由此产生的活动能力的提高；假如增长不能改变整体内部诸要素之间的关系和能力，则被称为“无发展的增长”；进步不是那种“带来幸运的必然性”自我维持和积累的过程，不是各种机制的行动造成的，而是各种活动中冲突的结果，是社会收益的扩大。这在一定程度上说明增长不等于发展，进步也不等于发展。

经济学家在总结发展中国家的经验中也发现：增长与发展不同。经济增长不一定带来发展❶。即使在经济增长速度很高的情况下，许多发展中国家也并没有取得社会经济的普遍进步，反而出现了“有增长无发展”或“没有发展的经济增长”的现象。所以从 20 世纪 70 年代起，新的“发展”概念被广泛采用，概括地说，就是满足人的基本需要的概念。基本需要包含消除贫困、失业和收入的不平等。因此，发展不是一个短期能实现的目标。经济发展的内容应该包括：物质福利的增进；贫困、文盲、疾病和夭折现象消失；收入与产出结构的变化(一般表现为生产结构由农业转向工业，就业与提升不为少数权贵独占)；广大人民参与经济以及其他方面的决策等。

“发展”一词无论怎样理解，它首先或至少都应含有人类社会物质财富的增长和人群生活条件的提高这些多方面的含义❷。由此，问题可归结为：人类社会物质财富的生产究竟应该增长到什么程度和如何去增长才能使人类社会的发展成为可持续性的?

二、发展是受限制的

通常认为，发展受到 3 个方面因素的制约：一是经济因素，即要求效益超过成本，或至少与成本平衡；二是社会因素，要求不违反基于传统、伦理、宗教、习惯等所形成的一个民族和一个国家的社会准则，即必须保持在

❶ 邱东，宋旭光．可持续发展层次论［J］．经济研究，1999(2)：64.

❷ 张世秋等译．世界无末日：经济学、环境与可持续发展［M］．北京：中国财政经济出版社，1996，10～13.

社会忍耐之内；三是生态因素，要求保持好各种陆地的和水体的生态系统、农业生态系统等生命支持系统以及有关过程的动态平衡。生态因素的限制是最基本的，发展必须以生态环境为基础。

社会物质资料生产归根到底是从生态环境中获取各类自然资源，通过劳动将自然资源转化为产品，以满足人类的需要。自然资源依托于生态系统而存在，是生态系统的组成部分，并作为生态系统的要素参加系统的物质循环和能量转换运动，维护着生态系统的动态平衡和稳定，使其长期持续地存在和运行下去。正是在此基础上，生态系统才能源源不断地提供各种自然资源，但在某个时间限度内资源流量具有有限性，且生态系统对其稳定性的调节具有生态阈值。即生态因素对于发展具有限制作用❶。

早期的经济增长模型是以资本为取向的，并强调：投资于必需的机器、厂房、基础设施将会增加收入❷。这些模型随后又有所补充，其中技术进步起了重要作用。新兴的工业化国家的经验似乎要证明只要通过基建投资和技术进步就能达到经济增长的可行性。对这种资本导向型模型的验证表明，在环境条件相对优越的地区还可以继续采用它，而在环境条件脆弱的国家或地区则似乎不应当采用这种传统模式。20 世纪 80 年代的事实表明，如果不考虑环境来管理经济，经济增长就面临着极限。反之，如果对经济的管理是适宜的，则可以在确保维持最低的生态资源水平的一系列限制下实现经济发展。

发展这种人为改变环境的行为以使环境能够更有效地满足人类的需求，这既是必须的，又必须立足于维持自然环境能够提供一系列服务功能❸。

三、可持续性概念

“可持续性”一词源于生态学，最初应用于渔业和林业等可再生资源的管理。当鱼类捕捞量低于其自然增长量时，就是生态学意义上的可持续。

可持续性的最基本的，必不可少的情况是保持自然资源总量存量不变或

---

❶ (英)朱迪·丽丝. 自然资源：分配、经济学与政策［M］. 北京：商务印书馆，2002，12～23.

❷ 张世秋等译. 世界无末日：经济学、环境与可持续发展［M］. 北京：中国财政经济出版社，1996，8.

❸ 曲福田. 资源经济学［M］. 北京：中国农业出版社，2001，46～86.

比现有的水平更高。类似地，一个可持续的过程是指该过程在一个无限长的时期内，可以永远地保持下去，而系统的内外不仅没有数量和质量的衰减，甚至还有所提高。如果某项活动是可持续的，那么它对于任何一种实践目的，都可以永远继续下去。从经济学角度讲，单纯使用存在银行里的本金所产生的全部利息就是一种可持续的过程[❶]，因为它保持了本金的数目不变，而任何比这更高的使用速度则会破坏本金。人们认识到可持续性牵涉到生态的、经济的、社会的、文化的、政治的各种复杂因素的相互作用，根据不同的目标，对可持续性可以有经济的、生态的和社会文化的这 3 种主要的不同的解释。从经济学观念界定可持续性概念，即以最小量的资本投入获取最大量的收益。从生态学观点看可持续性，问题则集中在生物物理系统的稳定性。可持续性的社会文化概念则试图保持社会和文化体系的稳定，包括减少他们之间的毁灭性碰撞。保持全球文化多样性，促进代内和代际公平是其重要组成部分。R. 科斯坦萨等人认为，能够无限期地继续下去——而不会降低包括各种自然资本存量的量和质在内的整个资本存量的消费数量即为可持续性。他们指出："在企业中，资本存量包括长期资产，诸如作为生产资料的建筑物和机器。自然资本包括土壤和大气的结构，动植物的生物量，等等。而土壤、大气、动植物等则共同构成整个生态系统的基础。自然资本存量利用阳光这一初级投入，生产出各种生态体系劳务和物质自然资源流量，其例证包括森林群落、鱼类群落和石油储量。由上述自然资本存量生产出来的自然资源流量分别是：木材砍伐量、捕鱼量和原油产量。现在，我们已经进入了一个新时代。在这个时代中，资源开发的限制因素已不再是人造资本而是残留的自然资本。木材产量受制于森林残留量，而非锯木厂的生产能力；捕鱼量受制于鱼类种群数量，而非渔船数量；原油产量受制于残留的石油储量的可接近性，而非抽油和钻井能力。大多数经济学家将自然资本和人造资本看作是替代品而不是互补品，因而认为两者都不是有限的，因为只有互补的生产要素才是有限的。生态经济学家认为，人造资本和自然资本基本上是互补的，从而强调有限的生产要素的重要性和稀缺性条件下的变革。[❷]"

---

❶ 张坤民. 可持续发展论［M］. 北京：中国环境科学出版社，1997，19.

❷ Costanza R，Daly H E，Bartholomew J A. *Goals，agenda and policy recommendations for ecological economics：the Science and Management of Sustainability*［C］. New York：Columbia University Press，1991，8～9.

可见，从不同的角度，人们赋予了可持续性这一概念不同的内涵。然而，正如 Pezzy(1997)所指出的："将我在 1989 年归纳的 50 个可持续性的概念扩展到今天唾手可得的 5000 个，我丝毫看不出这样做的意义所在……"比给出定义更有用的是，对其主要形式进行分类[1]，这有助于了解关于可持续性的不同表达方法的实质，以确定其所强调的主题。以下是对可持续性概念的分类，见表 2-1。

可持续性的 6 类概念 **表 2-1**

① 可持续性状态是效用或消费不随时间而下降。
② 可持续性状态是管理自然资源以维持未来的生产机会。
③ 可持续性状态是自然资本存量不随时间而下降。
④ 可持续性状态是管理自然资源以维持资源服务的可持续产量。
⑤ 可持续性状态是满足生态系统在时间上的稳定性和弹性的最低标准。
⑥ 可持续性是能力和共识的构建过程。

资料来源：罗杰・珀曼. 自然资源与环境经济学. 北京：中国经济出版社. 2002，P57.

对表中分类概念的诠释如下：

①"效用或消费不随时间而下降"的可持续性，被看做是对经济行为进行限制的概念，这一限制用人类福利(即效用或消费)在时间上的变化来反映。约翰・哈特维克(Hartwick，1977，1978)推导了实现"效用或消费"非下降的可持续性的条件，该条件以特定的储蓄准则为中心，该准则被称为哈特维克储蓄准则。哈特维克认为，将开发不可再生资源得到的收益(收入超过边际开采成本的部分)储蓄下来，再作为生产(物质性)资本投入，在这一条件下，产出和消费的水平在时间上将保持为常数。索洛(Robert Solow)也认为，可持续性状态旨在满足代际平等的相关准则。"消费在代际间非下降"这一条件常被称为"哈特维克—索洛可持续性准则"。对哈特维克—索洛准则的异议是：它并未提出非下降消费的初期水平是多少。即使生活水平相当

---

[1] Peace D W. Blueprint 3：*Measuring Sustainable Development* [M]. London：Earthscan，1993.

低且持续下去，只要不是变得更低，这种经济就是可持续的！这意味着哈特维克—索洛可持续性准则包括一个容易达到的最低消费水平。

②“管理自然资源以维持未来的生产机会”的可持续性状态，是索洛提出的重视为子孙后代保存生产机会的可持续性概念(Solow，1986，1991)。他看到，用所谓的“吃蛋糕”问题讨论分配伦理是不适用的。假定某一不可再生资源的存量一定，那么如何在时间上分配这种资源呢？换句话说，在代际之间“分配蛋糕”的合适方法是什么呢？索洛认为，企图用不可再生资源的分配办法定义可持续性是错误且无用的。“‘吃蛋糕问题’是一个十分狭隘的提问题的方法。我们没有义务要求后来者分享这种或那种资源的馈赠。我们的责任是提高再生产的能力，或者说是在时间上保持可能的消费/生活标准。”因为当代人不能肯定地了解未来人的偏好，也不知道他们将会拥有什么技术。除非人们知道这些，否则是不可能对环境资源的代际配置作出什么合理的伦理决策的。因此，今天人类应负的责任是，让后代拥有与我们一样的发展潜力❶。如果将这样的潜力留给了后代，当代人就已经做到了应该做到的事情。留下较少的不可再生资源给下代或许也是可以的，只要能开发出更发达的科学知识宝藏作为补偿的话。

③“自然资本存量不随时间而下降”的可持续性概念强调，如果自然资本对生产是必要的，又不能由其他生产资本替代的话，则非下降的自然资本存量是保持经济发展潜力得以持续的必要条件。自然资本的替代性要比原来想像的低得多，随着自然资本的减少，替代程度也会下降。此外，自然环境的一些功能只能由自然资本存量来体现，因而这些功能是不具替代性的。因此，经济进步和发展将会把社会引导到强调和重视自然资本提供舒适服务的方向上，坚持自然资本存量的非下降原则。

④“管理自然资源以维持资源服务的可持续产量”。可持续产量的概念主要用于可再生资源，是指一种维持稳定水平的资源提供流量。例如，一片森林通过合理的疏伐可提供的恒续的木材产量。“维持资源服务的可持续产量”的可持续性状态意味着发展不会损害资源基础，资源的使用不会影响到

❶ Peace D W. *Blueprint 3: Measuring Sustainable Development* [M]. London: Earthscan, 1993.

将来资源的可持续供应。资源的利用率大于可持续产量就意味着存量的减少。因此，经济系统中必须存在一个物质被可持续使用的最大速率的稳定态。

⑤“满足生态系统在时间上的稳定性和弹性的最低标准”的可持续性概念反映了可持续发展的生态约束。稳定性和弹性是生态系统的两个重要特征。稳定性是附属于组成生态系统的种群的特性，是一个种群受到干扰后回到某种平衡态的倾向；弹性是生态系统的特征，是生态系统受到干扰后保持其功能和有机结构的倾向。稳定性和弹性与可持续性的联系在于，一个系统如果有弹性的话，它就是生态可持续的(Common&Perrings，1992)。据此，任何减少系统弹性的行为都是潜在不可持续的。生态可持续性的目标要求，经济活动应当使其对整个生态系统的弹性受到威胁的程度控制在相当低的水平❶。

⑥ 作为“能力和共识的构建的过程”的可持续性概念，是集中于“过程”而非“产量”或“限制”的可持续性概念。De Graaf 等人认为，人们不能将环境目标(例如防止灾难性的环境破坏)和社会与政治目标(例如减少贫困)区别开来，而这正是世界环境与发展委员会提出的精神。可持续性状态是一个过程，人们不能将可持续性状态简单地看成是一个技术问题。了解人类行为结果的基本极限意味着，仅考虑可持续性的必要条件是不够的。De Graaf 等主张将难题放在一起，通过磋商达成共识，提高可持续性状态的实施能力，其实现才是可能的。

第二节　可持续发展的内涵

从字面上看，可持续发展是发展概念与可持续性概念的结合。那么，能否说“可持续发展=可持续性+发展”呢？可持续发展的概念并不是两个概念的简单相加，而是可持续性在时间尺度、空间尺度上对发展的本质作出了

❶ Costanza R，Farber S，Castaneda B，Grasso M. Green national accounting：goals and methods [A]. Cleveland C J，Stern D I，Costanza Red. *The Economics of Nature and the Nature of Economics* [C]. Cheltenham：Edward Elgar，2001，200～264.

限定。

可持续发展最权威的定义是由联合国世界环境与发展委员会(WCED)于1987年在题为《我们共同的未来》的报告中给出的，英文只有一句话："Sustainable development is development that meets the needs of the present without compromising the ability of future generations to meet their own needs."翻译过来就是："可持续发展是指既满足当代人的需求，又不损害后代人满足其需求之能力的发展"(World Commission on Environment Development，1987，P43)。世界环境与发展委员会对可持续发展所下的定义，表达了代际公平的思想，以及"关于环境能力的有限性的思想，技术的状况和社会组织的状况，决定了环境满足现在和未来的各种需要的能力是有限的"(World Commission on Environment and Development，1987，P43)。就此两点而论，可持续发展的内涵是明确的。

但严格地说，这一概念只是一个偏重于伦理学的概念或政治主张，不够精确且操作性很差。对于什么是当前的需求，什么是未来的需求，用什么标准判断当前的发展对未来各代造成的损害，都没有加以说明。以至有学者评价这一定义为"经过深思熟虑的模糊不清"❶。

皮尔斯(Pearce)与沃福德(Warford)在其著作中将可持续发展定义为："当发展能够保证当代人的福利增加时，也不应使后代人的福利减少"，尝试用经济学的语言描述可持续发展，表达了可持续发展的代际公平与增进社会福利的思想。

L.C. 布拉特和 I. 斯蒂茨坎普认为，可持续发展"指出了一个总目标——福利，和一个总的约束条件——可利用的自然资源。"(Braat，L.C. and steetskamp，I，1991)

在此基础之上，R. 科斯坦萨等人提出了他们对于可持续发展的理解："可持续发展是动态的人类经济系统与更大程度上动态的、但正常条件下变动更缓慢的生态系统之间的一种关系。这种关系意味着：①人类的生存能够无限期地持续；②人类个体能够处于全盛状态；③人类文化能够发展。但这种关系也意味着人类活动的影响保持在某些限度之内，以免破坏生态学上的

❶ 刘培哲等. 可持续发展理论与中国21世纪议程［M］. 北京：中国气象出版社，2001.

生存支持系统的多样性、复杂性和功能。”(Costanza, R., Daly, H. E. and Bartholomew, J. A., 1991)

世界银行1992年度《世界发展报告》中对于可持续发展的解释为：“建立在成本效益比较和审慎的经济分析基础上的发展和环境政策，加强环境保护，从而导致福利的增加和可持续水平的提高”，强调了可持续发展是经济利益、环境利益以及社会福利三者间相互协调和相互促进的过程。

刘培哲教授在“可持续发展的概念与趋势”一文中，将世界上最有代表性，也是影响较大的“可持续发展”定义概括为4种，他的定义较好地从各个角度阐释了可持续发展的内涵：

① 着重于从自然属性定义可持续发展。较早的时候，可持续性概念是由生态学家首先提出来的，即所谓生态可持续性。它的表征旨在说明自然资源及其开发利用程度间的平衡。1991年11月，国际生态学联合会和国际生物科学联合会联合举行了关于可持续发展问题的专题研讨会。该研讨会发展并深化了可持续发展概念的自然属性，将可持续发展定义为“保护和加强环境系统的生产和更新能力”，即可持续发展是不超越环境系统更新能力的发展。从生物圈概念出发定义可持续发展是从自然属性方面表征可持续发展的另一种代表，即认为可持续发展是寻求一种最佳的生态系统以支持生态的完整性和人类愿望的实现，使人类的生存环境得以持续。

② 着重于从社会属性定义可持续发展。1991年，由世界自然保护同盟(IUCN)、联合国环境规划署(UNEP)和世界野生生物基金会(WWF)共同发表《保护地球：可持续生存战略》。该书将可持续发展定义为“在生存与不超出维持生态系统涵容能力之情况下，改善人类的生活品质”，并且提出人类可持续生存的9条原则。在这9条原则中，即强调了人类的生产方式要与地球承载能力保持平衡，保护地球的生命力和生物多样性，同时，也提出了人类可持续发展的价值观和130个行动方案，着重论述了可持续发展的最终落脚点是人类社会，即改善人类的生活品质，创造美好的生活环境。《保护地球：可持续生存战略》认为各国可以根据自己的国情制定各不相同的目标，但是，只有在“发展”的内涵中包括有提高人类健康水平、改善人类生活质量和获得必须资源的途径，并创建一个保障人类平等、自由人权的环境，“发展”只有使我们的生活在所有这些方面都得到改善，才是真正的

"发展"。

③ 着重于从经济属性定义可持续发展。这类定义也有若干表达方式。爱德华·B·巴比尔(Edward B. Barbire)在其著作《经济、自然资源、不足和发展》中，把可持续发展定义为"在保持自然资源的质量及其所提供服务的前提下，使经济发展的净利益增加到最大限度"❶。还有的学者提出，可持续发展是"今天的资源使用不应减少未来的实际收入"。当然，定义中的经济发展已不是传统的以牺牲资源与环境为代价的经济发展，而是"不降低环境质量和不破坏世界自然资源基础的经济发展"❷。

④ 着重于从科技属性定义可持续发展。实施可持续发展，除了政策和管理因素之外，科技进步起着重大的作用。没有科学技术的支撑，人类的可持续发展无从谈起。因此，有的学者从技术选择角度扩展了可持续发展定义，认为"可持续发展就是转向更清洁、更有效的技术——尽可能接近'零排放'或'密闭式'工艺方法——尽可能减少能源和其他自然资源的消耗"。还有学者提出"可持续发展就是建立极少产生废料和污染物的工艺或技术系统"。他们认为污染并不是工业活动不可避免的结果，而是技术差、效率低的表现。他们主张发达国家与发展中国家之间进行技术合作，以缩小技术差距，提高发展中国家的经济生产力。同时，应在全球范围内开发更有效地使用矿物能源的技术，提供安全而又经济的可再生能源技术来限制导致全球气候变暖的二氧化碳的排放，并通过恰当的技术选择，停止某些化学品的生产与使用，以保护臭氧层，逐步解决全球环境问题。

应当指出的是，在可持续发展的内涵上，不同的人是有着不同的理解的。M. A. 托曼指出，就其自身而论，可持续发展意味着保持和维护，随着时间的推移，其内涵是不断丰富的。

本书作者认为，可持续发展是一个具有丰富内涵的综合性概念，不同的学科对它有不同的理解，这毫不奇怪，反映出可持续发展概念的复杂性。综合对可持续发展各角度的阐释，可以得到对可持续发展内涵的 3 点一致性理

❶ Barbier E B. *Economics, Natural Resource Scarcity and Development* [M]. London: Earthscan, 1985.

❷ Barbier E B, Burgess J C, Folke C. *Paradise Lost? The Ecological Economics of Biodiversity* [M]. London: Earthscan, 1994.

解：第一，可持续发展将人类经济系统与生态系统之间的关系作为基本的研究对象，寻求生态系统限制之内的经济发展，谋求社会发展。第二，资源环境物质上的稀缺性与其在经济上的稀缺性一起，共同构成经济发展的限制条件。第三，在经济发展的过程中，当代人不仅应该考虑自身的利益，而且应该考虑到后代的利益。这 3 点内涵，是本书作者对可持续发展概念中具有共性的内容的提炼，对于它的准确把握是实现对可持续发展理论准确理解的第一步。它反映出可持续发展既是一个包含经济、环境和社会等多个领域的综合性概念，同时又是一个涉及代内与代际关系、人与自然关系的时空概念。

在明确了可持续发展内涵的基础之上，本章将继续讨论可持续发展的实现条件问题，以期将可持续发展这一伦理规则具体化。

第三节　弱可持续发展与强可持续发展实现的必要条件分析

从本书内容已了解到，可持续发展可理解为为了保持经济发展的可持续性，必要的条件是维持自然环境能够继续提供一系列服务功能(罗杰·珀曼，2002)。对经济发展来说，可持续途径的基本点是要求现在任何对未来福利造成重大损害的行为都必须与将来的实际补偿联系起来❶。否则未来境况就会比现在恶化。如何对未来进行补偿的问题也构成了可持续发展实现的必要条件是什么的问题，有关可持续发展的文献一致认为，可通过当代对后代进行资本遗产的转交进行补偿。其意指，当代人确保他们留给下一代的资本存量不少于当代的拥有量。传递给后代的资本储备形式的区别就构成了弱与强两种可持续发展实现的必要条件的区别。

一、弱可持续发展实现的必要条件

赛拉格尔丁和斯特尔❷与托曼认为：判断发展是否可持续的标准是“维

---

❶ Peace D W. *Blueprint* 3：*Measuring Sustainable Development* [M]. London：Earthscan，1993.

❷ Serageldin，Steer A. Epilogue：Expanding the Capital Stock [A]. Serageldin and Steereds. *Making Development Sustainable*：*From Concepts to Action*. *Environmentally Sustainable Development Occassional Paper no* 2 [C]. Washington D C：World Bank，1994.

持和增加可供经济个体享用的福利水平”，福利水平的高低取决于对财富的积累程度。在这里，财富由全部资本存量组成。全部资本分为 3 种：①人造资本：机器、厂房、道路等；②人力资本：知识、技能等；③自然资本：土地肥力、森林、渔业资源、环境净化能力、石油、煤、臭氧层和生物地球化学循环等。弱可持续发展要求当代人转移给后代人的资本总存量不少于现有存量❶(哈特维克，1978；索洛，1986)，这一标准下的可持续发展又常常被称为“索洛—哈特维克可持续性”。显然，弱可持续发展所考察的只是由 3 种资本形式构成的资本总存量。只要后代人所能利用的资本总存量不少于当代人，就意味着发展是可持续的。我们可以传递少量的环境资本，只要我们用增加的道路、机器或其他人造资本储备来补偿这个损失。或者，如果我们用更多的湿地、绿地或教育资本来补偿，我们可少建一些道路。这一判断成立的前提是自然资本和其他资本之间存在着完全的替代性。“包括人造资本和自然资本的混合，重要的是资本总量，自然环境资本替代人造财富的范围是相当广泛的”(皮尔斯等，1989)。这就意味着在弱可持续发展的解释中，自然资本没有什么特殊之处，它仅仅是资本的一种形式而已。当代人可以不关心转移给后代人的资本总存量的具体形式，“前几代人有权利使用水池中的资本，只要他们向水池补充能再生的资本存量就可以了”❷。这就是说即使实现弱可持续发展也有决定性的必要条件。即后代资本总存量不少于现有存量，资本存量可持续。赛拉格尔丁和斯特尔进一步认为实现弱可持续发展的必要条件不仅需要维持必需的生产能力，而且还必须保持环境服务和生态多样性的最低水平。

二、强可持续发展实现的必要条件

生态经济学家认为，自然资本和人造资本基本上是互补的，只有互补的生产要素才是有限的(R. 科斯坦萨)，因而要实现可持续发展，自然资本(至少是关键性的自然资本)的存量必须保持在一定的极限水平之上，否则就会

❶ Harrtwick J M. Investing Returns from Depleting Renewable Resource Stocks and Intergenerational Equity [J]. *Economic Letters*, 1978(1).

❷ Solow R. The Economics of Resources or the Resources of Economics [J]. *The American Economic Review*, 1974(64): 1～14.

导致发展的不可持续性❶。这一标准下的可持续发展被称为强可持续发展。这是因为：①人造资本并非独立于自然资本，前者的生产需要后者。②自然资本还发挥着其他一些功能，其中许多功能对于人造资本来说并不具备，例如生命支持功能。③人造资本通常具有可逆性，但自然资本的使用具有不可逆性和不确定性。强可持续发展认为财富总量在替代意义上的持恒或增加并不能保持可持续发展，这是因为许多自然资本都具有不可替代性。人造资本在目前技术条件下，尚不能完全替代某些自然资本的功能，如碳循环等生命支持功能。如果这类自然资本不足，即使财富总量有所增加，这类自然资源的不可替代性仍可能使发展难以持续。这就要求，在资本总量增加的同时，还要避免自然资本总量的下降。

强可持续发展对自然资本给予特别的重视，其一般性意义是，如果一个国家的自然资本是非减少的，则可实现可持续发展。但 Atkinso 和 Pearce 指出，可以进一步区别这一条件，即把其中的某一部分特别重要的资本，也即给经济过程提供有价值的非替代性的环境服务的资本区别开来，将此作为关键自然资本。那么，修改后的强可持续发展，则要求发展不得引起一个国家的关键自然资本存量的下降。对于强可持续发展，Pearce 认为最重要的是对于某些关键自然资本应用实物存量指标刻画，要求他们不低于某一阈值。如果某种自然资源是至关重要的，那么用其他资本来替代这种自然资本的可能性就微乎其微。在可持续发展的研究中，这种有限的替代可能性之所以受到关注，是因为如果这些至关重要的系统遭到破坏，那么后代人的日子肯定会变糟。因此这类至关重要的自然资本存量必须以完整的形式代代相传。但要确认这类至关重要的自然资本是极其困难的，事实上目前还没有关于强可持续发展的一个有效的测评原则。

显然，强可持续发展的实现条件更加关注当代人转移给后代人的资本结构。由于各种资本之间不存在完全的替代性，生态学家尤其强调自然资本和人造财富之间替代的局限性❷(Pearce，1993)，因而强可持续发展在关注资

---

❶ Peace D W. The Economic Value of Externalities from Electricity Sources [J]. *Scandinavian Journal of Economics*，1993，88(1).

❷ Peace D W. *Blueprint* 3：*Measuring Sustainable Development* [M]. London：Earthscan，1993，16.

本总量之外还特别关注环境。由于自然资本储备的作用还存在着很大的不确定性，我们还不完全了解生态系统的整体活动方式，因此，建立在预防原则基础之上的不确定性往往是导致对自然资本谨慎使用并集中于它的保护的原因之一。当自然资本损失后就不可能自我恢复时，这种情况被称为不可逆转性。这时自然资本一旦丧失就是永久性丧失，相对来说，人造资本可以先消耗后恢复，人力资本也是如此❶。基于以上原因，进一步加强了对于选择强可持续发展路径的支持，也有必要对不确定性和不可逆转性情况下可持续发展的实现条件作一讨论❷。

第四节 不确定性与不可逆转性

在众多论著中，确定性和可逆性是一种简化问题的方法，通过这种假设可以避开现实世界的复杂性，从而简明地阐述问题。可持续发展问题中自然资本利用的决策不仅涉及到现在，也影响到未来。由于无法完全预知未来，许多这样的决策都有不可逆转性的后果。对于弱可持续发展实现的前提——所有形式的资本都能相互替代这一假设，生态学家已指出了这一分析建立在确定和可逆的假定基础上的局限性。强可持续发展的实现条件强调了保护自然资本对可持续发展的至关重要，原因在于考虑自然资本的长久保持就必须考虑不确定性和不可逆转性。如果未来不确定性中可能包含不可逆变化，经济行为在不可逆条件下又常常造成不容忽视的生态后果，则需要在考虑不确定性和不可逆转性的前提下分析问题。

一、不确定性

所谓不确定性，是指现实决策对未来影响的不可准确预见。由于未来在本质上是不确定的，当所考虑的时间跨度延伸到未来很多代时，不确定程度就更为严重。从可持续发展的角度来看，以下几种不确定性对自然资本的长

❶ Peace D W. *Blueprint 3: Measuring Sustainable Development* [M]. London: Earthscan, 1993, 16.

❷ 罗杰·珀曼. 自然资源与环境经济学 [M]. 北京：中国经济出版社，2002，494.

期配置有较大的影响：

(1) 技术的不确定性。如果对新技术的发展持过分乐观的态度，将使可耗竭资源的开采率过高，并过早地耗尽这种资源；如果对新技术的负面影响缺乏了解，鼓励过早地应用这些技术，也会使后代人付出很高的代价。例如核废料的半衰期以千年计算，后代人可能会发现隔绝或无害处理废料的有效方法，但在此之前他们将被迫负担一个漫长时期内的巨大的代价。

(2) 需求的不确定性。后代人的兴趣和偏好可能和当代人大不相同，因此未来需求模式的变化将如何影响未来自然资本的稀缺格局，同样存在不确定性。因此，作为当代人的我们应为后代保存什么资源，可以耗尽什么资源都是不确定的。

(3) 除此之外，资源总量、资源所有权、环境污染程度的不确定都对自然资本的利用与储备产生影响，如表 2-2 所示。

不确定性对自然资本开发利用的影响 **表 2-2**

不确定性类型	对自然资本利用的可能影响(假定为风险趋避型决策者)
资源总存量水平的不确定	减少资源开采利用率，导致经济体系中的资源流量低于最优水平
所有权的不确定(公有资源，私有产权被剥夺或征用)	增加资源开采利用量，导致经济体系中的资源流量高于最优水平
环境污染影响评估精度的不确定	若污染损失被高估，污染控制将过于严厉；若污染损失被低估，污染控制将过于宽松，将导致社会受损

资料来源：Barbier. Economics，Natural resources，Scarcity and Development. Earthscan Publications Ltd.，London，1989，66～68.

二、不可逆转性

不可逆转即某一状态发生后，具有不可改变、不可挽回性。在这一意义上，某种生物物种的灭绝是不可逆转的；地质、水文和生态系统的大规模破坏是不可逆转的；正在消失的荒野必须付出高昂代价才能恢复。由于绝大多数自然资本具有惟一性，其生态功能和环境特性难以替代或复制，对自然资本的开发利用很多情况下都具有不可逆转特征，这意味着当代人对于自然资本造成不可逆转影响的行动后果，要么给后代人留下不可弥补的损失，要么对其造成极大的负担。

自然资本开发利用过程中不确定性和不可逆转性的存在，对人类社会的可持续发展形成了内在的危险。考虑如何解决长时间范围内自然资本利用的不确定性和不可逆转性对后代人造成的福利威胁❶，以保护子孙后代的利益，就有必要从可持续发展的规范出发，采用最低安全标准措施。

第五节 最低安全标准

最低安全标准是鉴于生态环境容纳能力中阈值的存在以及生态系统的不可逆转性，为实现资源的可持续利用而提出的一个概念。它可以应用到项目评估或经济决策之中。当人类决策对自然资源和环境的影响不能确定，但因不可逆转而可以假设为足够大，而使放弃该项目成为正确的决策，则放弃将造成物种灭绝的可能性的项目，即实施了保护的最低安全标准规则，这一规则意味着放弃项目当前的收益(不管多大)来避免未来物种灭绝可能的损失(假设非常大)。最低安全标准规则是一个保守的规则，将它应用到能引起物种灭绝的项目中，则意味着放弃所有这样的项目❷。

早在1952年，美国经济学家西里阿希-旺特卢普在《资源保护：经济学与政策》一书中，就表示赞成“自然保护的最低安全标准”。在说明采用这一概念的理由时，西里阿希-旺特卢普指出，生态环境破坏的后果具有不确定性，可能造成无法弥补的损失。为了防止这一点，就有必要采用最低安全标准。

毕晓普(R. C. Bishop)受到西里阿希-旺特卢普观点的启发，在1978年发表的《濒危物种与不确定性：最低安全标准经济学》一文中，试图从新的角度研究最低安全问题。他首先介绍了在经济学界得到广泛应用的最小—最大原理，即社会应该选择那种使最大限度损失额最小的策略。例如，假定讨论的问题是是否在某一河流上兴建水坝，有两种策略可供选择：兴建水坝和不

❶ Peace D W. *Blueprint* 3：*Measuring Sustainable Development* [M]. London：Earthscan，1993，17.

❷ 罗杰·珀曼. 自然资源与环境经济学 [M]. 北京：中国经济出版社，2002，521.

兴建水坝。兴建水坝可以提供电力，但会导致某些濒危物种的灭绝；不兴建水坝可以保护濒危物种免遭灭绝，从而为后代人的生物资源利用提供一个最低安全标准，但却不能同时提供电力，而濒危物种的用途有多大现在尚不知晓。因此，无论采用哪一种策略，都将面临以下两种可能性：一种可能性是，濒危物种的灭绝没有导致事先无法预期的恶果，因而在将来不会出现巨大的社会损失；另一种可能性是，随着将来科学的发展，人们发现这些濒危物种能够——如用于生产抗癌药物或提供新能源，因而具有现在无法想像的经济价值，在这种情况下，这些濒危物种的灭绝会导致巨大的社会损失。表 2-3表示对不同选择和不同可能性条件下的损失的估计。

损 失 矩 阵 **表 2-3**

可能性 / 策略	可能性一：未来没有损失	可能性二：巨大的未来损失	不同策略下的最大限度损失
兴建水坝	0	Y	Y
不兴建水坝	X	$X-Y$	X

资料来源：Bishop. Endangered species and uncertainty：the economics of safe minimum standard. American Journal of Agricultural Economics，Vol：60，1978，12.

表 2-3 表明，如果兴建水坝，则在可能性一的条件下，社会未来损失为 0；在可能性二的条件下，濒危物种的灭绝会导致巨大的社会未来损失，记作 Y。若不兴建水坝，则在可能性一的条件下，因兴建水坝生产电力而带来的净收益的现值作为机会成本，应被视为不兴建水坝的策略带来的损失，记作 X(其大小现在就可以确定)；但在可能性二的条件下，不兴建水坝意味着以损失 X 为代价避免了损失 Y，记作 $X-Y$。若 $X-Y<0$，则表明不兴建水坝带来了负损失即收益。

显然，如果兴建水坝，Y 为最大限度损失额；如果不兴建水坝，X 为最大限度损失额。根据最小—最大原理，是否应该维持最低安全标准，取决于 X 和 Y 大小的比较：若 $X>Y$，就应不顾最低安全标准而兴建水坝；若 $X<Y$，则应维持最低安全标准而不兴建水坝。

显然，最小—最大原理的前提为：不知道各种可能性出现的概率但知道不同条件下的确切结果。而在上述例子中，谁也无法大致估计 Y 值的大小，而只知道它可能会“很大”。在这种条件下，根本不可能根据最小—最大原理进行选择。最小—最大原理的另一个前提是：选择的受益者和受害者属于同一批人；兴建水坝这类策略的选择涉及相当长的时期，若兴建，当代人受益而后代人受害；若不兴建，后代人受益而当代人必须作出牺牲。这种事关代际公正的选择，显然超出了最小—最大原理的适用范围。鉴于最小—最大原理在经济决策中得到广泛应用，还没有更好的方法来取而代之，毕晓普提出对这一原理作下列修正："除非其社会成本大得无法承受，否则就采用能维持最低安全标准的选择。"(Bishop，1978)

世界银行资深经济学家赫尔曼·戴利(H. Daly，1989)则将最低安全标准具体规定为3条："社会使用可再生资源的速度，不得超过可再生资源的更新速度；社会使用不可再生资源的速度，不得超过作为其替代品的，可持续利用的可再生资源的开发速度；社会排放污染物的速度，不得超过环境对污染物的吸收能力。"

在估计人类决策对自然资源和环境的影响时，最低安全标准依赖于一套更为广泛和更少个人化的价值规范。"既然社会的价值判断决定安全保证水平，那么，公众决策和社会价值的形成就是最低安全标准方法的显而易见的组成部分。"(Toman，1992)事实上，托曼在这里所涉及而又没有说清楚的，是以个人为中心的价值规范与可持续发展概念所反映的以人类社会发展为中心的价值规范之间的矛盾。当微观经济单位的私人成本小于社会成本时，厂商和个人仅从自身利益考虑，从而造成他人和全社会的外部不经济。自然资源的耗竭，可能就源于人们对其决策后果认识上的局限性，更可能源于人们"搭便车"以取得外部收益的欲望。因此，在明知某一决策的私人成本小于社会成本，但还不可能或来不及将利弊得失算清时，就有必要从可持续发展的伦理规范出发，用最低安全标准保护子孙后代的利益。受此观点的影响，欧盟在《可持续发展卑尔根宣言》(1990)中提出"预防原则"，要求在存在不可逆转生态环境损害的不确定性环境中根据最低安全标准采取预防措施，求得实现自然资源的可持续利用。

第六节　本　章　小　结

本章讨论可持续发展的内涵及其实现条件。

一、可持续发展的内涵解析

严格说来，可持续发展的布氏概念是一个偏重于伦理学的概念或政治主张，不够精确且操作性差。因此，为了提高可持续发展的具体性和可操作性，有必要更精确地探讨和研究可持续发展的理论内涵。

本章首先从多角度讨论发展的概念，并着重指出：增长与发展不同。经济增长不一定带来发展，甚至可能出现“有增长无发展”或“没有发展的经济增长”的现象；新的“发展”概念至少应含有人类社会物质财富的增长和人群生活条件的提高等多方面的含义。因此问题可进一步归结为：人类社会物质财富的生产究竟如何去增长才能使人类社会的发展成为可持续性的？指明发展是受限制的，从三方面因素论述了发展所受的制约作用，并明确生态因素的限制是最基本的，发展必须以生态环境为基础。

在此理论基础之上讨论可持续性的概念，并将关于可持续性概念的不同表达方法归为6类予以诠释，从人类福利、自然资源、生态系统及其实施能力等方面阐释了可持续性概念的本质。

本章第二节内容论述了可持续发展的内涵。在综合各角度对可持续发展定义的基础之上，归纳出可持续发展的3点内涵：第一，可持续发展将人类经济系统与生态系统之间的关系作为基本的研究对象，寻求生态系统限制之内的经济发展，谋求社会发展。第二，资源环境物质上的稀缺性与其在经济上的稀缺性一起，共同构成经济发展的限制条件。第三，在经济发展的过程中，当代人不仅应该考虑自身的利益，而且应该考虑到后代的利益。重在说明可持续发展概念既是一个包含经济、环境和社会等多个领域的综合性概念，同时又是一个涉及代内及代际关系、人与自然关系的时空性概念。

二、可持续发展的实现条件分析

可持续发展实现的基本点是要求现在任何对未来福利造成重大损害的行为都必须与对未来损害的补偿相联系，可通过当代对后代进行资本遗产的转交进行补偿。传递给后代的资本储备形式的区别就构成了弱与强两种可持续发展实现条件的区别。

首先对弱与强两种可持续发展范式分别定义，指出对自然资本与其他资本之间替代性的不同理解是强弱可持续发展的根本分歧。给出了两种可持续发展实现的必要条件的判断标准，并说明了支持选择强可持续发展路径的原因。

其次分析了不确定性和不可逆转性对自然资本长期配置产生的影响，继而提出为实现资源的可持续利用应采取最低安全标准规则。定义了最低安全标准规则，并通过例证论述了如何利用最小—最大原理实施最低安全标准规则。

第三章 可持续发展中代际公平的经济学分析

本章系统研究可持续发展中代际公平的问题。首先利用经济学的帕累托准则的思想对代际公平作出描述，在此基础之上论述实现代际公平的两个途径，指明在具体化和可操作性方面，上述代际补偿的方式存在着明显的缺陷；其次利用霍华思(Howarth)模型分析代际交叠中的代际财产转移；最后重点分析正值贴现率对代际公平的影响。

第一节 可持续发展中的公平原则

"从广义来说，可持续发展战略旨在促进人类之间以及人类与自然之间的和谐。"[1] 和谐的实现基础是公平，公平意味着机会选择的平等性。可持续发展中的公平原则包括了代内公平和代际公平两方面的内容。

一、代内公平

在可持续发展研究领域，代内公平是指代内的所有人，不论其国籍、种族、性别、经济发展水平和文化背景等，对于自然资源与环境的利用，及其自身能力的发展均享有平等的权利。可持续发展的公平原则不仅强调人类生存权利、基本需求满足的合理性平等，还同时强调了不同国家和地区对自然资源与环境占有使用权的平等。这主要体现在：一些国家和地区的发展不能以损害其他国家和地区的发展为代价；一部分人的发展不能以损害另一部分人的发展为代价。

[1] 沈满洪. 环境经济手段研究［M］. 北京：中国环境科学出版社，2001.

二、代际公平

可持续发展的概念中特别强调，当代人的发展不应损害后代人发展的能力。代际公平的概念最早是由塔尔博特·R·佩基(T. R. Page)在社会选择和分配公平两个基础上提出的，1984 年美国的爱迪·B·维思(E. B. Eiss)教授系统阐释了这一概念的含义。她提出了“行星托管”的概念，指出人类的每一代人都是后代人地球权益的托管人，并提出实现每代人在开发利用自然资源与环境方面权利的平等。她提出代际公平由 3 项原则组成：

（1）选择原则。即每代人应为后代人保存自然和文化资源的多样性，以避免不适当地限制后代人在解决后代人的问题和满足他们的价值时可进行的各种选择，同时使他们有可与他们的前代人相对应的多样性的权利。

（2）质量原则。即每代人应保持地球生态环境的质量，以便使它以不比从前代人手里接管下来时更坏的状况传递给后代人，享有前代人所享有的生态环境质量的权利。

（3）接触和使用原则。即每代人应对其成员提供平等地接触和使用前代人遗产的权利，并为后代人保存这项接触和使用的权利❶。

从本书前述内容已知，可持续发展的原始定义即“既满足当代人的需求又不损害后代人满足其需求的能力的发展”，在用经济学的语言来更为精确地描述可持续发展时，对布伦特兰委员会所下的定义加以修正，即用福利的概念替换过于宽泛的需求概念。此时福利通常指一些特定的需要，如营养、教育、健康等。经济学意义上的可持续发展定义可重新表述为：“当发展能够保证当代人的福利增加时，也不会使后代人的福利减少。”这就是所谓的代际公平。可见，可持续发展其实就是指代际公平意义上的发展，代际公平是可持续发展概念的重要内涵之一，因此，有必要对代际公平作进一步的理论分析。

---

❶ 王曦. 论国际环境法的可持续发展原则 [J]. 法学评论，1998(3).

第二节　代际公平的经济学分析

一、代际公平的经济学描述

上文对于可持续发展定义的经济学表述同帕累托(Pareto)关于社会整体改善的观点是一致的。这里，社会是指当代人和后代人。对可持续发展的这一诠释被表达为“帕累托可持续性”(Maler，1989)。经济学上的帕累托准则的思想即：在没有使任何其他人的情况变得更坏的前提下，至少有一人变得更好(福利得到提高)。进一步说，如果在不减少其他人的福利条件下没有任何一种变化可以改善某些人的福利，我们就会得到帕累托最优。

利用帕累托准则来确定社会福利是否可以增进，在应用上是有局限性的。在许多情况下，一个给定的项目或政策总会使一些人受损，而另一些人受益。所以没有任何一个项目或政策可以被划定为使全社会受益，因而达不到帕累托准则的标准。

经济学进而修正了该准则，使它可以应用于一些人有所得而另一些人有所失的情况。修订了的准则是一种考虑了假设补偿的思想。而如果从某一项目或政策的执行中获得收益的一方可以补偿蒙受损失的一方并且还有一定的剩余的话，潜在的福利是增加的，这就是卡尔多—希克斯(Kaldor-Hicks)补偿原则。例如，假定一项政策有 10 单位成本，但甲集团可因此获得 20 单位福利，乙集团则要损失 8 单位，因此，整个社会可因此受益 2 单位(20－8－10＝2)。根据狭义的帕累托准则，我们就不能选择这一政策。如果我们考虑存在补偿的情况，对于乙集团，补偿 8 单位使其仍维持原有的福利水平；假设这些补偿由甲集团承担，为方便起见，10 单位成本亦由甲集团承担，则甲集团最终的净收益为 12－10＝2(单位)。

假设补偿的原则并不意味着实际补偿。也就是说，一旦上述政策被采用，甲集团实际上仍得 20 单位福利，乙集团实际仍损失 8 单位。正是由于这一原因，假设补偿只是解决潜在的福利问题而不是实际的福利问题。在假设补偿的原则下，在一个项目对当代人产生效益但却使后代人受损的情况下，如果当代所得可以用于补偿后代所失，这一项目就可以得到批准。而布伦特兰委员会的可持续发展定义明确地阻止当代人获益却把费用强加给后代人的行为，这是假设补偿原则与可持续发展思想的违背。如何实现当代人与后代人效益的整体改善？可行的方式是要求实际的代际补偿。

二、代际补偿的途径

如何才能实现实际代际补偿呢？可通过如下两个途径：建立一项代际基金和防止资本存量的衰减。

(一) 代际基金

为使后代人不会因为当代人的行为而受损，就需要有一种机制能够确保把资源转交给后代人。可供考虑的一种转交机制是现金转换。假设当代人采取的一项政策将给后代人带来成本，例如放射性废物的处置成本或由于全球变暖导致海平面上升的成本。假设其发生的成本为 x，再假设当代人知道这些成本何时发生，为简化分析，假设它在从现在开始的第 t 年，设实际利润率为 r(r 为正数)，则补偿基金的总金额 S 为：

$$S=\frac{x}{(1+r)^t} \tag{3.1}$$

这一用于决定代际补偿基金大小的假设是非常简化的。x、t 的值通常不可知，此外，r 的值并非总是恒定。如果不能确定 x、r、t 值的大小，则对 S 的推算将是极具随意性的。

在某些场合下，比如参数是可知的、利率不因环境因素而变化等，建立一项代际补偿基金是可行的。这样一项基金可以用来补偿由于当代人的行为而给后代人造成的损失。那么，对现有决策而言，当后代人的境遇会变坏的情况下，每一个项目或政策对后代人的负面影响应记入应被补偿的未来成本中，并将它适当地折为现值。代际补偿的概念与决策的费用—效益评价略有不同：代际补偿要计算出后代人所要求的补偿，费用—效益评价则把这种补偿作为项目的成本，并使这一成本折为现值。最关键的不同点在于：产出代际外部性的每一个项目或政策都必须留出补偿所用的资金。基于许多代际外部性都具有不确定性，所以，代际补偿基金在实践中有一定的局限性。

(二) 非衰减的资本存量

如本文前已指出，经济学通常将资本划分为人造资本(K_m)、人力资本

(K_h)及自然资本(K_n)。全部资本存量K可表示为：

$$K=K_m+K_h+K_n \tag{3.2}$$

为方便起见，可把K_h合并到K_m中。此外，K_n也必须作进一步的分类：将属于生命支持系统，对于生命的存在是必不可少的自然资本分离出来，因为它们比其他资源更为重要。包括臭氧层、热带林与碳循环等，它们肯定要比石油、金矿、铝土矿重要，对于这类自然资本即使有替代方式，也会存在许多困难(Perrings，1987)。为此，上述公式可改写为：

$$K=K_m+K_n+K_n^* \tag{3.3}$$

这里，K_h被包括进K_m中，K_n^*指那些难于替代或无法替代的重要资本。

这些关于资本的定义是彼此关联的，替代补偿使得我们将一定数量的资本K(不少于当代人所继承的资本)传送给下一代变得相对易行和简便。这样的实际补偿过程对后代人是公平的，它可以保证后代人不会比当代人的境遇更差。也就是说，如果当代人给下一代留下了一定的资本存量K，K不小于当代人所拥有的资本量，那么下一代人就可以利用这些资本存量生产出与当代人至少是相等的福利水平。

但是应该看到，在具体化和可操作性方面，上述代际补偿方式存在着明显的缺陷：从具体标准来看，并没有说明代际补偿意味着保存多少自然资源即可实现代际公平，T·佩基认为："在涉及代际问题时，应该将代际公平视为对供选择的可行性方案的约束条件。在涉及代际问题时，必须对传给下一代的资源基础的质量明显地加以约束。因为资源基础的质量限定了每一代人的生存条件，并在更大程度上限定了每一代人的福利水平。"因此他甚至强调要保存全部现有的自然资源存量。在如何兼顾当代人和子孙后代的利益的具体化研究中，R.C·霍华思(Howarth，R.C.)等人的研究为此作出了贡献，并占有十分重要的地位。以下内容将详细介绍。

三、Howarth模型与代际交叠中的代际财产转移

R.C·霍华思的观点最早见于其论文"跨时期均衡与可耗竭资源：代际部分重合方法"(1989)，此后他与R.C·诺加德又共同发表了一系列相关论文(1990，1991)，就有关问题进一步加以探讨。他在论文中提出的模型被称

之为 Howarth 模型。其分析基于以下假设：

(1) 存在社会欲极大化的一种代际福利函数 $W(U_1, U_2, \cdots\cdots U_t)$，$U_t$ 是不同代人的效用。

(2) 将可耗竭资源视为生产过程的投入，而不是直接视为消费品。

(3) 代际交叠的经济结构。每一代人生活两个周期且寻求极大化效用 $U_t(C_{tt}, C_{tt+1})$，其中 C_{tt} 是第 t 代人在 t 期消费的消费品数量；C_{tt+1} 是第 t 代人在 $t+1$ 期消费的消费品数量。

(4) 存在竞争性资源、产品和劳动力市场，第 t 代人与第 $t+1$ 代人在 t 期在这类市场中进行收入和财产转移。

Howarth 模型把可耗竭资源视为生产过程中的投入，而不是直接将其视为消费品。因此，模型中采用的生产函数有 3 个自变量：劳动 L、资本存量 K 和可耗竭资源 R；工资率 w、利息率 r 和资源价格 p 决定于 L、K 和 R 的边际生产力。T 时期生产函数的产出相当于 $t+1$ 时期消费与净投资之和。在生产函数的 3 个自变量中，L 的供给被假定为是无弹性的；K 的变动取决于净投资的变动；而 R 的大小最终受制于现有的可耗竭资源存量的大小，霍华思用 S 来表示可耗竭资源存量。

在 Howarth 模型中，每一代人的寿命都假定为两期。例如，第 $t-1$ 代人生于 $t-1$ 期，但生活在 $t-1$ 期和 t 期；第 t 代人生于 t 期，但生活在 t 期和 $t+1$ 期，如图 3-1 所示。

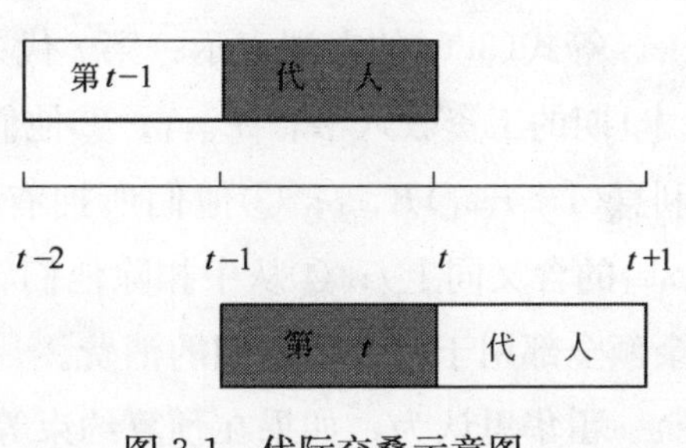

图 3-1　代际交叠示意图

这一假定意味着：首先，任何两代人之间都有一个共同生活的时期，可以用来进行代际财产转移；其次，第 t 代人的效用函数为：

$$U_t = U_t(C_{tt}, C_{tt+1}) \tag{3.4}$$

其中，C_{tt} 与 C_{tt+1} 含义同上文。

在 Howarth 模型中，代际财产转移占有十分重要的地位。霍华思认为："理论上，就确定均衡的福利分配而论，重要的既不是资源所有权，也不是资本转移，而是总财富的分配。"(Howarth，1991)

因此，霍华思提出下列假定：最初的资源存量与资本存量完全归最初的一代人所有，但代际之间存在着大量的财产转移；一个独立的机构——政府负责挑选应该转移的财产并实施财产转移，对于模型来说，政府的上述行为是外生变量。有了上述假定，每一代人都可以做到在使用供其支配的收入的同时，确保未来对资源和资本的需要。从上述假定出发，霍华思在模型中引入财产转移变量 T。T 值的大小由某种制度安排决定，即对于模型来说 T 是外生变量。每一代人尽管名义上是全部财产的所有者，但对于 T 来说，他们仅仅是托管人。每一代人在其生存的第二期，应将 T 交给正处于其生存第一期的下一代人，则第 t 代人在第 t 期和第 $t+1$ 期所面临的预算约束分别为：

$$C_{tt}+K_{t+1}+p_tS_{t+1}=W_tL_{tt}+T_t \tag{3.5}$$

$$C_{tt+1}=W_{t+1}L_{tt+1}+(1+r_{t+1})K_{t+1}+p_{t+1}S_{t+2}-T_{t+1} \tag{3.6}$$

等式(3.5)的右端表示：第 t 代人的 t 期收入和财产来自：①他们在第 t 期的工资收入 W_tL_{tt}；②本期期末他们从第 $t-1$ 代人那里得到的转移财产 T_t。等式(3.5)的左端表示，上述收入和财产被分成三部分：①第 t 代人在 t 期的消费 C_{tt}；②留作下一期生产要素投入的资本品 K_{t+1}；③下一期开始时的可耗竭资源存量 S_{t+1}(资源价格 p_t 的引入是为了把可耗竭资源存量转换成相应的消费品或资本品单位)。

等式(3.6)的右端表示：第 t 代人的 $t+1$ 期收入和财产来自：①他们在 $t+1$期的工资收入 $W_{t+1}L_{tt+1}$；②他们所拥有的、作为生产要素投入的资本及利息$(1+r_{t+1})K_{t+1}$；③他们所拥有的可耗竭资源存量 S_{t+2}(引入资源价格 p_{t+1}的含义同上)；④从中扣除他们转移给第 $t+1$ 代的财产 T_{t+1}，计算后的余额全部用于他们在本期的消费。

霍华思认为，如果在预算约束等式(3.5)和(3.6)的条件下追求第 t 代人的效用最大化，存在着一阶条件

$$\frac{MU_{tt}}{MU_{tt+1}}=\frac{p_{t+1}}{p_t}=1+r_{t+1} \tag{3.7}$$

上式中 MU_{tt}为第 t 期消费品 C 对第 t 代人的边际效用；MU_{tt+1}为第 $t+1$ 期消费品 C 对第 t 代人的边际效用；MU_{tt}/MU_{tt+1}同时也是 C_{tt+1}和 C_{tt}的边际替代率。

等式(3.7)的经济含义是，“首先，沿着均衡的轨道，每一代的边际时间偏好率必定等于其所面对的利息率；其次，随着时间的推移，资源价格必定

以相当于利息率的比率上升。这只是对霍特林规则的再一次简单陈述”(Howarth，1991)。等式(3.7)同时也代表了代际竞争性交换所导致的资源配置的效率条件，即不同时期消费的边际替代率，等于将可耗竭资源从前一时期推迟到后一时期使用的社会收益率(即不同时期资源价格之比)，同时也等于资本收益率即利息率；换句话说，在上述假定的前提下，Howarth 模型中的代际资源配置是符合帕累托最优的，因而是有效率的。与此同时，由于在预算约束中包括了代际财产转移变量 T，等式(3.7)又意味着：有效的资源配置可以在任何一种有关代际财产转移的特定方式下达到。

在大为简化的特定条件下，霍华思应用其模型估算了代际财产转移的后果。结果表明，随着代际财产转移的增加，其数值明显下降的变量包括：上一代人使用的可耗竭资源数量，上一代人消费的消费品数量及其效用水平，以及下一代人所面对的利息率和可耗竭资源价格；其数量明显上升的变量则包括：上一代人所面对的可耗竭资源价格，下一代人可使用的资本存量和可耗竭资源流量，下一代人的工资率，以及他们可以消费的消费品数量及效用水平。这一计算结果意味着，代际财产转移是一件需要当代人作出牺牲，但可以造福后代的事；代际财产转移越多，后代受益越大，但当代人为此付出的代价也越大。

根据上述模型，可以得出下列结论：

(1) 在资源有效配置的前提下，不同的代际财产转移安排条件，会导致不同的福利分配结果。所以，仅有效率还不足以达到跨时期的社会最优资源配置。除非留给未来的子孙后代足够多的财产，否则竞争性的交换可能会导致他们生活水平的下降。所以自然资源政策就不仅应该集中体现在自然资源市场的配置效率，而且还应该体现在代际福利的分配原则上。

(2) 在特定的代际财产分配的条件下，贴现技术对改善资源配置效率，换句话说，对增加所有人的福利而不使任何人的状况恶化是有用的。随着时间的推移，采用贴现技术的资源有效配置既可能使生活水平提高，又可能使生活水平恶化。就此而言，贴现在伦理意义上是中性的。但只有在通过适当的代际财产转移选择来显示我们对于子孙后代的伦理意义上的关心的前提下，贴现才会导致预期的结果。

(3) 与其将可持续发展和资源配置效率看成相互矛盾的，还不如将他们看作潜在互补的目标。通过发展那些既能将福利有效地转移给子孙后代，又不至于造成不必要的低效率的制度，经济学可以对可持续发展政策作出贡献。某些制度，诸如向儿童提供食物、住所和教育，投资于资本设备和技术，以及将自然资源留给后人使用，明显属于代际转移机制。

通过以上分析可以发现，霍华思等人指出了能够确保可持续发展或代际公平的一种具体形式——代际财产转移，并应用模型定性和定量地估计了代际财产转移的影响。尽管 Howarth 模型理论上还比较粗糙(例如，在代际财产转移中没有对人造资本、人力资本和自然资本加以区别)，在模型的数学形式和参数选择上更有待发展，但它毕竟为代际公平的具体化(特别是量化)作出了贡献。

第三节　正值贴现率对代际公平的影响

一、正值贴现率对资源代际配置的影响

资金的时间价值表明，一定数额的资金，在不同的时间具有不同的价值。为了使不同时间的资金具有可比性，就要按某一比率把它们折算到某一特定的时期，这个过程叫做贴现，所采用的折算比率，叫做贴现率。由于人们往往把资金的现值看得高于将来值，因此一般采用正值贴现率。例如，如果 1 元以 5%的复利年息投资的话，则 10 年后这 1 元值 1.63 元；反之，现在以同样的利率投资 0.61 元，则 10 年后净值 1 元。也就是说，当贴现率为 5%时，可以把 0.61 元作为 10 年后 1 元的现值。很明显，贴现率越高，现值越低；或随时间的延伸，现值的下降越快。在复利法计算下，无论这个正值贴现率多么小，无限遥远的后代人利益的现值皆为零。这意味着当代人决策时可以忽视较长远后代人的利益，这明显不符合代际公平的原则，正是这一点引起了可持续发展研究者们相当大的争议[1]。

正值贴现率被经济学家用作为资源配置的主要分析工具，其原因在于：

[1] Hamilton K, Lutz E. Green National Accounts: Policy Uses and Empirical Experience [J]. *Environmental Economics Series*, 1996, 39 (3).

第一，时间偏好原理。个人对未来的不确定性，个人面对的死亡风险，以及消费的边际效益递减，都使得个人更偏好现在而非未来；社会由个人组成，因此社会应选择正值贴现率。从理论上讲，这个时间偏好率应等于消费利率；第二，资本的机会成本。由于资本具有生产力，现有价值一元钱的资源可以在未来产生大于一元钱的收益，它可以用边际资本生产力测量。由于这一工具符合“经济人”行为假定，因此可以达到提高资源配置效率的作用。按照“经济人”行为假定，人是理性的“经济人”，在经济活动中所追求的惟一目标是自身经济利益的最大化，而社会利益、后代人的利益则不在其考虑的范畴之内。对当代人来说，较近的未来比较远的未来更有价值，或者说，现时的消费要大于未来的消费，这导致了人们关注现在，而漠视未来。因此，按照“经济人”行为假定，在计算资源的时间价值时，要使用正值贴现率。

用正值贴现率计算资源时间价值的方法，主要体现在霍特林规则中。所谓霍特林规则是霍特林于 1931 年提出的关于可耗竭资源效率配置的必要条件：即可耗竭资源价格的上升速率应等于利息率，也就是说，在不考虑开采成本的情况下，

$$\Delta P_i(t)/P_i(t) = r \tag{3.8}$$

其中，r 是利息率或贴现率，$P_i(t)$是第 i 种资源在时间 t 的价格。由于资源的市场价格与开采成本之差通常被定义为资源的租，在开采成本为零的情况下，霍特林租金有时也被表述为租的增长率等于利息率。

按照霍特林规则，固定存量的矿产资源被开采利用后，这笔资产在市场上转化为资本资产，用以投资后，在资本市场上按市场利率增值；如果这笔资源在地下不开采，只有其市场价格的变化率与利息率相同，那么该资产的市场增值量与开发转化为资本以后的增值量是一致的。因此，对于资源所有者来说，他并不介意让资产在地下增值还是开采以后变为资本增值，只要资源的开发本身是有效的(即市场价格的变化率等于利息率)，资源存量本身的变化或者说枯竭与否是无关紧要的。霍特林规则体现了在资源利用问题上重视资源利用的优化配置，而不是自然资源的稀缺与极限的经济思想。

从以上分析可以看到，建立在“经济人”行为假定基础之上的正值贴现率确实有助于改善资源配置的效率，但也存在着局限性，主要是它忽略了代

际公平，从而是与可持续发展相背离的行为规范。按照“经济人”行为假定，当代人只追求自身经济利益的最大化，因而采用正值贴现率来计算资源的时间价值。正因为贴现率是正的，即使其值很小，随着时间的推移，未来资源的现值也会变得越来越小，以至超过一定时期后的数值小得可以忽略不计。贴现隐含的假设是：一种资源在今天被消耗掉比它在将来被消耗掉的价值要高。贴现率高低对资源使用情况的影响集中体现在达斯古帕塔和黑尔在1974年建立的一个简单模型中。在这一模型中，他们首先设定了一个生产函数：

$$Q=F(K, R) \tag{3.9}$$

其中，Q 为产量，R 为不可再生资源，K 为再生产资本存量，消费 C 被设定为社会福利 U 的增加，计划者的目标是在贴现率为 r 的情况下使社会福利 U 最大化。图 3-2 表明了消费 C 随时间的变化过程。

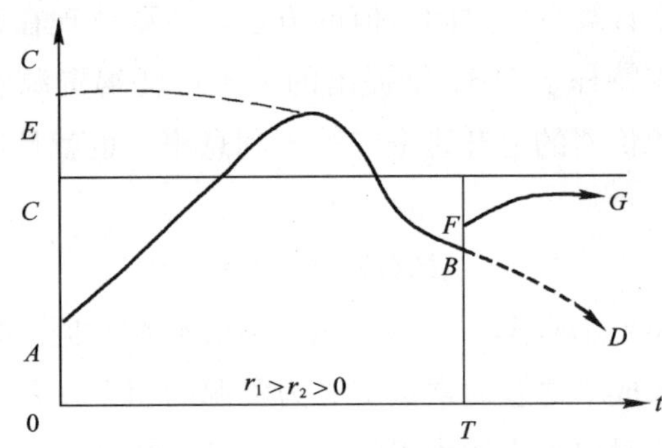

图 3-2　消费随时间的变化过程

我们在此假设不可再生资源对生产是必不可少的，并且没有替代品。当贴现率为 r_2 时，消费 C 的路径遵循曲线 ABD 的形状，即在初始阶段上升，然后下降并逐渐趋近于零；在一个可持续发展的社会中，在 T 时间加入了技术进步因素，且降低了贴现率，则消费 C 获得了一种新的动力，消费曲线 C 将呈现 $ABFG$ 的形状；而在一个急功近利的功利主义社会中，其贴现率 r_1 很高，且 $r_1>r_2>0$，这样，消费 C 的变动如曲线 EBD 所示，即高峰点就在起点 E 上，当代人消耗最多的资源，不考虑对子孙后代的影响。达斯古帕塔的推导证明：对于耗竭性资源，贴现率愈高，资源的耗竭速度在早期阶段就愈快。当贴现率高时，未来消费被赋予较低的价值，故最优开发政策(净现值最大化)在贴现率较高时更倾向于现在消费。

正因为正值贴现率在资源代际配置问题上存在着局限性，在现实生活中会带来较严重的后果，因而被一些西方经济学家称为“社会陷阱”。所谓“社会陷阱”，指的是这样一种情况，即短期的、局部利益最大化行为与长期的、全球利益最大化行为不相一致(costanza，1987)。人们面临选择时所作出的决定依据的是一种短期的“路标”，如货币刺激、社会认可或生理快乐等，因为这种短期路标更容易被察觉。但当路标不精确或出现错误时，再循此路标前行，就会落入“社会陷阱”中。由于正值贴现率允许经济个体对未来给予较少的关注，因此助长了陷阱的形成。

正值贴现率对于可再生资源的消费产生的负面影响集中体现在科林·克拉克在 1973 年发表的论文“濒危物种灭绝原因的经济学分析”中。克拉克以南极蓝鲸渔场为例，从经济学角度分析了濒危物种灭绝的原因，认为不能将物种灭绝的原因仅仅归结为公有产权，与开发时采用的过高的贴现率也有关。因为对于可再生资源，贴现率也决定收获率，当贴现率高时，收获率就大，资源存量就愈少。资源的最优消费要求对资源进行“可持续”利用，即在长期收获率应等于再生率，但当贴现率高于存量的最大生物再生率时，资源将被完全耗竭并消失[1]。

从以上分析可以看出，贴现率对代际公平的影响是：贴现率的大小决定了到底有多少资源现在消费，有多少又留待将来。过高的贴现率所制定的政策，往往有违于代际之间的公平目标的实现。

二、正值贴现率的选择对自然资源与环境的影响

作为经济政策的一个重要手段，贴现率具有多种多样的表现形式。作为经济运作过程中的利息率，它构成了宏观经济政策的一个重要部分。例如，用于控制通货膨胀和影响储蓄率的货币和公共支出政策。私营部门的贴现率有助于决定私人投资的数量。在采掘部门，贴现率影响自然资源如石油的折

[1] Bartelmus. P. Environmental Accounting and Statistics [J]. *Natural Resources Forum*, 1992: 77～84.

耗速率。因而，贴现在经济政策中处于中心地位，并说明了为什么对贴现率的选择会引起如此长期的大规模的争议。

许多环境文献对贴现特别是高贴现率问题提出反对意见[1]，事实上，在高贴现率与自然资源开发及环境恶化之间并不存在完全的正相关关系。尽管高贴现率会将费用转嫁到后代人身上，但随着贴现率的提高，整体投资水平会下降，进而会减慢经济发展的速度。由于投资需要有自然资源的投入，贴现率高的时候，对自然资源的需求是较低的。确切地说，贴现率的选择将会如何影响到自然资源与环境的全面使用仍是模糊不清的（Markandya，Pearce，1988），这一点使得那种为了协调对自然资源与环境的关注，应使贴现率一直保持很低的简单结论不能成立。例如，在信息不充分、市场不完备条件下，很可能发生个人对某项经济活动收益的贴现率发生变化，而对其他经济活动收益的贴现率没有发生变化的情况。比如，部分石油商突然知道在不久的将来有人会发明能取代石油的廉价能源，而其他人并不知道这条消息，那么，这些石油商们对石油开采的贴现率就会大幅度提高。因为其他人并不知道这条消息，其他经济活动的贴现率并未变化。如果人们对某种资源利用的贴现率是个体性提高，则这种资源供给量会随开发意愿增加而提高，而资源价格会因需求函数不变而下降。但是如果贴现率是整体性提高，在对这种自然资源供给意愿增加的同时，由于使用这种自然资源的机会成本相应上升了，社会对其的需求意愿可能将因此降低，所以最终该自然资源供给量变化趋势往往难以确定。

上述变化可用图 3-3 加以描述。

图 3-3 中纵轴表示自然资源的产量，横轴表示其价格，SS 和 DD 分别表示初始的供给和需求曲线。当贴现率发生个体上升时，现时供给愿望上升，即当价格不变时，生产者愿意提供更多的产品，新供给曲线 $S'S'$ 向上移动，同时，需求状况不变，需求曲线仍为 DD，使得供需平衡点也向左上方移动，由 Q 移向 Q_1，资源产量有所提高，由 M 提高到 M_1，而价格出现下降，由 P 下降到 P_1。而当贴现率发生整体性上升时，现实需求愿望下降，即价格不

[1] Perman R，Ma Yue，Mc Gilvray J，Common M. *Natural Resources and Environment Economics* [M]. 2nd edition. Pearson：Pearson Education Ltd，1999.

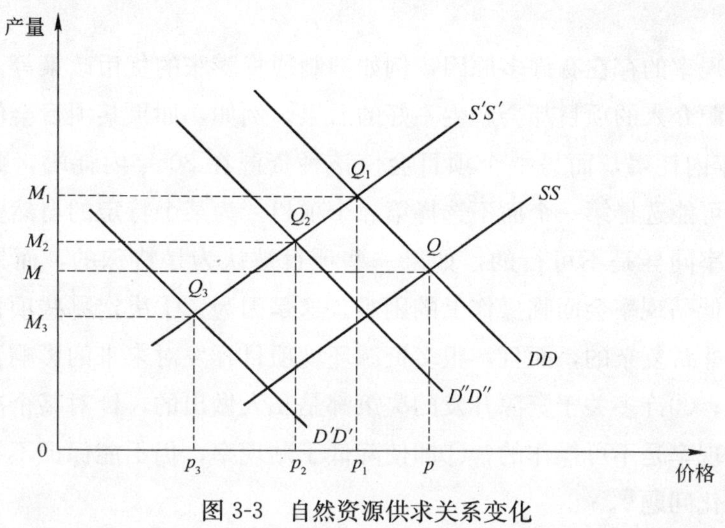

图 3-3 自然资源供求关系变化

变时，消费者愿意要更少的产品，新的需求曲线 $D'D'$（或 $D''D''$）向下移动，所以，使供需平衡点向左移动。但是，产量的方向变化不明确，既可以是 $M_2>M$，也可以是 $M_3<M$。

从以上论述看到，贴现率与自然资源的开发之间并不呈简单的正相关关系，Farzin(1994)的研究指出：贴现率对资源开发的效应依赖于替代品生产、资源开发对资本的需要，及其资源存量规模等。他证明至少存在两个资源存量取值范围，在此范围内贴现率降低反而使资源耗竭速度加快。高贴现率可能将成本推给后人承担。但若用贴现率决定投资水平，它也通过对投资的抑压效应降低发展的速度，故高贴现率也可能减少对资源的需求。因此，贴现率对资源环境的总体影响是不确定的。

选择贴现率对自然资源的管理很重要，尤其在决策究竟把多少自然资源用于现在消费，保存多少自然资源用于未来消费时，因为这种决策受到贴现率的影响。从上文的分析可知，贴现率同自然资源开发方式之间并非简单的正相关关系，但贴现率越高，可耗竭资源以越快的速率折耗，可再生资源的开采速率越大。这就意味着，在高贴现率的条件下，可耗竭资源会折耗得更快、可再生资源的存量会更少。同时，高贴现率同资源开采价格与成本之间的高比率相结合会导致“资源的最优灭绝”（Clark，1990）：即高价格—成本比使得开采最后一单位资源仍有利可图，而高贴现率鼓励现在而非留待将

来开采。

高贴现率的存在有许多原因，例如抑制通货膨胀的货币政策等，但对存在自然资源介入的项目却会产生不好的后果。例如，如果某项目会使某种资源在10年内耗竭，而另一个项目会使该种资源在20年内耗竭，贴现率越高，越有可能选择第一个而不选择第二个项目。为某个特定的自然资源项目降低贴现率同样是不可行的，如果一些项目被认为是特殊的，而另一些不是，则降低贴现率会面临操作上的困难。这是因为：①决定哪些项目需要特殊对待是非常复杂的，而且，很多资源环境项目开发对未来的影响我们并不完全了解；②许多关于资源开发的决策都是私人做出的，针对某个决策为个人改变贴现率是不可操作的；③即使降低了贴现率，仍不能保证不发生严重的资源退化问题[1]。

总的结果是，尽管环境主义者和经济学家们对贴现进行了大量批评或提出修正意见，但他们并未成功地驳倒贴现[2]。未来的研究将集中于讨论到底如何选择贴现率，而不是完全否认贴现。

第四节　本　章　小　结

本章系统研究可持续发展中代际公平的问题。可持续发展中的公平原则包括了代内公平与代际公平两方面的内容，代际公平原则作为可持续发展的理论内核，由选择原则、质量原则、接触和使用原则组成。

1. 本章首先利用经济学上的帕累托准则的思想对代际公平作出了描述，并将可持续发展概念中代际公平的内涵表达为“帕累托可持续性”，在此基础之上论述了实现代际公平的两个途径：建立代际基金与防止资本存量衰减。在具体化和可操作性方面，上述代际补偿的方式存在着明显的缺陷：从具体标准来看，并未能说明保存多少自然资源即可实现代际公平，且确认哪些资本至关重要也极其困难。

---

[1] Faber M, Manstetten R, Proops J. *Ecological Economics: Concepts and Methods* [M]: Edard Elgar, 1996.

[2] David Pearce, Anil Markandya, Edward B Barbier. *Blueprint for a Green Economy* [M]. London: Earthscan, 1989.

2. 介绍了代际交叠中的代际财产转移的量化研究中，霍华思等人的贡献。

Howarth 模型基于下列假设：

(1) 存在社会欲极大化的一种代际福利函数；

(2) 可耗竭资源视为生产过程的投入；

(3) 代际交叠的经济结构；

(4) 第 t 代人与第 $t+1$ 代人在 t 期在竞争性市场中进行收入和财产转移。

在以上假设的特定条件下，霍华思提出了能够确保代际公平的一种具体形式——代际财产转移，并应用模型估算了代际财产转移的影响，完善了代际公平的量化研究。

3. 重点分析了正值贴现率对代际公平的影响。基于“经济人”行为假定基础之上的正值贴现率确实有助于改善资源配置的效率，被经济学家用作为资源配置的主要分析工具，但在资源代际配置问题上存在着局限性。达斯古帕塔和科林·克拉克的推导与分析证明了正值贴现率对代际公平的影响：正值贴现率的大小决定了到底有多少资源现在消费，有多少又留待将来，过高的贴现率所制定的政策更倾向于资源现在消费，往往有违于代际之间的公平目标的实现。但是，由于在贴现率与自然资源的开发之间并不存在简单的正相关关系，这一点使得为了协调对自然资源与环境的关注，应使贴现率一直保持很低的简单结论不能成立。贴现率对资源开发的效应依赖于替代品生产、对资本的需求、资源存量规模等因素。因此，未来的研究仍将集中于讨论到底如何选择贴现率，而不是完全否认贴现。

第四章　可再生资源的最优利用

本章通过讨论可再生资源的最优利用进一步研究代际公平的实现问题。本章的分析将说明，许多类型的可再生资源没有私有产权。在没有政府限制或其他一些对收获行为的共同约束下，资源便可以开放的利用。开放—进入型资源会趋于耗尽，而且开放—进入型资源被收获至尽的可能性，高于确立私有产权和进入行为受限制的资源。

第一节　可再生资源的生物增长过程分析

一、可再生资源的分类

环境资源如果有繁殖和生长的能力，就认为是可再生的。可再生资源的范围很广，而且种类繁多，其中一类是由有机生物群体构成，如鱼类、森林。它们具有自然生长能力。第二类包括非生物系统(如水和大气系统)，它们随时间通过物理和化学过程再生。虽然它们不具备生物增长能力，但水和大气都有能力吸收和净化所受的污染以保持自身的质量，而水资源，当储量下降时会自我补充(以此保持自身的数量)。习惯上耕地和牧地为可再生土地资源。它们通过复合生物过程(例如有机养料的循环)和物理过程(灌溉、风化等)达到再生和增长。如果对土地不是过分索取，土壤肥沃程度可以自我恢复。在更广泛意义上的环境系统(如荒野地或热带雨林)内，可以认为土壤为可再生资源。

以上所列出的资源，有时也称为可再生存量资源(renewable stock resources)。广义可再生资源应当包含可再生流量资源(renewable flow resources)，如太阳能、波能、风能和地热能，它们与生物存量资源有相同的特性，即利用若干单位的流量并不意味着总量在下个时刻会减少，事实上，能流资源是非耗竭的，任何时刻的利用都不会影响可供利用的总量。

较不可再生资源而言，区别可再生资源的存量(stock)和流量(flow)非常重要。存量是衡量资源在某个时刻的总量，或者是总生物量(如特定年龄层的鱼类总质量或立木总蓄积)，或者是个体数量。流量是存量在一段时间内的变化量，这种变化有可能是源于生物因素，如通过繁殖来增加鱼的数量，或自然死亡导致数量下降，也有可能是源于捕捞等一些经济因素。可再生资源和不可再生资源都有一个相似之处，那就是它们都可耗尽(即存量都可降为零)。如果在一段时间内采取过量收获或掠夺行为，对于不可再生资源，耗竭至尽是有限存量的必然结果；对于可再生资源，尽管存量可以回复，但如果环境阻碍了可再生能力或者收获速度持续高于自然增长，存量同样可以降为零。

本章的分析将说明，许多类型的可再生资源没有私有产权。在没有政府限制或其他一些对收获行为的共同约束下，资源便可以开放的利用。开放—进入型资源会趋于耗尽，而且开放—进入型资源被收获至尽的可能性，高于确立私有产权和进入行为受限制的资源。对可再生资源，定义一个私人最优(即利益最大化)的收获过程，然后将它和开放—进入情况下的私人行为相比较。同时，一个特别重要的问题是收获行为和贴现率的关系，这是潜在或现实的收获者都要考虑的，然后再次考虑开放—进入型的收获，讨论社会最优收获过程。在一定情况下，一个完全竞争的行业中，如果确立私有产权且具有强制力，这样形成的收获过程便会是社会最优。如果资源被垄断独占则不会出现这种社会最优。

二、可再生资源的生物增长过程分析

为了研究可再生资源的经济规律，首先需要描述这类资源在没有人类掠取情况下的生物增长模式。高登-雪佛模型(Gordon-Schaefer Model，简称G-S模型)是由经济学家H. S. Gordon和生物学家M. B. Schaefer所共创，目前广泛运用于海洋渔业资源管理分析生物增长率的模型。G-S模型是以一个独立而封闭的渔场为范围，并以整个渔场的资源蕴藏量为研究对象，再以逻辑斯第(Logistic)函数式为依据，探讨渔场内资源的成长与利用情形。

考虑一些鱼类种群的数量方程，假设在没有环境限制的情况下，某种鱼类数量有内禀增长率为 x，x 可认为是该鱼种的出生率和死亡率的差值。如果个体数量为 S，而且以固定的增长率 s 增长，则个体数量在一段时间内的变化为：

$$\frac{\mathrm{d}S}{\mathrm{d}t}=S^{*}=x^{\mathrm{S}} \tag{4.1}$$

整理方程，得到个体数量在任一时刻的表达式为：

$$S_{\mathrm{t}}=S_{0}e^{\mathrm{xt}} \tag{4.2}$$

即是说，对一个正值 x，个体数量会以指数形式增长而没有边界。很明显，除非在一个很短的时间内，否则这对任何资源都是不可能的。不可能的原因是鱼类生存于具体环境中，这个环境只能提供有限的支持能力，这便对数量增长的可能性设置了界限。一个表示这种作用的简单方法是令增长率与个体数量相关，而不是各自固定不变，于是增长方程可以为：

$$S^{*}=x(S)S \tag{4.3}$$

(S)表示增长率随总量变化，如果方程有这样一种性质，即当总量增长时，生长率降低，就认为方程有补偿性。现在假设个体数量的增长具有有限上限，表示为 S_{MAX}，一个表述 $x(S)$的常用形式是逻辑斯第方程，如下所示：

$$x(S)=g\left(1-\frac{S}{S_{\mathrm{MAX}}}\right) \tag{4.4}$$

方程(4.4)中，g 是大于零的常数参数。逻辑斯第方程决定了个体数量内在(自然)的增长率，生物增长方程为：

$$S^{*}=\frac{\mathrm{d}S}{\mathrm{d}t}=g\left(1-\frac{S}{S_{\mathrm{MAX}}}\right)S \tag{4.5}$$

有一点很重要而且必须清楚，即 S 或 $\mathrm{d}S/\mathrm{d}t$ 描述的是一段时间内自然增长的数量，而不是内禀的或不受限制的增长率(在逻辑斯第方程中它用 g 表示)，当我们想用符号 S 和 $\mathrm{d}S/\mathrm{d}t$ 表示另一个略有差异的意义时，用 G 来代替它，G 或$G(S)$很明显依赖于 S(可以从方程 4.2 看出)，逻辑斯第方程可以变换为：

$$G(S)=g\left(1-\frac{S}{S_{\mathrm{MAX}}}\right)S \tag{4.6}$$

逻辑斯第形式可以近似地描述许多生物的自然增长过程，例如鱼类、动物和鸟类(事实上，对一些物质系统，如地下存储的淡水量也同样适用)。逻辑斯第增长模型是一个比较常用的描述可再生资源数量动态变化的模型。这个模型适用于没有物种迁移的具体场地。在鱼类中，表层或底层鱼类，如鳕鱼、黑线鳕，很好地适合这个模型。但远洋或表层游徙鱼类，例如鲭鱼，因为这些鱼种的生活都有特定的迁徙行为，逻辑斯第方程解释得并不好。逻辑斯第模型不仅适用于生物增长模型，同时 Brown 和 McGuire(1967)证明它可用于描述地下储水中淡水存量的变化过程。在该模型中，有许多影响真实生长过程的因素，包括年龄结构(当考虑长寿命物种时就特别重要，例如树木或鲸)和随机或偶然因素被忽略。即使如此，该模型仍是对真实种群动态最近似的描述，许多经济分析都使用了逻辑斯第方程的不同形式。

第二节　可再生资源收获的静态分析

如果考虑在一段时间内，收获量等于资源的净增长量，并设收获大小为 H，净增长为 G，两者在一个连续的时间段内相等且为定值，我们称此为稳态。现在重新定义 S 为可再生资源的真实变化率，则：

$$S=G-H \tag{4.7}$$

因为是稳态收获，所以 $G=H$，$S=0$，资源存量的大小在这段时间内为恒定值。哪种稳态是可能的？如图 4-1 所示。首先注意，存在一个特殊的存量，在这点上其自然增长为最大(标为 G_{MSY})。显然，当收获位于 H_{MSY} 且保持恒定时，这种稳态可行。这样我们得到了最大可持续生产(MSY)稳态。资源管理项目应当使用资源持续保持在 MSY 状态，使存量大小保持在 S_{MSY} 水平。从图 4-1 可以很清楚地看出，任何在 0 到 H_{MSY} 之间的稳态收获水平都可行。例如，当资源存量保持为 S_{1L} 或 S_{1U} 时，H_1 水平就可以达到稳态收获。

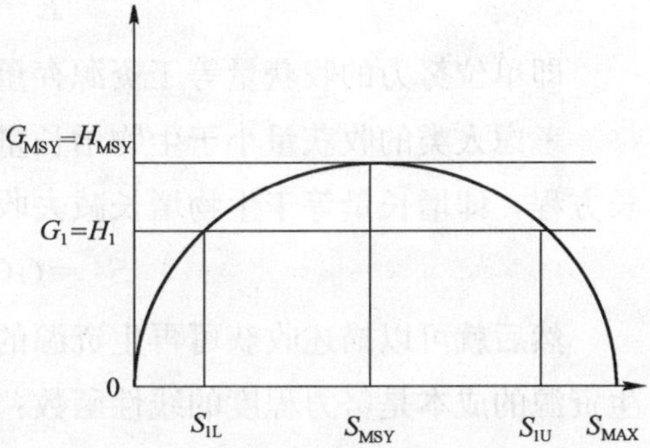

图 4-1　稳态收获

本文分析的第一个可再生资源收获的经济模型是一个静态模型，可在一段时间内研究资源的生长和收获。确定这种状况可由以下两种判断作为前提：即认为未来与本阶段所做的判断无关，或每个阶段特点都相同。所以，一个阶段得到的结论对所有阶段都适用。使用这种方法意味着没有必要在模型中引入时间因素。

在任何一个阶段，是什么决定收获 H 的大小呢？首先，收获的大小取决于收获中付出的“努力”。以海上捕鱼为例，收获努力可以由使用船只的数量、它们的效率和正式捕鱼的天数等来表示。把所有收获行为都简化归结为一个衡量尺度，称作努力程度 E。其次，收获量依赖于资源存量的大小，存量越多，在努力及其他条件相同的情况下，收获也就越多。收获量也受一些其他因素影响，包括随机因素，本文简化认为收获量仅依赖于努力程度和资源存量大小。即：

$$H=H(E, S) \tag{4.8}$$

这个关系可以由许多不同的具体形式表示。下面给出一个简单而又较合理的近似(见 Munro，1981，1982)：

$$H=\mathrm{e}ES \tag{4.9}$$

e 是个常数，称为收获系数，等式两边同除以 E

$$\frac{H}{E}=\mathrm{e}S \tag{4.10}$$

即单位努力的收获量等于资源存量的倍数(e)。

考虑人类的收获量小于生物增长量的情况下，已经给出可再生资源的增长方程，即增长量等于生物增长减去收获量：

$$S^{*}=G(S)-H \tag{4.11}$$

然后就可以描述收获可再生资源的成本和收益了。简单设想，收获可再生资源的成本是努力程度的线性函数：

$$C=\mathrm{w}E \tag{4.12}$$

C 是收获的总成本，w 是单位努力的成本，设为常数。令 B 表示收获一定量可再生资源的总收益，一般来说，总收益和总收获量有关：

$$B=B(H) \tag{4.13}$$

因为想通过观察可再生资源的商业选择水平来开始分析，则总收益的恰当衡量方法是企业所获总收入，用 V 表示可再生资源的收获价值，则：

$$V=PH \tag{4.14}$$

P 是所收获资源在市场上的毛价格。假设存在一个对这种可再生资源的需求方程，其中市场毛价格和收获量呈负相关，即

$$P=P(H) \quad dP/dH<0 \tag{4.15}$$

一、开放—进入条件下可再生资源的收获

当可再生资源为公共所有或没有所有者时，私人竞争式的收获会出现什么结果？这种情况下，收获资源通常称为"开放—进入型资源"(open-access resource)。本文将证明开放—进入会导致过度收获，这个结果的重要性在于证实了过度捕鱼等事实是特定制度的后果，而不是生态问题。

本文的目标是确定开放—进入资源的终结，对于这个终结，决策者没有积极性(即终结是一种均衡)，均衡中：

$$C=V \tag{4.16}$$

这种开放—进入型均衡的基本性质由所有企业(资源收获者)共同决定，此时的经济租金为零。同样，可以说开放—进入型均衡的特性是零租金或净价格为零。租金是出售收获的资源所得(V)减去收获资源所付出的总成本(C)，零租金使用的情况，是把所有企业和收获者看做一个整体。为什么会出现这种情况？对于开放—进入型资源没有方法排除进入者进入该行业，也没有方法阻止现有企业改变他们收获的努力程度。如果经济学中的其他市场是完全竞争的，每个市场长期均衡的结果将是经济利润为零，因此，在渔业有租金存在时，就会吸引背后的企业进入，或刺激现有企业增加他们的努力，以便分享这些租金。一个开放—进入型均衡的惟一结果是租金瓜分至零，导致没有加入或退出该行业或让现有的渔民改变努力程度的刺激。如果资源是自由或开放进入，资源便没有产权，确切地说，不存在强制性产权。如果有产权，那么产权人会从收获者那里抽取补偿，则会有完全不同的结果。

开放—进入型资源的另一个考虑角度是分析独立收获者面对的刺激因素。考虑没有进入限制和成员责任的商业性渔业的刺激因素。如果存在利润机会，即便减少今天的收获量有利于共同的利益(例如使得鱼类能恢复和生长)，那企业将会不断地开发，每个捕鱼装置都有使其捕获量最大化的积极性。但对每个渔民来说限制捕鱼努力都是不理性的，因为谁也无法保证在今后更多的捕获下，他会从中获益多少。事实上，对一些渔业，根本无法确定

明天是否还能捕获。这种情况下，每个企业当前都用它最大的能力去收获，直至达到限制，即收入等于成本。

考虑如何找出开放—进入型均衡的存量水平和收获率。假设资源收获的成本和收入之间具有线性关系，总成本公式为：

$$C=\mathrm{w}E \tag{4.17}$$

选取公式(4.9)，即由 Munro(1981，1982)提出的收获率、努力和存量关系的形式：

$$H=\mathrm{e}ES \tag{4.18}$$

把公式 4.9 代入等式 4.17

$$C=\omega\left(\frac{H}{\mathrm{e}S}\right) \tag{4.19}$$

于是总收获成本是收获率和存量水平的函数。设单位努力成本(w)和收获系数都为常数(许多情况下，这一假设都不成立)。现用简单的逻辑斯第方程来描述这一物种的生长过程：

$$G(S)=gS\left(1-\frac{S}{S_{\mathrm{MAX}}}\right) \tag{4.20}$$

仅考虑均衡状态，所以 $H=G(S)$。代入 4.19 中：

$$C=\frac{\omega}{\mathrm{e}S}gS\left(1-\frac{S}{S_{\mathrm{MAX}}}\right)=\frac{\omega g}{\mathrm{e}}\left(1-\frac{S}{S_{\mathrm{MAX}}}\right) \tag{4.21}$$

等式(4.21)表示的是在不同资源存量水平下，持续收获产量的总成本。从等式 4.21 可以明显看出，总成本 C 是资源存量 S 的线形函数。另外，当 $S=S_{\mathrm{MAX}}$，$C=0$ 时，如果 S 低于 S_{MAX}，C 将上升。$S=0$ 时，$C=wg/\mathrm{e}$。这个成本—存量关系用图 4-2 中的负斜率直线表示。

再来看收入，总收入的定义为：

$$V=HP(H) \tag{4.22}$$

为了得到开放—进入均衡情况下的资源存量，我们已经有了 S 和 H 的假设，用图 4-1 表示，但是还需要 S—V 的关系，这就需要知道 H 和 V 的关系，后一关系依赖于资源需求函数的形式，所以在这里不可能给出一般结论。但是，存在一个相似且十分可能的需求函数，即收入—存量关系表现为倒“U”形，当收入最大时，资源存量处于收获量最大的存量水平。即当存量为 MSY 时收入最大，如图 4-2 所示。

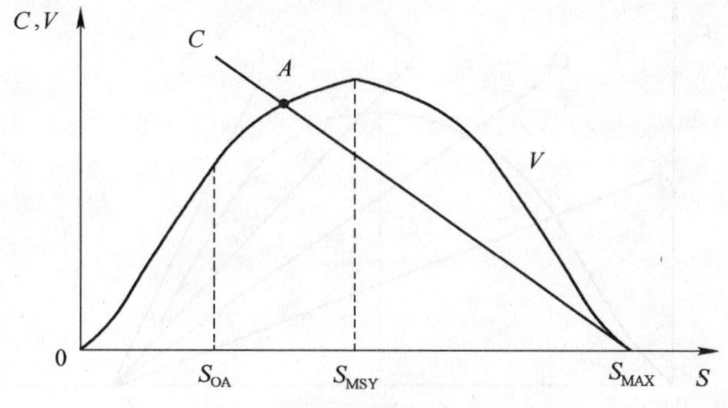

图 4-2 渔业收获的统计模型

当达到开放—进入型均衡时，它出现的存量水平，为总成本与总收入相等时的存量水平。这个均衡点用图 4-2 中 A 点表示，在这点，得到一个生物—经济双均衡。

经济均衡：企业处于开放—进入的 0 租金均衡，$V=C$；

生物均衡：资源总量保持不变，$G(S)=H$。

在本文所做的假定中，开放—进入型均衡是独一无二的，也是稳定的。如果资源总量低于 S_{OA}，在低存量下，持续收获的成本将超过收入，收获利润将会为负，于是会导致收获行为的减少，总收获量的降低。总收获量低于持续产量，于是存量就会恢复到 S_{OA}。同样，存量高于 S_{OA} 时，会出现正利润和更多的收获行为，调整过程又会使开放—进入均衡达到 A 点。

本文表示的开放—进入型均衡中，存量 S_{OA} 小于可持续产量的最大值，然而这种结果不是必然的。S_{OA} 取决于许多因素，包括单位收获努力的成本 W 和需求函数(影响均衡价格)的形式和系数。例如，考虑 W 增加，成本函数图像会绕 $S=S_{MAX}$ 顺时针旋转。这样，开放—进入均衡达到更大的稳态存量。很明显，如果 W 足够大，和的交点会出现在收入曲线斜率为负的一边，于是开放—进入存量水平会如图 4-3 所示超过 S_{MSY}。考虑两个特例，如果成本曲线与收入曲线于其最大点相交，开放—进入均衡的存量水平会达到最大可持续产量的存量，显然，开放—进入没有必要反对资源保护。另一例是当收获成本相当高(相对收获收入)，以至于任何水平的收获都无利可言，那存量必然上升到 S_{MAX}。

如果需求增加使得任何收获量下的资源价格都有所提高，那收入函数会

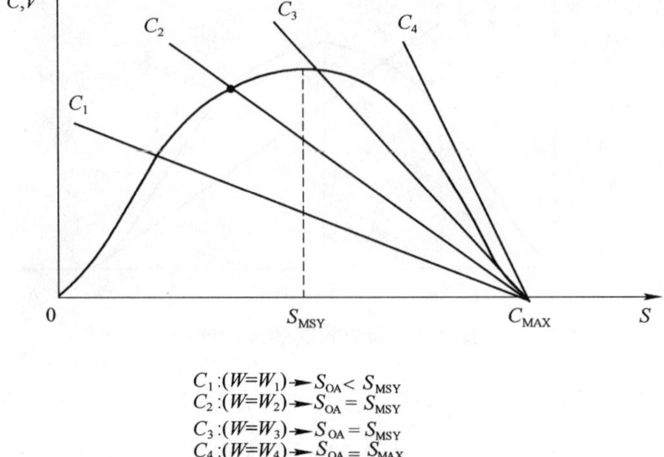

图 4-3　具有变化成函数的开放—进入均衡

有一个更高的最大利润。在本例中，均衡的开放—进入型资源存量水平将会低于需求增加前的水平。这表示在图 4-4 中，收入函数从 V 变为 V'，相应的开放—进入均衡从 A 变为较低存量水平的 A'。如图 4-4 所示：

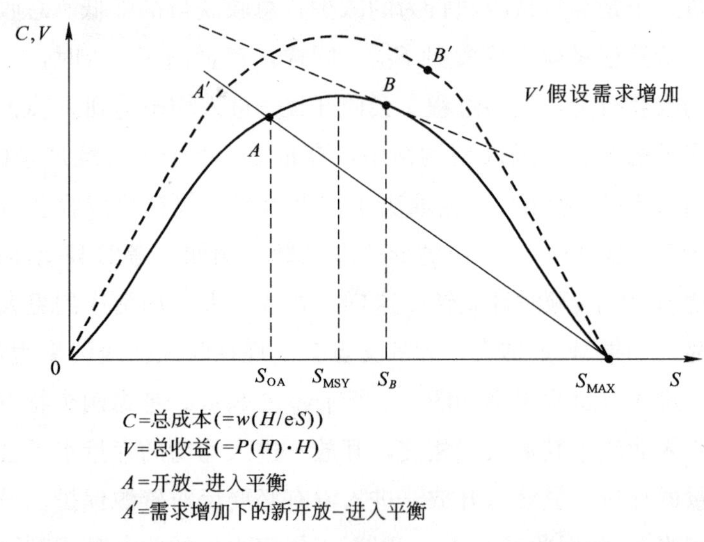

图 4-4　需求增加在开放—进入中的影响

二、资源为私人产权下的静态均衡

开放—进入型均衡的主要特征是零租金或零利润。价格等于平均成本，这里包括资本的正常收益。零租金是开放—进入无排斥性安排的结果，没有机构性的限制去排除收获资源的行为，无限制的个人竞争过程使租金降为零。但是如果渔场为私人资产，业主会采取排除措施(或要求进入租金)，于是开放—进入均衡不会达到资源拥有者的最大利润。如图 4-4(只注意需求增长前的收入曲线)，比较开放—进入均衡(点 A)和另一个均衡点 B，虽然在 A 点利润为零，但却在 B 点利润为正值。于是这种情况下，开放—进入均衡便不能是利润最大化的均衡。继续分析，B 点不仅相较于 A 点有正租金，而且在这点上，稳态利润水平(和的间距)也是最大，考虑相关的边际条件就比较清楚。函数 C 上的任何一点，都表示一定存量水平下持续产量的总收获成本，该曲线的斜率也就是边际成本。V 是给定存量水平下，与持续产量相关的总收入，它的斜率同样表示边际收入。使利润最大化的存量水平是边际成本等于边际收入，在图 4-4 中即为 S_B。在本文的假设条件下。私人产权下的资源获取均衡，因为有排外性的存在，会得到更高的资源存量水平。遗憾的是，这个讨论有个重要的缺陷，即得到的结论只是在私人贴现率为零的情况下才成立。为此，本文再做进一步分析。

第三节　可再生资源收获的动态分析

一、资源为私人产权下的动态均衡

为了对可再生资源进行更加详尽的讨论，而且阐明前面提到的不足，有必要分析资源收获的动力和时间因素。首先分析资源所有者的目标，经济学理论设定所有者的行为，是使在他或她所认为的时间段内，收入现值最大，也就是说，所有者使企业财富最大化。设想所有者会在其他地方投资，回报率为 i。渔场业主会保持他在渔场中的回报率至少为 i。

假设不连续时间段的现值回报每段都为 Z_t。在 $t+1$ 段内：

$$PV = \sum_{t=0}^{t=T} \frac{Z_t}{(1+i)^t} \tag{4.23}$$

贴现率是企业资本的机会成本(资本在别处获得的最高回报)。连续时间段分析表达式为:

$$PV = \int_{t=0}^{t=T} Z_t e^{-it} dt \tag{4.24}$$

设总收获成本为 C,与收获量 H 正相关,与资源存量 S 负相关。即:

$$Ct = C(H_t, S_t) \quad CH > 0, CS < 0 \tag{4.25}$$

最大现值利润是多少呢?当资源受限制时,分析利润最大化的关键是资本理论。一项可再生资源就是一个资本。考虑渔场仅有一个所有者,他可以限制对资源使用和占有回报。分析所有者调整当前收获量的决定。选择不收获某些鱼同样是投资,未捕的鱼在下一个阶段仍然存在,而且生物增长也意味着下一阶段存量会有所增加(超过当前未捕获的)。这些存量对于资本来说——在本渔场例中,具有生产性。决定是否延迟一定量的捕获到下一个阶段,取决于资源存量增加单元的边际成本和收益的比较。选择不捕获一个正在增加的部分,渔民就会有保持这些存量的机会成本,即保持了着部分牺牲了的可获取的回报。出售捕鱼所得的回报可以投资,并收取普遍资本回报率,于是边际成本是过去量的回报,这个回报的价值是 p,$p = P - c$,是资源总(市场)价格。然而,尽管考虑采取决定延迟一阶段的收入,这种牺牲回报的现值仍然为 ip。

所有者比较这个成本和资源投资所获得的收益,以下是 3 种不同类型的利益:

(1) 单位存量可能升值 dp/dt。

(2) 由于资源存量会有所增加,总收获成本将会减少。

(3) 新增量会随 dG/dS 增加,新增价值用资源价格表示,即以 dG/dS 乘以 p。

如果边际成本低于边际收益,利润现值最大化的所有者会增加一个单位资源存量,即:

$$ip < \frac{dp}{dt} - \frac{\partial C}{\partial S} + \frac{dG}{dS}p \tag{4.26}$$

这个式子表明增加一个单位的存量成本低于价格的升高、收获成本的降低和增量价格的总和。相反，如果边际成本高于边际收益，现值最大化的所有者会增加收获一个单位的存量。

$$ip>\frac{\mathrm{d}p}{\mathrm{d}t}-\frac{\partial C}{\partial S}+\frac{\mathrm{d}G}{\mathrm{d}S}p \tag{4.27}$$

这些意味着一个均衡情况为：

$$ip=\frac{\mathrm{d}p}{\mathrm{d}t}-\frac{\partial C}{\partial S}+\frac{\mathrm{d}G}{\mathrm{d}S}p \tag{4.28}$$

公式(4.28)是对资本均衡情况极为重要的解释。满足这些，资源所有者从渔场中获得的回报率将等于 i，与通过投资从其他地方获取的经济回报相同。两边同除以 P

$$i=\frac{\left(\frac{\mathrm{d}p}{\mathrm{d}t}\right)}{p}-\frac{\left(\frac{\partial C}{\partial S}\right)}{p}+\frac{\mathrm{d}G}{\mathrm{d}S} \tag{4.29}$$

整理公式(4.28)会得到资源有效使用的霍特林规则的一个变形。公式(4.29)的左边是在别处投资而获取的经济回报率，右边是从该可再生资源所获取的回报，由三部分组成：

(1) 价格升高所占的比例；

(2) 资源存量的边际增加而使捕获成本下降所占比例；

(3) 自然增长使总存量有边际增加。

二、静态和动态的稳态分析比较

本章得到两组来自于静态和动态模型的不同结论。然而，它们并不是不一致，静态结果可认为是动态结果的特例。先前已提到静态分析有限制条件，即它是分析一个时间段。这是从时间流动过程中抽象出来的，但是当人们有时间偏好和(或)资产有生产性时，时间变化将起作用，任何一情况下，贴现率都不为 0。静态分析可看作是贴现率为 0 的应用，既可认为是动态分析的特例。图 4-2 显示，当贴现率为 0 时，稳定动态分析的结论会变为静态分析的结论。首先看公式(4.28)给出的动态资产均衡情况：

$$ip=\frac{\mathrm{d}p}{\mathrm{d}t}-\frac{\partial C}{\partial S}+\frac{\mathrm{d}G}{\mathrm{d}S}p \tag{4.30}$$

静态模型是从时间流程中抽象出来(如同各变量不随时间变化)，于是

$dp/dt=0$。资产均衡条件变为：

$$ip=-\frac{\partial C}{\partial S}+\frac{dG}{dS}p \tag{4.31}$$

当 $i=0$，变为：

$$\frac{dG}{dS}p=\frac{\partial C}{\partial S} \tag{4.32}$$

公式(4.32)左边是边际收益(考虑存量变化)，右边是边际成本(考虑存量变化)。如图 4-4 中的 B 所示，静态利润最大化均衡需要两者相等。

正如前文所述，一个开放—进入型均衡意味着利润为零，如 A 点所示。有趣的是这个结论同贴现率无关。在开放—进入时，无论是否有均衡租金，贴现率都为零。贴现率确实使得私有资产均衡有所不同，此时租金是存在的，当使用正的贴现率时，静态模型就会给出错误结论。

尽管已经使用“动态分析”来研究资源收获决策，但我们的重点却仅限于稳态，而一个竞争的动态分析，应包括远多于本章所作的分析。例如还应包括：特定初始和结束条件；在相关时间段上找出变量的时间路径；确立这些时间路径是否会最终汇结到稳态；研究变量如何对所讨论系统受到的冲击或干扰作出反应等。回答这些问题十分困难，而且超出了本文的范围，这正如一些资源问题只能在一个动态框架下研究一样。例如，理解环境在一种不可预期的情况下变化而导致的鱼类数量突然下降时，需要知道这种干扰影响系统均衡时，系统是如何作出相应调整。集中注意这点的理由是静态的限制和稳态分析都已有所了解，这些技术对开始分析资源经济都十分有用，但要把握全部还远远不够，已经超出了本文的研究范围。

第四节　可再生资源的利用政策

合理的政府政策会选择什么样的目标去利用可再生资源呢？首先，必须是一个有效的目标，如果资源的利用没有效率，意味着社会有通过有效的政策产生福利的潜力。这需要政府消除外部性，提高信息量，改善财产权，消除垄断的产业结构，并在收获过程中没有效率时，利用直接手段或财政刺激去改变收获率。

正如本文所述，问题的核心是可再生资源在开放—进入的情况下会出现十分不利的结果。这个问题在海洋渔业中更明显，而且同样适用于水资源、土地资源和许多环境资源。解决问题的最简单方法可能就是定义和设置资源产权，许多国家都已做了类似的事情，通过拓展本国领海直到离海岸线200英里(约322km)。然而，这种方法要取得有效结果，必须满足两个条件：首先，进入限制必须具有强制性。其次，个人船只和航员收获资源必须是集体性有效行为。后一条件作为领区扩展的结果并不是完全有效。不确定性和自然资源有很大的联系，政府扮演信息提供者这一角色亦十分重要。例如在商业渔业中，私人渔民在量上不会知道以前和现在的行为如何影响或将会影响相关鱼种的数量。自然循环现象，如厄尔尼诺现象，同样也不会被渔民预测到。获取这种信息需要重要的检测手段和研究投入，不可能由企业单独完成，即便个人可以获取这些信息，对信息的散播也并不乐观，正如那些获取了信息的人会设法限制他人从中获利。

普遍资源获取中，效率可以通过政策建立期货市场获取。有效结果在一般范围不可能，除非所有相关市场都存在，许多不可再生资源没有期货市场意味着它们的收获一时不大可能有效。就财政刺激而言，渔业可以通过对每单位上岸资源征收固定税金达到有效。如何设置税率？这是个优化的收获状态，市场价格(P)应等于净价格或开采权(p)加上收获资源的边际成本。另一方面，在开放—进入下，零租金意味着市场价格等于平均成本。为了得到一个优化的结果，就需要两个税目，一个是税率，等于净价格或开采权p；另一个是边际和平均收获成本差。如果所征税率等于这两项之和，收获就会出现在最优水平。开采权一项，使渔民确信在开放—进入条件下不必考虑由于限制收获的未来收益。另一项内容把前面提到的外部拥挤作用内部化了。这种税收体系并不常见，一般采用的是可转让或可交易的资源开采权。我们称之为“私有可转让配额”(ITQ)。ITQ系统这样起作用：科学家估计鱼类存量水平，然后确定对所要控制物种的最大允许收获量(TAC)，TAC分给许多渔民，每个渔民可以根据这拥有的配额来捕获，这个份额也可以转让。没有“私有可转让配额”就无捕获权。理论上，“私有可转让配额”系统可以确保在一定存量上的收获处于有效率的水平。以往以生产为导向的“猎捕型渔业”，逐渐转型为生产与生态并重的“资源管理型渔业”。换言之，基于资源永续性的概念，对自然资源的运用，除遵循市场法则外，尤应致力于生产与生态兼顾。唯有维护生态环境的平衡，才能确保自然资源的永续利用。以下将以中国台湾渔业为例，就自然资源管理的责任制度与交易成本进行探讨。

一、责任制渔业

台湾传统渔业管理政策是由国家的法律与管制规定，让渔民取得特定渔业的财产权。换言之，国家管制鱼类资源的利用固然可以减少地方渔业社区的渔捞产能，有利于管理的海岸与水产生物资源，以及让渔民能够在渔业管理中扮演一定程度的角色。然而，此种由上而下的渔业管理制度产生了政府与渔民间利益的摩擦，使得渔业主管单位很难将管理渔业资源政策的理念与利益和渔民做充分的沟通，而且渔民也难以将其需求告知政府相关单位。Jentoft 与 McCay(1995)指出以下 3 种主要形式，为利用者团体参与渔业管理政策的发展和执行制度设计：

1. 指导型(instructive)：政府告知利用者团体相关的管理措施，此种沟通是单向的，管理者视自己为教育者，而有关信息在计划过程的最后阶段才提出，这是一种由上而下的过程。

2. 咨询型(consultative)：政府经由公职会或建议团体，咨询利用者之团体意见，再行决策，但是政府也有可能接受利用者的建议。

3. 合作型(cooperative)：政府授予利用者团体权力与责任，例如政府设定捕捞量，而利用者团体则决定认可进入或取得配额，这是一个由下而上的方法。

渔业共同管理在政府与利用者团体间至少有 6 个关键任务，即发展和执行渔业管理计划时，评估管理地区的渔业状况、设定渔业管理目标、选择适当的管理方法，合理地分配资源、作业时间的分配及协议决策的执行。但在渔业共同管理之下，可能发生的因难有：地方组织的行政管理责任分配问题，以及与传统作业习惯的冲突。从渔业共同管理的案例可知，政府所需担任的是一个辅助者而不是惟一的管理者，因为要建立一个以社区为基础的共同管理制度是需要资源使用者的帮助，也就是渔民和政府部门间的相互配合。政府部门主要是提供行政和财务上的协助，即辅导渔民社区建立共同管理组织后，动员地区人民参与组织活动的运作，可持续有效地推动渔业共同管理事务，至于财政上除提供共同管理行政事务所需经费外，对资源的调查，复育则提供技术上的协助，并在季节性休渔时期给予渔民在生计上的辅助，以确保休渔制度能够推动与落实。

另外，政府也要制定相关法令，让社区渔民拥有合法参与管理的法律基础，因为许多资源自我管理的经验说明，没有法律基础的管理不被大众所信服。因此，也就容易导致失败。而共同管理协定订出后，为了保障守法者，惩处违法者的正义原则，政府担任最后的防法者是合理且必需的，如此才可以阻止潜在的违法者。至于政府因加入 WTO 所省下的渔业补贴相关经费，可以作为渔民参与休渔期间的人力资源培育支出，亦可配合政府休闲娱乐渔业政策的推动，协助休渔的渔民兼职转营娱乐渔业。休渔期间渔民除可整修渔船与渔具外，各级渔业部门亦可加强组织领导，尤其是对渔民的宣传教育与管理工作，使渔民了解政策的规定意义与相关罚则，加强渔民主动遵守规定的力量，同时透过各种宣传媒体，使休渔制度与共同管理概念被大众所了解，争取渔民及社会各界的支持和配合。

在教育方面，要使渔民充分了解渔业自我管理的重要性与优点，并主动追求渔业的永续经营，首先就是提高渔民知识水平与责任渔业的概念。事实上，世界主要先进国家对于渔村社区的发展都不遗余力，即强化建立优质的渔村社区，然后再和渔村社区居民合作以弥补政府能力所不及之处，其结果也证实政府和社区合作所执行的成绩往往比政府直接执行要好。可以在休渔期间邀请渔业、经济、法律、社会等渔业管理相关学者进入渔村，给予渔民渔业法规、技术等教育，教育渔民爱护海洋，并利用简短的影片宣导为何要实施渔业共同管理与季节性休渔等策略，使其学习到生态保育与资源管理的重要概念。

综合上述可知，要有永续经营的渔业就首先要有生态保育与守法负责的渔民，政府作为一个辅导者是责无旁贷的，使渔民可以由开始的被动休渔转变为主动的要求共同管理或休渔，而在渔业共同管理的规划过程中，对于政治、法律、经济、地方人文传统、自然生态、渔业现况的了解都相当重要，即政府除了在渔业管理政策与策略上做努力外，对于渔村社区产业的整体发展亦要详加计划，包括对于产业发展上创造符合渔村需求及帮助渔民就业与转业的机会，如此才能营造一个社区共同管理渔业的基础。经由前述说明，可参考台湾对有关自然资源管理的基本步骤，如图 4-5 所示。由图中可看出发展资源共同管理的概念，组织使用者，并加强其社区营造的观念，接着对使用者予以能力建构，给其一个合法、便利参与建议、咨询的管道。策略上政府有关单位可先选定一个较符合前文共同管理成功因素的区域或项目，进行实验性的辩理，或实施成功后，自然产生示范性的效果。实际上，对于台湾现在的大环境来说，要推行资源共同管理仍有许多有待努力的工作，但基于共同管理是一正确的资源管理制度，也是符合未来自然资源永续发展的潮流，因此有一定参考价值。

二、交易成本

基于前述分析可知，自然资源有其特殊的经济财产性质，导致人们为了自利而无效率地使用，并产生种种对资源永续利用的障碍，所以站在资源使用效率以及产业发展的立场，政府有必要介入，对其经营作适当的管理，否则将会导致资源使用的福利损失，以及产业脱序的行为，但经验说明地方资源若仅靠政府管理，往往不符合地方的需要，加上政府资源与人力有限，使得管理规划执行成效不彰。因此，当前国际的趋势是鼓励政府与地方资源使用者合作管理，利用社区居民参与，社会规范的约束力等，来降低共同财产交易成本等问题，使得自然资源共有财产的问题获得改善。

在传统经济学的观点下，认为个体间交易行为在市场技能下不会有交易成本，但是 coase (1937)认为交易过程因环境的不确定性因素，会在达成协议的过程中产生交易成本，且若集体生产的交易成本小于市场的交易成本，人们就会选择集体生产的方式：而 Williamson(1975)则延续 coase 交易成本理论来发展，他认为由于人性因素、交易环境变化与相互影响会导致市场失灵，使市场交易困难并产生交易成本。而影响交易成本的人性因素主要有有限理性、投机主义；交易环境因素则涉及环境的不确定性与复杂性、少数交易、信息不对称、气氛等。以下就上述几项产生交易成本的原因作一说明。

1. 人性因素

(1) 有限理性(bounded rationality)：由于交易者受限于本身的知识，能力及环境的复杂性、不确定性、导致交易时无法完全地接受、处理所有咨

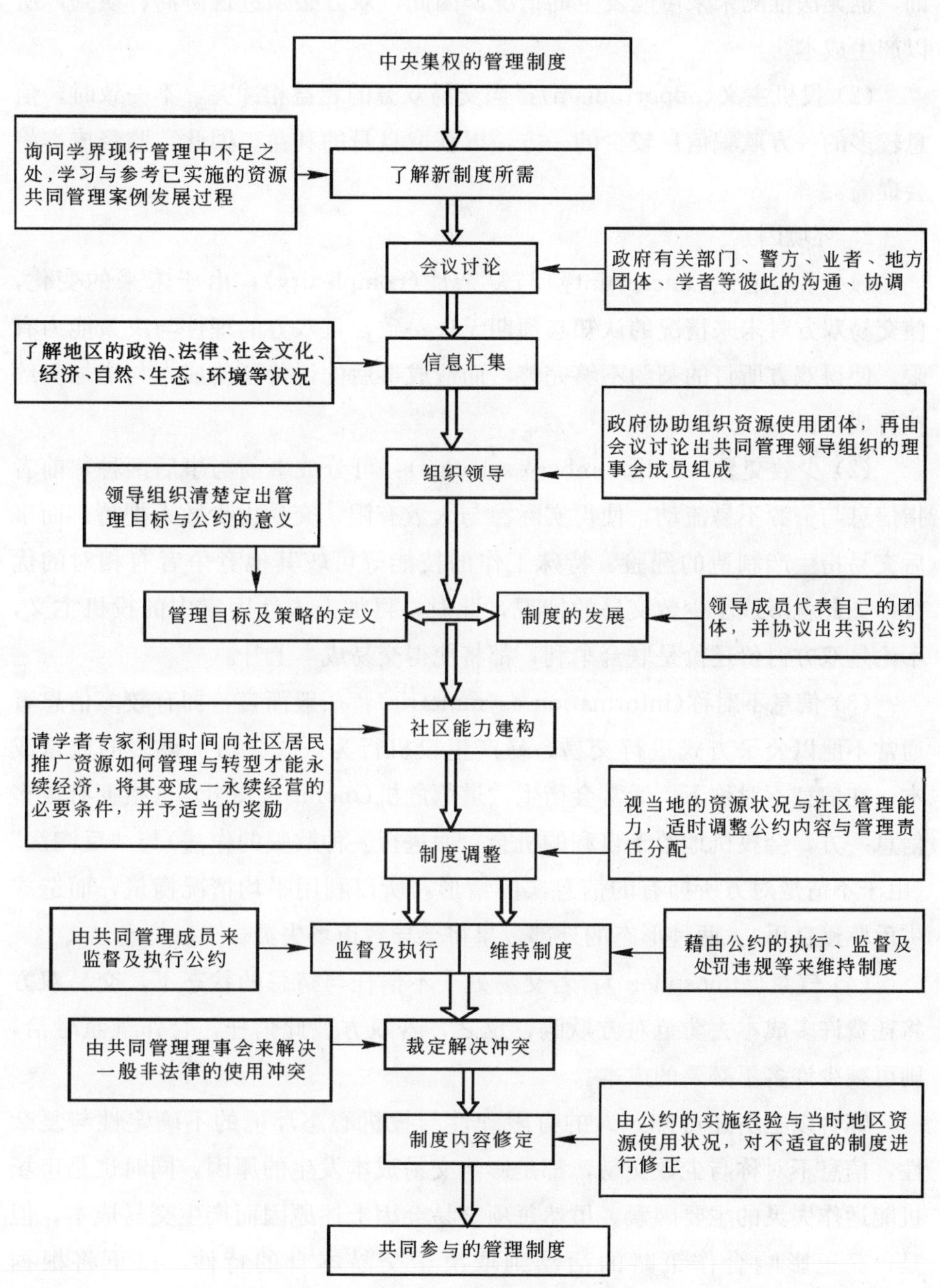

图 4-5　资源共同管理的实行步骤

询，也无法推测未来可能发生的情况。因此，双方必须进行协商、谈判，所以产生成本。

(2) 投机主义(opportunism)：当交易双方的利益相冲突，不一致时，信息较多的一方欺骗信息较少的一方，以获取自身的利益。因此，监督成本将会提高。

2. 环境因素

(1) 不确定性(uncertainty)与复杂性(complexity)：由于未来的变化，使交易双方对未来情况的认知与预期无法一致，且双方的理性与决策能力有限，使得双方所订的契约不够完善，而造成事后的讨价还价成本与增加契约执行成本。

(2) 少数交易(small number exchange)：可分成事前与事后两种，前者指信息与资源不易流动，使得实际参与人数有限，交易由少数人把持；而事后交易指生产制造的经验、特殊工作的技能等可较其他竞争者有相对的优势，如此就形成了少数交易的情况，此时，再加上人性因素中的投机主义，不论是双方讨价还价是联合牟利，都将使得交易成本上升。

(3) 信息不对称(information asymmetric)：一般而言，拥有较多信息者通常不愿以公平方式进行交易，易产生投机行为，故会增加许多的监督成本。在信息不对称下，通常会衍生“道德危机(moral hazard)”(指拥有较多信息一方，会投机地给予自利的机会，而进行一种欺骗的作法)与“反淘汰”(由于不清楚对方所拥有的信息实际情形，所以利用平均情况衡量，而造成劣币驱逐良币)。两种形态的外部效果将会导致市场失灵。

(4) 气氛(atmosphere)：若交易处于不信任与猜忌的状态下，交易双方将耗费许多成本去防范对方欺瞒，反之，若双方彼此信任，合作气氛融洽，则可减少许多不必要的成本。

综合以上所述可知，人的有限理性与投机心态环境的不确定性与复杂性，信息不对称与少数交易，都是影响交易成本发生的原因，同时也是市场机能运作失灵的主要因素。虽然每项交易会因上述原因而产生交易成本，但是，真正影响合作策略的活动则取决于交易本身的特性，以下将根据Williamson(1975)所提出的交易不确定性、资产特殊性、投机性进一步加以分析。

一般而言，不确定性区分为两种，一为因有限理性的限制，二则是由于信息不对称，导致可能遭受对方欺骗的不确定性。当交易越复杂，未来越不易掌握的情况下，契约难以规范所有可能发生的情况，因此，难以完全通过契约方式来管理资源时，给予资源使用者资源所有权，及利用专责机构协调、处理可能是最佳的解决方式。而本文所指的专责机构为渔业共同管理理事会，政府与渔民间所设立协调管理的中间机构。

特殊性较高的资产在市场上较缺乏交易的机会。根据 coase(1960)指出，让资产使用者拥有该特殊性资产的所有权，可使资产的使用达到最大效率，但要避免资源使用者过当利用该资源，应将管制权交给专责机构监督。基于此，具有较高特殊性的资产，以完全契约方式来管理的成效较低，除非由资源的使用者拥有该资产的所有权，否则将降低使用者参与管理的意愿。

就渔业而言，其有区位特殊性(site specificity)，即一旦投资就不容易变动，且重新设立的成本很高。渔业基于国防、粮食、社会安全等而存在，故具备了特殊性的特质。以渔业共同管理来说，在渔民提供当地渔业信息和参与管理过程中，可能会对其他渔民或政府有欺瞒行为，以增加自己获利的机会和避免应负的责任，故有必要执行协约和处罚条款。

Williamson(1975)指出交易成本的内涵原起于契约的不完整，并进一步将交易成本区分为事前与事后两大类。

1. 事前交易成本

(1) 信息汇集成本：指为达成共识，共同完成任务所花费的时间、劳力与金钱。当资产有不确定性且特殊性高时，为避免风险，需汇集许多相关信息，都会导致信息成本的增加。

(2) 协议谈判成本：交易双方由于彼此的不信任及有限理性的影响，需要花费许多协商与谈判的成本，若交易双方的信息不对称，会提高其协商与谈判成本。

(3) 契约成本：交易双方达成协议准备合作时，将其协议书面化，便需要花费契约成本。

2. 事后交易成本

(1) 监督成本：当交易双方制定契约后，为预防交易的对方违背契约，因此，在执行契约的过程中，将会产生监督成本。

（2）讨价还价成本：由于交易双方的有限理性，无法完全预知契约执行后的情形，导致事后适应不良所需的谈判成本。

（3）建构契约及推进成本：解决参与者纠纷所需的相关成本。

（4）约束成本：使参与者信服所需的成本。

另外，由 pomeroy(1998)所提出渔业共同管理的交易成本要素中，主要区分为咨询成本、决策成本及执行成本 3 类，如图 4-6 所示。

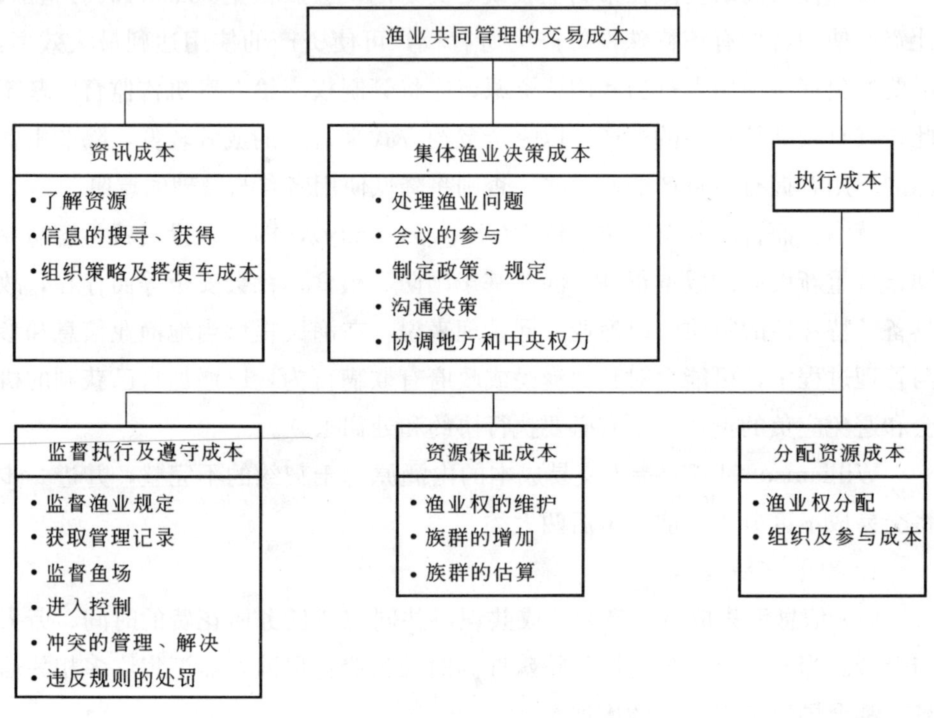

图 4-6 渔业共同管理的交易成本

（1）咨询成本：决策者和使用者可以交换他们各自缺乏且需要的讯息，但可能会有讯息不对称的情况，那么渔业共同管理制度的参与者可能会提供给管理者错误的讯息，使自己可以完全免除社会和经济责任并获取最大利益，这种做法将使讯息的获取和整合有困难，而难以作出正确决策，这也是为什么有一些较高的执行成本出现在表 4-1 之中。

（2）决策成本：渔业共同管理的挑战之一是如何使渔民达成共议，集体的渔业决策成本包含处理渔业问题，会议参与、政策制定、社区沟通决策内容、协调地方和中央渔业管理任务。不同人与单位的协调需花相当多的时间和资源再监督、评估进而达成协定，这是集体渔业在决策过程中的交易成本，而此交易成本在预期中是比中央管理制度下偏高的。

（3）执行成本：这个部分是最有力反驳中央资源制度论点的，由表4-1可见执行成本在中央集权与共同管理间的差别，而执行成本来自三方面：

中央集权及渔业共同管理制度的交易成本比较　　表 4-1

资源管理行动	中央管理	渔业共同管理	资源管理行动	中央管理	渔业共同管理
搜索资讯	低	高	资源的使用时间分配	高	低
制定决策及设定管理目标	低	高	监督、执行和使服从	高	低
资源分配	高	低	资源维护	高	低

资料来源：pomeroy(1998)

1）监督、执行、遵守制度成本：执行规定、监督渔场，渔获记录管理、进入管理、冲突管理、并解决和处罚违反规定的人事。

2）资源保育成本：来自于利用渔业权保护族群的复育行动。

3）资源分配成本：以合理、公平的机制将资源给予渔民利用。

交易成本的重要功能在于提醒我们组织与制度的作用和重要性。在渔业共同管理中，政府与渔民间，渔民相互之间的互动相当重要。因此，各阶成员的合作关系对于交易行为便显得密切相关，再加上交易双方信息不对称、竞争环境复杂，交易对象的不确定性等因素，都使渔业共同管理策略的运用上更为复杂。

成功的渔业共同管理因素，要在不同的国家、政策、生态、文化、技术、社会与经济等状况下检视。不同的国家与地区，会因为以上所提因素的不同，而有不同的渔业共同管理规划及执行上的问题与困难。各地区也因政府与渔民的不同动机、能力、文化、社会、经济等状况，产生不同的渔业共同管理形式。原则上，以检验法则来说，不论渔业或其他自然资源的管理，愈符合共同管理的模式，则其成功的几率就愈大。

第五节 本 章 小 结

本章首先介绍了表述可再生资源生物增长过程的逻辑斯第方程，其次对可再生资源收获的静态经济模型进行了分析。通过对开放—进入条件及私人产权条件下可再生资源的静态均衡的对比研究，证明开放—进入导致过度收获的事实是特定制度的后果，而不是生态问题。第三对可再生资源的收获进行了动态分析，得到利润最大化均衡的条件是边际收益等于边际成本。最后对可再生资源管理的政策进行了阐述。

第五章　不可再生资源的最优利用

本章以不可回收的不可再生资源为重点，对不可再生资源的最优利用中具有共性的一些问题进行了分析。

第一节　不可再生资源的概念与特点

不可再生资源或可耗竭资源是指在可以预见的时间内，不能运用自然力增加蕴藏量的自然资源。不可再生资源不具备自我繁殖的能力。由于不能自我繁殖，不可再生资源的初始禀赋量是固定的，用一点少一点。某一时点的任何使用，都会减少以后时点可供使用的资源量。铁、煤、石油等是不可再生资源。不可再生资源又可分为可回收的不可再生资源与不可回收的不可再生资源。前者主要是指金属等矿物资源，后者主要包括石油、煤、天然气等能源资源。

不可再生资源的形成需要长达数百万年的地质演变过程，因此可以看作一种固定的存量——一朝开采，无法再生；只要开采，终将耗尽。不可再生资源具有以下特点：(1)当资源被利用时，其存量随着时间的推移而减少；(2)资源存量永远不会随着时间的推移而增加；(3)资源减少率是资源利用率的单调递增函数；(4)正值存量若不存在，就不可能对资源加以利用(Sweeney，J. L.，1993)。当然，如果时间足够长，任何不可再生资源都是可以再生的，只是相对于人类的活动来说，其再生速度慢得可以忽略不计。因此，基于以上特点，对不可再生资源提出了一个核心的问题就是：对任何不可再生资源，怎样才是其最优的开采利用方式？

第二节　霍特林规则

对不可再生资源最优利用的定量研究可以追溯到 20 世纪 30 年代，1931 年哈罗德·霍特林(Harold. Hotelling)分析了各种开采条件下，不可再生资源的最优开采途径。在此基础上，分析了在竞争市场环境中不可再生资源的均衡价格路径，即价格随时间动态变化的轨迹，得到了著名的“霍特林规则”(Hotelling Rule)。霍特林规则是指：当某一资源被开采时，该资源价格的增长率应该相当于贴现率。霍特林规则可以用多种方程式来表现。起初，经济学家采用的方程式是：

$$P'/P=r \tag{5.1}$$

或者是：

$$P_{t}=P_{0}e^{rt} \tag{5.2}$$

在(5.1)，(5.2)两式中，r 代表贴现率，t 代表时期，0 代表基期，P 则被用来代表开采出来的资源的价格。但是，经济学家很快就发现，只有在假定开采成本(或生产成本)等于 0 的前提下，开采出来的资源产品的价格才等于埋在地下的资源的价格。否则，则有

$$P=C+\lambda \tag{5.3}$$

其中，P 代表开采出来的资源产品的价格，C 代表边际生产成本，λ 则代表埋在地下的资源的价格。

应该指出的是，由于历史的原因，经济学家经常用不同的术语来称呼，比较常见的术语有：

(1) 租金或资源租金(rent/resourcerce rent)；

(2) 资源的影子价格(shadow price of resource)；

(3) 资源自身价值(in situ value of resource)；

(4) 资源耗用费(depletion premium)；

(5) 矿区使用费(royalty)；

(6) 耗竭成本或使用者成本(user cost)等。

这些不同的术语常常造成理解上的差异和使用上的混乱。在本文中，将 λ 统一称为边际耗竭成本，并将其定义为埋在地下的资源的价格。

承认 P 和 λ 的差别，同时假定 C 不变，(5.1)式和(5.2)式就演变为：

$$\lambda'/\lambda=r \tag{5.4}$$

$$\lambda_t=\lambda_o e^{rt} \tag{5.5}$$

根据(5.4)式和(5.5)式，不难得出这样的推论：如果这两个方程式的左边大于右边，即 λ 的增长率高于贴现率，那就意味着推迟不可再生资源的开采更有利可图，因而应该更多地保存不可再生资源；反之，如果这两个方程式的左边小于右边，即 λ 的增长率低于贴现率，那就意味着更多地耗用不可再生资源。霍特林规则的政策含义在于，资源存量本身的变化或者说枯竭与否并无关紧要，关键是要看矿产资源的开发是否有效率。

第三节　不可再生资源的最优利用

20 世纪 60 年代以来，一大批经济学家，包括 R.L. 戈登、R.G. 卡明斯、O.C. 赫芬达尔、A.V. 尼斯、A.C. 费雪和 J.L. 斯威尼等人，不断将霍特林规则变化，并取得了一系列成果。下面，以 D.W. 皮尔斯和 R.K. 特纳的《自然资源与环境经济学》中的一张图为例，来说明霍特林规则与不可再生资源最优利用之间的关系。

图 5-1 是一张直角坐标系图，交于原点的横轴和纵轴将其分为 4 个象限。按照惯 例，将图的右上、左上、左下和右下的象限分别称为Ⅰ、Ⅱ、Ⅲ、Ⅳ象限。与一般的直角坐标系图不同的是，横轴和纵轴代表着 4 个而不是 2 个变量，即从原点出发，左、右、上、下 4 根轴分别代表对 t 时期不可再生资源的需求量即开采量 Q_t，时间 t，资源产品 P_t 和时间 t，4 个变量均没有负值部分。在第Ⅰ象限，净价格随着贴现率按指数增长，满足霍特林规则。第Ⅱ象限表明了资源需求曲线与窒息价格 P_k 的关系；第Ⅲ象限是不可再生资源的开采量与时间的关系，在本例中，它是随时间下降的非线性函数。第Ⅳ象限有一条与时间轴成 45°的直线。具体分析如下：

第Ⅰ象限中的曲线是价格的时间途径，它表示资源产品价格随着时间的推移而变化。在本图中，价格的时间途径的形状是由霍特林规则决定的。D.W. 皮尔斯和 R.K. 特纳采用的是(5.2)式。如前所述，在存在着生产成本即开采成本的条件下，资源产品价格 P 大于资源的耗竭成本 λ；但只要生

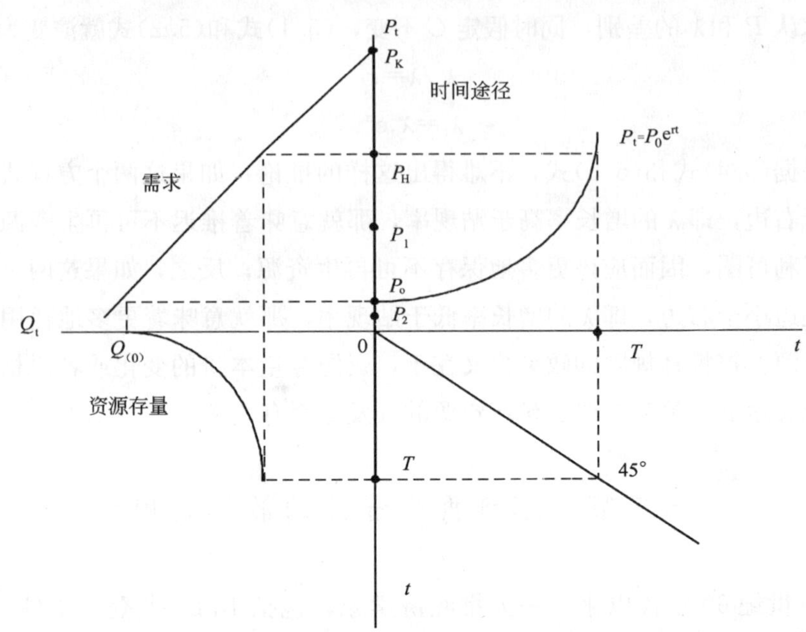

图 5-1　霍特林规则与不可再生资源最优利用的关系

产成本 C 保持不变，我们就可以把图上的(5.2)式理解为方程式两边各加上一个常数 C 的(5.5)式。

第Ⅱ象限上是普通的需求曲线，它表示，资源的耗竭成本越高，对该种资源的需求量就越小。只是由于位于第Ⅱ象限，需求曲线的形状从向右下方倾斜。

第Ⅳ象限上的45°线使原点右边横轴上的任何点，都可以在与原点距离保持不变的前提下，转到原点下边的纵轴上，或者相反，从原点下边的纵轴转到原点右边的横轴上。

第Ⅲ象限上的曲线表示资源开采量与时间的关系。假定资源需求量等于资源开采量，那么，某一时期的资源耗竭成本将直接影响到该资源的市场需求量，从而间接决定该资源的开采量。各个时期的累积开采量则由该象限上曲线右边的面积来表示。

第Ⅲ象限也可以用来表现资源存量。假定按照现有的开采量积累下去，到 T 时期所有的资源存量都将被开采光，则有

$$X = \int Q(t)\,\mathrm{d}t \quad (0 \leqslant t \leqslant T) \tag{5.6}$$

其中，X 表示资源存量，T 则是资源存量不复存在的时期。

在资源耗竭成本的时间途径既定的前提下，不可再生资源的耗竭速度取决于其基期耗竭成本 λ，或者是由基期耗竭成本决定的（开采成本 C 为常数）基期资源产品价格 P_0。假定基期资源产品价格为 $P_1(P_1>P_0)$，那么，第Ⅰ象限上的曲线将平行上移；第Ⅱ象限上各个时期的资源需求量 $Q(t_1)$ 都会减少；反映在第Ⅲ象限上，则是表示资源开采量与时间关系的曲线右移。曲线右移可能产生两种后果：假如曲线移动幅度比较小，则有

$$\int Q(t_{11})\mathrm{d}t_{11}=\int Q(t)\mathrm{d}t \quad (0\leqslant t\leqslant T,\ 0\leqslant t_{11}\leqslant T_1,\ T\leqslant T_1<\infty) \tag{5.7}$$

假如曲线右移的幅度比较大，则有

$$\int Q(t_{12})\mathrm{d}t_{12}=\int Q(t)\mathrm{d}t \quad (0\leqslant t\leqslant T,\ 0\leqslant t_{11}\leqslant T_{12}<\infty) \tag{5.8}$$

换句话说，基期资源产品价格的上升，将使资源耗竭的时期推迟；如果价格上升超过一定幅度，以致在该资源存量尚未用完时，对该资源的市场需求量就下降为 0，则资源耗竭成为不可能。

反之，假定基期资源产品价格定为 $P_2(P_2<P_0)$，那么，第Ⅰ象限上的曲线将平行下移；第Ⅱ象限上各个时期的资源需求量 $Q(t_2)$ 都会增加；反映在第Ⅲ象限上，则是表示资源开采量与时间关系的曲线左移。曲线左移的结果是：

$$\int Q(t_2)\mathrm{d}t_2=\int Q(t)\mathrm{d}t \quad (0\leqslant t\leqslant T,\ 0\leqslant t_2\leqslant T_2,\ 0\leqslant T_2\leqslant T) \tag{5.9}$$

换句话说，基期资源产品价格的下降，将使资源耗竭的时期提早；进一步讨论，如果价格下降超过一定幅度，以致对该资源的市场需求量等于或大于该资源的存量，那么，该资源将立即消耗殆尽。相比之下，虽然单个矿产资源迅速耗竭之事时有所闻，但矿产资源存量一般是其年开采量的十几倍、几十倍甚至更多；而濒危物种的灭绝，则是更加容易发生的事。

如果图 5-1 中基期的资源产品价格为 P_1，则价格的时间途径的上移意味着资源产品价格达到 P_B 水平的时期将早于 T 时期；而因价格提高、需求量减少而导致的资源开采量曲线的右移则意味着资源耗竭的时期迟于 T 时期，甚至资源不会耗竭；这样，在资源产品价格达到 P_B 时，不可再生资源的存

量仍然存在；由于资源产品价格不再按霍特林规则上升，厂商或不可再生资源所有者将受到损失。

反之，如果图 5-1 中基期的资源产品价格为 P_2，则价格的时间途径的下移意味着资源产品价格达到 P_B 水平的时期将迟于 T 时期；而因价格降低、需求量增加而导致的资源开采量曲线的左移则意味着资源耗竭的时期早于 T 时期；这样，在资源产品价格还没有达到 P_B 时，不可再生资源存量就已经耗竭；由于资源产品价格本来还可以继续按霍林法则上升，因而厂商或不可再生资源所有者将丧失因价格上升可能带来的收益。

但是，在理想状态即完全竞争和产权明确的条件下，资源产品价格——更准确地说，是决定资源产品价格变化的资源耗竭成本——是不可能长期偏高或偏低的。这是因为，在理想状态下，掌握着完全信息的厂商将根据霍特林规则来使用全部不可再生资源的存量。假定厂商预期将来该资源产品的市场价格最高为 P_B，那么，霍特林规则就要求在市场价格达到 P_B 的时期，不可再生资源存量正好全部用完，从而使得厂商或不可再生资源所有者既不会直接受到损失，也不会丧失预期收益。而只有当图 5-1 中基期的资源产品价格为 P_0 时，资源产品的市场价格达到 P_B 的时期和不可再生资源存量用完的时期才正好都是 T 时期，从而做到了不可再生资源的最优利用。

图 5-2 是优化消耗模型的图解。图形表明，优化资源开采和净价格变化途径对社会福利最大化反应滞后。图形还表明了在完全竞争市场中开采与价格途径的利润最大化。

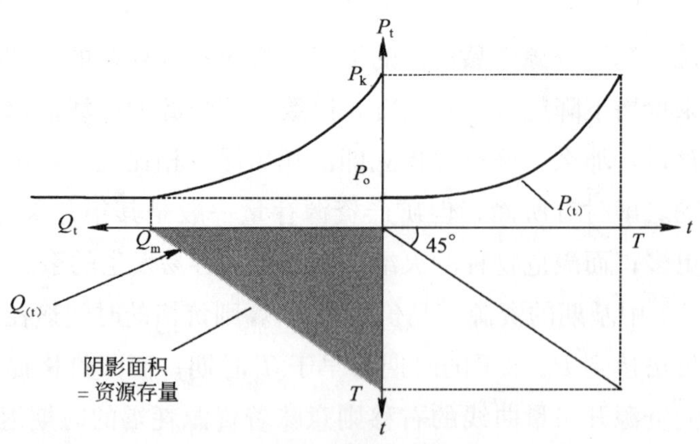

图 5-2　优化资源消耗模型图解

丁伯根(T. Titenberg)在1992年建立了一个简单模型来描述不可再生资源的优化配置。假设某种不可再生资源的需求曲线是线性的，且不随时间变化，可用下式表示：

$$P_t = a - bQ_t \tag{5.10}$$

式中，P_t 为 t 年的价格，Q_t 为 t 年的开采数量。

在 t 年开采 Q_t 所得到的总收益为需求曲线以下的面积：

$$TB_t = \int_0^{Q_t} (a - bQ)\mathrm{d}Q = aQ_t - (b/2)Q_t^2 \tag{5.11}$$

式中，TB 为总收益。

假设开采该资源的边际成本为常数 c，t 年开采 Q_t 数量的总成本 TC_t 为：

$$TC_t = c \times Q_t \tag{5.12}$$

如果可开采资源的总量为 Q^*，则 n 年中资源的最优动态配置问题，即最大净现值收益和剩余可利用资源的价值之和可用下式表示：

$$\max Q_t = \sum_{i=1}^{n} \frac{aQ_i - (b/2)Q_i^2 - cQ_i}{(1+r)^{i-1}} + \lambda\left(Q^* - \sum_{i=1}^{n} Q_i\right) \tag{5.13}$$

式中 r 为利率，假定为一常数，λ 为初期价格和边际开采成本之差，即边际耗竭成本。不可再生资源的总量 Q^* 总是小于需求量，那么当满足下列式子的情况下，不可再生资源能达到最优配置：

$$\frac{a - bQ_t - c}{(1+r)^{t-1}} - \lambda = 0 \quad (t=1,\ 2,\ \cdots,\ n) \tag{5.14}$$

$$Q^* - \sum_{t=1}^{n} Q_t = 0 \tag{5.15}$$

第四节 不可再生资源利用率的度量

一、不可再生资源利用率：一个判断与度量可持续发展的重要尺度

《我们共同的未来》中提出：可持续发展要求，不可再生资源耗竭的速率应尽可能少地妨碍将来的选择。但该报告并没有界定到底什么是符合可持续发展概念要求的对于不可再生资源的利用。国内许多研究可持续发展指标体系和涉及区域可持续发展评价的论文，在度量一个地区可持续发展时，都

选取了类似人均化石燃料储量这样的指标。本文作者认为这类指标并不能够用来判断与评价一个国家或地区对于不可再生资源的利用是否符合可持续发展概念的要求。一个国家或地区不可再生资源储量的多少，只能表征其自然资源条件的天然禀赋，决不能因为不可再生资源储量少，就评价可持续发展水平低，显然这是不能成立的。无论过去，还是在世界经济逐渐一体化的今天，一个国家自然资源的短缺完全可以从另一个国家进口。至于能否用人均能源或金属矿产资源消耗量指标来度量，显然取决于如何界定什么是符合可持续发展概念要求的对于不可再生资源的利用。本文作者认为现阶段，当代人为后代人所作的努力就是要不断地提高一定储量的不可再生资源从被开采，粗、精加工制造，消费，最后到废物再循环利用各个环节中的利用率。实际上，以上各个环节利用率的提高，其总体效应就是人类为了获取一定质与量的产品所需消耗的不可再生资源储量在减少。这里，本文作者将这种不可再生资源进入到生产与消费各个环节中被“使用”时的利用率所“联合”产生的总体效应定义为不可再生资源利用率。对于以上定义，由于很难给出一指标直接加以度量，所以，这里本文作者又从最初的不可再生资源储量消耗与最终产品的产出这两个“端点”出发，对不可再生资源利用率给出另一定义：生产一定质与量的最终产品所需消耗的不可再生资源储量。显然，该定义并不包括最终产品利用率的含义。尽管存在着以上缺陷，但该定义还是可以反映出不可再生资源利用率在一段时期内的相对变化趋势，这也是本文所设置指标的依据。

二、不可再生资源利用率度量指标的设置与测度

从整体上度量一个国家或地区总的不可再生资源利用率一直是一个空白点。根据本文作者给出的关于不可再生资源利用率的定义，同时考虑到以下因素：①现阶段绝大多数国家很难收集到各年关于各种不可再生资源储量消耗方面的准确数据；②第一、二、三产业结构可能的变化，设置了不可再生资源利用率的度量指标：单位工业增加值不可再生资源消耗。

(一) 以重量为不可再生资源消耗量度量尺度测度的结果

以重量为尺度度量不可再生资源消耗量，计算中国 1985～1995 年以上指标的指标值。表 5-1 为 1985～1995 年间，中国工业生产中主要不可再生

资源消耗和工业增加值以及由此计算得出的所设置指标的指标值。图 5-3 为所设指标指标值的变化情况。

中国工业生产不可再生资源消耗(以重量为度量尺度)及所设置指标的计算结果

表 5-1

项　目	1985	1986	1987	1988	1989	1990	1991	1992	1993	1994	1995
化石燃料国内实际消耗量(万 t)											
煤	58613	62651	68775	73907	78564	81091	86359	92251	99310	107770	117571
石　油	6171	6402	6675	7234	7474	7322	7631	8155	8617	9182	9349
金属矿石国内开采量(万 t)											
铁矿石	13819	14751	16143	16854	17145	17941	19016	21022	22599	25056	25056
铝矿石	53	56	62	72	76	85	96	110	126	150	187
锌矿石	31	34	38	43	45	55	61	72	86	102	108
铅矿石	22	24	25	24	30	30	32	37	41	47	61
铜矿石	41	46	52	53	56	56	56	66	73	74	108
锡矿石	3	3	3	3	3	4	4	4	5	7	7
镍矿石	2	2	3	3	3	3	3	3	3	3	4
锑矿石	4	4	7	7	6	6	6	7	8	10	13
硫铁矿石	692	783	1087	1119	1269	1275	1413	1585	1490	1724	1724
金属矿石进口量(万 t)											
铁矿砂	1005	1372	1090	1054	1259	1434	1855	2522	3305	3734	4115
铜矿砂	32	23	23	11	6	7	12	16	24	25	48
铜和铜合金	36	17	8	8	7	4	11	38	36	12	19
铝和铝合金	49	27	18	8	18	7	4	23	17	17	39
锌和锌合金	27	12	7	6	2	0	1	9	4	5	7
合　计	80600	86183	94016	100406	105963	109320	116560	125920	135744	147918	158416
工业增加值(亿元)	3153	3458	3915	4512	4741	4900	5605	6791	8156	9697	11059
单位工业增加值不可再生资源消耗(万 t/亿元)	25.6	24.9	24.0	22.3	22.4	22.3	20.8	18.5	16.6	15.3	14.3

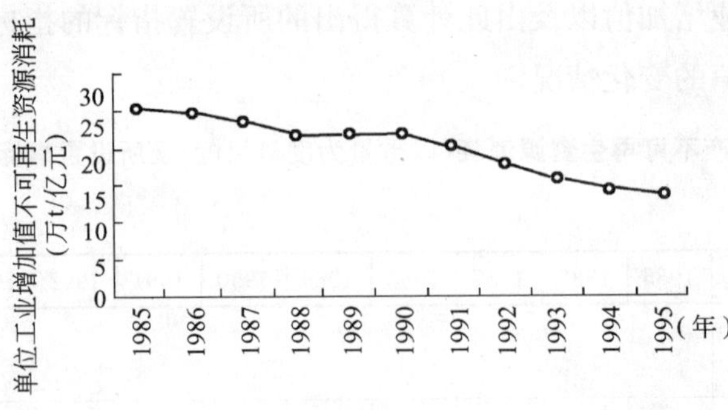

图 5-3　中国单位工业增加值不可再生资源消耗

（以重量为度量尺度）

（二）以能值为不可再生资源消耗度量尺度测度的结果

以能值为尺度，将各种不可再生资源消耗量相加，计算中国单位工业增加值不可再生资源消耗这一指标的指标值。表 5-2 为化石燃料及主要金属矿石的太阳能值转换率。

化石燃料及主要金属矿石的太阳能值转换率　　表 5-2

化石燃料及主要金属矿石种类	太阳能值转换率(Sej/J 或 g)	化石燃料及主要金属矿石种类	太阳能值转换率(Sej/J 或 g)
煤　炭	39800/J	铝矿石	8.50E08/g
石　油	53000/J	铅矿石	1.60E10/g
铁矿石	8.55E08/g		

表 5-3 为 1985～1995 年间，中国工业生产以能值为尺度计算的主要不可再生资源消耗及由此计算出的所设指标指标值。图 5-4 为以能值为尺度计算的所设指标指标值的变化情况。

中国工业生产不可再生资源消耗（以能值为度量尺度）及所设置指标的计算结果　　表 5-3

项　目	1985	1986	1987	1988	1989	1990	1991	1992	1993	1994	1995
化石燃料国内实际消耗量 10^{22}Sej											
煤	48.82	52.18	57.28	61.56	65.43	67.54	71.93	76.83	82.71	89.76	97.90
石　油	13.68	14.19	14.80	16.04	16.57	16.23	16.92	18.08	19.11	20.36	20.73
金属矿石国内开采(10^{22}Sej)											

续表

项 目	1985	1986	1987	1988	1989	1990	1991	1992	1993	1994	1995
铁矿石	11.82	12.61	13.80	14.41	14.66	15.34	16.25	17.97	19.32	21.43	21.43
铝矿石	0.04	0.05	0.05	0.06	0.06	0.07	0.08	0.09	0.11	0.13	0.16
铅矿石	0.36	0.38	0.39	0.39	0.48	0.47	0.51	0.59	0.66	0.75	0.98
金属矿石进口(10^{22}Sej)											
铁矿砂	0.86	1.17	0.93	0.90	1.08	1.23	1.59	2.16	2.83	3.19	3.52
合计(10^{22}Sej)	75.58	80.58	87.24	93.34	98.28	100.87	106.59	115.72	124.72	135.60	144.72
工业增加值(亿元)	3153	3458	3915	4512	4741	4900	5605	6791	8156	9697	11059
单位工业增加值不可再生资源消耗(10^{22}Sej/亿元)	2400	2330	2230	2070	2070	2060	1900	1700	1530	1400	1310

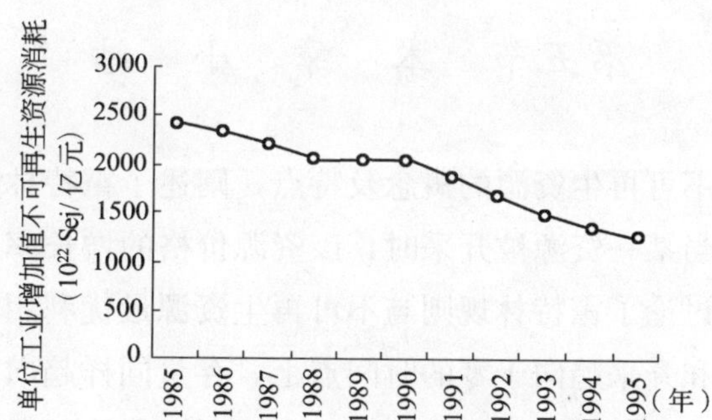

图 5-4 中国单位工业增加值不可再生资源消耗
(以能值为度量尺度)

(三) 对所设置指标及指标值实测结果的思考

如何对各种不可再生资源消耗量进行汇总核算，度量尺度一直是一个困扰人们的问题。目前不外乎有 3 个尺度，即重量尺度、货币尺度与能值尺度。世界资源研究所在计算总原材料强度指数时，对于原材料消耗汇总用的尺度为重量尺度。而用货币尺度或能值尺度计算的该类指标还未见报道。本文分别用重量尺度与能值尺度计算了所设置指标的指标值。用能值为度量尺度进行汇总核算，能克服用重量尺度进行汇总核算时无法区分各矿产资源种类“价值”不同的缺陷，但由于煤炭与石油相比及几种消耗量大的金属矿石之间的太阳能值转换率差别不大，因此，从图 5-3 和图 5-4 可以看出，以重量和能值为度量尺度计算的中国单位工业增加值不可再生资源消耗这一指标的指标值的变化趋势是一致的。1985～1995 年，指标值在逐年下降，这在很大程度上说明我国在提高不可再生资源利用率方面取得了不小的成绩。但我们并不能因此而乐观，实际上，我国不可再生资源利用率方面的不少技术性指标值都较低，且数据多年“保持”不变。因此，每隔 5 年或 10 年抽样调查一次我国不可再生资源利用各环节中各种利用率指标的指标值，对于客观与真实地度量我国不可再生资源利用率是非常必要的。

对于一个国家或地区来说，只要其工业产业结构在度量的时段内变化不大，单位工业增加值不可再生资源消耗指标还是能够反映出不可再生资源利用率相对大小的变化情况，为评价一个国家的发展是否是可持续发展提供不可再生资源利用方面的判别信息。这也是设置该指标的意义之所在。

第五节　本　章　小　结

本章介绍了不可再生资源的概念及特点，阐述了霍特林规则的基本含义及表达方式，即当某一资源被开采时，该资源价格的增长率应该相当于贴现率。在此基础上讨论了霍特林规则与不可再生资源最优利用之间的关系，得到结论即在需求和开采趋向于零的时间点上，存量同样趋向于零，否则将发生资源的无谓浪费。最后描述了不可再生资源利用率的度量指标。

第六章　自然资源与环境经济价值测度理论和方法

在本书的绪论中已提到，对可持续发展测度的研究从来不能与对可持续发展内涵的认识拆分开来。如果将可持续发展内涵理解为环境上的可持续的经济发展的话，对于可持续发展测度的研究则建立在自然资源与环境为经济系统提供服务的经济价值的定量化测度之上。“强可持续发展要求自然资本不能减少，这一准则是伴随着没有理想的方法来核算自然资本总价值的基本问题而出现的”❶，因此，研究自然资源与环境经济价值测度的理论和方法对于可持续发展的测度研究是很有必要的。以下内容将尝试对自然资源与环境提供服务的经济价值进行测度。

第一节　自然资源与环境经济价值的内涵

一、自然资源与环境提供的服务概述

自然资源是指自然环境中与人类社会发展有关的，能被利用来产生使用价值并影响劳动生产率的自然诸要素。它包括有形的土地、水体、动植物、矿产和无形的光、热等资源。环境是指围绕着人群空间，可以直接、间接影响人类生活和发展的各种因素及其相互关系的总和❷。它是一个具有一定结构和功能，处于动态发展中的有机统一的系统整体，其实质就是人类以外一切与其有关的自然、社会因素的集合❸。其中，直接或间接影响人类生存和

❶ 罗杰·珀曼．自然资源与环境经济学［M］．北京：中国经济出版社，2002，66.

❷ 姚志勇．环境经济学［M］．北京：中国发展出版社，2002，12～56.

❸ 朱启贵．可持续发展评估［M］．上海：上海财经大学出版社，1999，36～42.

发展的各种自然要素构成的集合叫自然环境，例如水圈、大气圈、岩石圈、土壤圈、生物圈等；人类所创造的各种物质文化要素构成的集合叫社会环境，如城市、村落、工业、农业、医疗场所、风景游览区等。

长期以来在经济学科中盛行的自然资源与环境之间的区别，已经不再具有实际意义[1]。自然资源经济学家所研究的对象，是指森林、矿产、鱼群等典型的资源，它们能够生产木材、金属、炸鱼排等商品；环境更多的被认为是一种介质，通过它而使得空气污染、噪声、水污染等与外部性紧密相连。自然资源与环境之间的联系表现在，很多直接构成生产要素的自然资源，必须同时具备一定的自然环境质量，也就是说，自然环境质量已成为自然资源内容的一部分。另一方面，一些自然资源(特别是森林、草原、水域、土壤等)的现存量和再生量的多少，也直接影响一定区域的自然环境质量的高低。如森林覆盖率的大小对一定区域的水土保持和环境污染治理状况都有直接的影响。正是由于自然资源和自然环境质量间存在着上述的内在联系，所以才把自然资源与环境的经济价值问题作为同一个问题来加以研究，这时自然资源与环境经济价值之间的区别就显得不再重要。正如史密斯的观点所言，“将自然资源和环境均作为有价资产，因为它们都为人类提供了同样有价值的服务”(Smith，1998)。

上述观点即将自然资源与环境看作是一个有多种产出及其关联产品的复合系统，该系统为经济系统提供的服务包括以下几个方面：①自然资源与环境系统是经济系统中原材料输入的来源，如煤炭、天然气、木材、矿石等；②自然资源与环境系统为维持生命系统提供了必要的服务，如可供呼吸的空气，以及赖以生存的气候条件等；③自然资源与环境系统为人们直接提供福利与效用，良好的环境为人们提供了欢愉的景观生态，而恶劣的环境则会导致人们生活水平的下降；④自然资源与环境系统能够分解、转移、容纳经济活动的副产品，即所产生的废物和残留物(Freeman，1973)。

以一片森林为例，这是一个典型的自然资源与环境复合系统，它能够提供木材、非木材林产品，例如樟脑、水果、坚果、橡胶浆、藤条、树脂、油

[1] (美) A·迈里克·弗里曼. 环境与资源价值评估 [M]. 曾贤刚译. 北京：中国人民大学出版社，2002，4.

料等；能够为动植物群落提供栖息地，这些动植物群落具有繁育农作物价值和医药价值等；能够防御水流、控制土壤侵蚀、作为二氧化碳的储存库、调节区域小气候；能够提供休闲娱乐；能够通过保留和调节水量来保护水域并能净化水污染、去除有机营养物质等。在这一系列服务中，有些是相互关联的，它们能够一起增加或减少；但一般讲，在其他因素不变的情况下，一种服务的增加必然伴随着其他服务的减少。也即自然资源与环境系统具有稀缺性、替代性和机会成本等特征(Freeman，2002)。由于这些服务大多无法在市场中进行买卖，因而也就不存在市场价格。所以，作为自然资产的自然资源与环境系统的经济价值并不等同于其市场价值。例如，一亩湿地作为一块土地可以在市场中进行交易，但其市场价值所依据的是其房屋开发的价值；实际上，这种价值与它为野生生物的栖息提供服务时所体现的价值，以及它控制洪水和调节地下水时所体现的价值大不相同。所以，要想准确测度自然资源与环境系统提供服务的经济价值，就需要对这一经济价值的内涵有深层次的了解，下文将对此作理论上的探讨。

二、自然资源与环境经济价值的构成

自然资源与环境经济价值是把自然资源与环境系统视为资产而对其功能和存在所做的综合❶。从构成上看，自然资源与环境经济价值包括利用价值和非利用价值两部分。利用价值包括直接利用价值和间接利用价值，是指一物品(这里指自然资源与环境系统要素)被使用时满足某种需要或偏好的能力。比如对热带森林来说，如前文所述，它的直接利用价值是为当代人提供木材、其他非林木产品以及供休闲娱乐等；其间接利用价值则是它对于保证生态平衡所起的作用：营养循环、水域保护、减少空气污染、调节气候等。非利用价值被生态学家视为物品内在性的东西，包括存在价值和选择价值。存在价值指人们不是出于任何功利性目的，仅仅为了某一环境资产的存在而表现出的价值。选择价值则代表对未来效益损害的认知价值。在概念上，自然资源与环境经济价值是直接利用价值、间接利用价值和非利用价值之和。

❶ (美) A·迈里克·弗里曼. 环境与资源价值评估 [M]. 曾贤刚译. 北京：中国人民大学出版社，2002，23～41.

如图 6-1 所示。

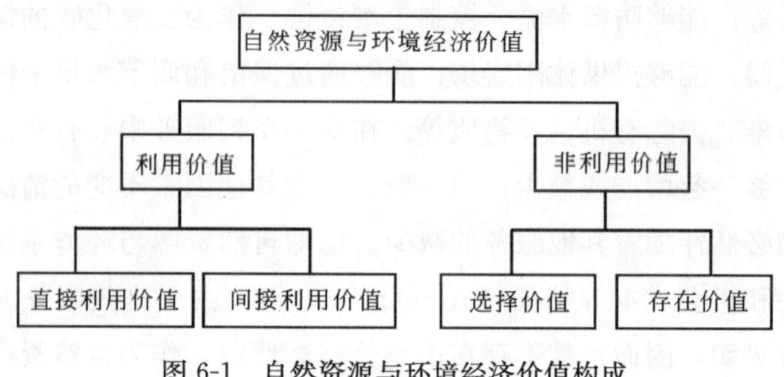

图 6-1 自然资源与环境经济价值构成

第二节 自然资源与环境经济价值的测度方法

上一节研究了自然资源与环境经济价值的内涵，知道自然资源与环境质量之间的区别显得不再重要，可把自然资源与环境的经济价值问题作为同一个问题加以研究。由于自然资源可看作自然环境内容的一部分，故可将自然资源与环境经济价值简称为环境经济价值。本节讨论其测度方法。

经济活动对自然资源的非实物消耗，引起了环境质量的下降，人们对环境恶化的成本，提出了不同的方法。这些方法从不同侧面测度人类经济活动的环境成本和代价。测度的基本方法可分为两类：直接测度法和间接测度法。这两类方法均基于一个事实：即由于环境服务具有非排他性和不可分割性的特点，环境服务的市场不存在。间接测度法是通过观察人们对可在市场上交易的商品的行为而获得环境效益或成本的估计值，直接测度法是就被影响的环境服务询问人们问题而获得其估计值。以下分别予以讨论。

一、间接测度法

环境经济价值间接测度法包含若干种方法，根据这些方法对环境成本分析和处理的不同角度，将其分为两大类，并分别称之为收入损失型估价方法和维护成本型估价方法。

(一) 收入损失型估价方法

这类方法是从经济活动引起的环境质量下降，给人类经济福利带来的损失和代价的角度出发，估计经济活动带来的环境恶化的社会成本。

1. 生产率下降法

生产率下降法将自然环境作为传统生产要素看待。人类经济活动向自然环境排放废物，引起环境质量下降，使环境要素的服务功能下降，即环境资产的生产率下降，其直接表现是，同样的其他初始投入(资金和劳动力等)条件下，产出量的下降。我们可以利用减少的产出量的市场价值，作为环境资产质量恶化的成本。比如，菲律宾曾就巴可尤特湾的伐木行为进行价值评估：如果不禁止伐木，可产生伐木收入 980 万美元，但却会因此增大该海湾的沉积率，影响珊瑚礁和渔业资源，进而影响到它所支撑的旅游、海洋捕捞这两个赚取外汇的行业。两个行业分别减收 1920 万、810 万美元。由此可以认为，伐木所造成的环境损害价值相当于 1750(1920＋810－980)万美元，这也就是禁止伐木、从而保护环境的效益价值❶。

生产率下降法具有易于理解和操作的优点。然而，该方法在有效获取环境资产质量下降引致的产品减少量资料时，存在两个问题：第一，确定环境因素的减产。实际观察到的产品产量由多种因素决定，例如，农产量的大小取决于地力、种子、施肥量和降雨量等，在土地受到轻度污染时，如果其他因素改善，农产量也有可能增加。这时，要确定土地受到污染的减产量是一件很费力的事。第二，产量减少滞后性。模型中的环境恶化成本、产品产出减少量均为本期数值，而实际上产品减少量并不是由当期经济活动造成的。

2. 人类健康损害法

经济活动的外部不经济性不仅表现为环境质量的下降，而且还会对人类健康造成损害，引起发病率上升，寿命减短，使劳动力水平下降或提前丧失。人类健康损害法部分地类似于前面讨论过的生产率下降法，它将人看作劳动力(生产要素之一)，用环境污染引起的人类劳动力损失的价值作为环境质量下降成本的估计值。因此，这种方法也可称为“人力资本”法。

可以将环境污染带给人类健康的危害造成的经济损失分为两大类：一是人类健康受损后为了治疗疾病和恢复健康，需花费的医疗费用，可称为第一类损失；二是由于劳动力的暂时丧失(住院)、永久性丧失(致残等)和提前丧

❶ Giarnio. *Dialogue on Wealth and Welfare* [M]. New York: Pergamon Press, 1980.

失(死亡等)，以及劳动力生产率的下降等造成 GDP 的减少，称之为第二类损失。

这两类损失，从表面上看都给国家或个人带来了收入减少的后果，但从宏观角度看，它们对国民收入或 GDP 的影响是不同的。对于人类健康损害的估价，人们已提出了不少方法，然而从国民经济核算角度出发，它们均具有理论上和方法论上的缺陷。对下面估价公式分析如下：

$$\begin{aligned} L &= L_1 + L_2 \\ &= L_1 + L_{21} + L_{22} + L_{23} \end{aligned} \tag{6.1}$$

式中，L 为环境污染对人体健康损害的经济损失；

L_1 为治疗因污染而患病人员的支出；

L_2 为污染引起劳动生产率下降造成的经济损失；

L_{21} 为因污染而引起患病的劳动力患病期间的收入损失；

L_{22} 为因污染而引起患病，出院后致残和提前退休而损失的收入；

L_{23} 为因污染而过早死亡的收入减少额。

对年龄为 X 的劳动力因过早死亡的收入损失可由下式估价：

$$V_x = \sum_{n=x}^{\infty} \frac{(P_x^n)_1 (P_x^n)_2 (P_x^n)_3 Y_n}{(1+r)^{n-x}} \tag{6.2}$$

式中，V_x 为年龄为 x 的人未来收入的现值；

$(P_x^n)_1$ 为年龄为 x 的人活到年龄 n 的概率；

$(P_x^n)_2$ 为年龄为 x 的人活到年龄 n 且有劳动能力的概率；

$(P_x^n)_3$ 为年龄为 x 的人活到年龄 n 且有劳动能力，同时又被雇用的概率；

Y_n 为年龄为 x 的人活到年龄 n 时的平均收入；

r 为贴现率。

从上面的估算公式可以看出，污染对人类健康造成的损失可划分为两类，其总额就是这两类损失之和。从居民个人角度出发，这两类损失都会带来收入和福利的减少：一方面要支付额外的医疗费用，另一方面劳动力生产率的下降，减少了个人收入。但是，这两类损失对 GDP 或 NDP 带来的影响是截然不同的。此类估价公式的提出者认为环境污染给人类健康带来的这两类损失，均属于环境污染的成本，在对全国经济总量指标 GDP 或 NDP 进行调整时，应将该损失总额减去[1]。

从国民经济核算的角度出发，这种处理方法是不科学的。可以通过分析这两类损失的特点，说明它们对经济总量指标 GDP 的影响。第一类损失是额外的医疗费用，这类费用是为了恢复健康的额外支出，与为治理污染、恢复环境质量的工程支出的性质是类似的。由环境污染引起的这类支出使 GDP 增加，此时的 GDP 与没有发生污染而对应着较少的医疗费支出和较少的 GDP 时相比，并没有体现人类经济福利的任何增加。也就是说，环境污染引起健康损害，健康损害引起医疗支出增加，医疗支出增加又引起 GDP 的增加。对个人来说的第一类损失，在宏观上导致反映宏观经济福利总量的指标 GDP 的增加。这种虚假的对人类没有任何益处的 GDP 增加部分，应该从 GDP 中减去。

第二类损失是劳动力丧失带来的收入损失。这种损失是否需要从 GDP 中减去呢？答案应该是否定的。因为假如没有环境污染，这部分劳动力就不会丧失，会给社会创造出更多的增加值。由此可见，第二类损失对 GDP 的影响与第一类损失正好相反，它使 GDP 减少。也就是说实际的 GDP 已经是减少了的。假如说要用第二类损失对 GDP 进行修正的话，应该是将这部分损失加入 GDP，而不是将其减去。

除了上述两方面以外，该方法还有两处值得商讨的地方：

(1) 这种方法不是基于消费者的支付意愿(因为一个人不可能支付比其收入更多的钱来避免死亡，而人们对生命价值的估计往往是其预计收入现值的数倍)，而是基于另外一种生命评价的方法，即一个人的生命价值等于他所创造的价值。社会为了挽救一个人的生命最少应该支付同样的代价。如果应该用一个人创造的价值来衡量其生命的价值，进一步的问题就是，应该用总产出还是净产出来度量生命的价值。一个人的产出减去他的消费支出，剩下的就是他个人生产留给社会的财富，即他的净产值。如果用净产值来度量一个人生命的价值，就意味着当某人的消耗大于其产出时，他的死亡对社会是有利的。这个结论从道义上看，未免过于残酷，至少没有考虑这些潜在死者的求生的感情因素。

---

[1] 朱启贵．论环境核算［J］．统计研究，1995（增）：44～48．

(2) 忽略了风险的因素。政府采取减少死亡的措施，其目的不是为了挽救某些特定个人的生命，而是为了减少各类人群死亡的风险。因此，所要评价的效益应是风险的减少而不是挽救的生命的数量。处于风险中的人，可以用他们为避免风险的支付意愿或是同意承担风险的补偿意愿作为对风险价值的度量。

3. 数学模型法

利用数学模型方法，可以帮助人们确定环境质量下降的成本。以空气污染对农产量的影响分析，单位面积农产量与降雨量、播种量、施肥量、除草次数、空气污染程度等因素有关，其关系一般数学表达式为：

$$Q=f(x_1, x_2, \cdots, x_n, x_{n+1}, x_{n+2}, \cdots, x_{n+m}) \tag{6.3}$$

式中，Q 为单位面积农产量，是因变量；

x_1，x_2，…，x_n 为各种污染物浓度；

x_{n+1}，x_{n+2}，…，x_{n+m}为污染因素以外的其他因素。

若上述关系为线性，则单位面积农产量数学模型：

$$Q=a_0+a_1x_1+a_2x_2+\cdots+a_nx_n+a_{n+1}x_{n+1}+\cdots+a_{n+m}x_{n+m} \tag{6.4}$$

上式中 $a_i(i=0, 1, 2, \cdots, n+m)$为待定参数，若能获得不同地块农产量和各解释变量观察值、即可估计出 a_i，求出污染物浓度与单位面积农产量之间的相关程度。其中 a_i 为第 i 种污染物浓度每上升 1 单位，单位面积农产量的减少量。

当其他因素不变时，第 i 种污染物浓度上升 Δx_i 个单位时，单位面积农产量减少量为

$$\Delta Q_i=a_i\times\Delta x_i \tag{6.5}$$

用 ΔQ 乘该种污染加重的受害面积 S_i 与农作物单位价格，则得该种污染物加重的环境恶化成本：

$$C=\Delta Q_i\times S_i\times P_i \tag{6.6}$$

数学模型法在应用中的最大限制之一是，对模型参数的估计需要收集多种变量的大量统计资料，此项工作目前比较欠缺，但是随着统计资料的日益完善，此方法必将得到较多的应用。

(二) 维护成本型方法

这类方法是从环境资产经过使用后，维护其质量不下降所需的补偿费用

角度出发，评估经济活动对非实物型自然资源消耗的环境成本，即环境恶化成本。

环境资产维护成本的估算有不同于生产资产之处。生产资产经过一段时间的使用之后，其功能或质量肯定会或多或少地降低。这就是要对其提取折旧的原因，这一折旧额就是对该生产资产的消耗成本。然而对于环境资产则不尽如此。虽然同样把环境资产的维护成本作为对环境资产的消耗成本，但是根据环境资产维护成本的定义，如果对自然环境资产的使用(消耗)没有影响到其将来的使用，则此时环境资产的维护成本为零，即对环境资产的消耗成本为零。对于海洋捕鱼和森林伐木来说，如果它们的自然增加量能补偿人类对其的使用量，则此时的使用没有维护成本，即折旧值为零。此外，如果自然环境能安全地吸收、同化和分解经济活动产生的废物，则对自然资产使用的维护成本也为零。

环境资产维护成本的具体估算方法，取决于维护环境资产质量的各种活动的选择，如防护活动、恢复活动、重置活动等，包括防护成本法、恢复成本法和影子工程法等。防护成本法是用防护或避免环境资产质量下降，所需要消耗的活劳动和物化劳动价值，作为经济活动的环境成本估价。恢复成本指环境质量下降后，为恢复环境质量所需的成本。恢复成本法是将经济活动引起的环境质量恶化的恢复成本，作为环境恶化的成本估价。影子工程法又称替代工程法，它是恢复成本法的一种特殊形式。如果经济活动使某一环境资产的功能永久性失去，则用建造一个与原来环境资产功能相似的替代工程的成本，作为经济活动对原来环境资产的消耗成本。

上述3种方法都是针对人类经济活动对环境资产消耗的成本估价提出的。其中的防护成本法和恢复成本法，也可用于估算由于自然因素造成自然资源质量下降的成本。例如，雨季来临加固河堤、预防洪灾的成本支出属于防护成本；而发生大坝决堤，出现洪灾之后，对大坝进行的修复费用则属于恢复成本。

(三) 估价方法的选择问题

目前，尽管人们已经探讨了许多环境成本的估价方法，但是对究竟应该采用哪种估价方法对环境成本进行估价，尚未形成一致的意见。本文作者认为，在进行自然资源与环境的经济评价时，采用维护成本型方法，较采用收入损失型方法更具有合理性。原因如下：

1. 关于经济活动的外部不经济性对自然环境和人类健康等造成的损害，目前尚不完全了解，因此若要对这些损害进行全面估算评价是非常困难，甚至是不可能的。例如，对全球温室效应和臭氧层变薄给人类带来的潜在危害，人们尚不能完全估计。虽然已提出了健康损害估算法，但由于缺乏了解各种污染物成分和浓度与发病率之间的确切关系，因而难以明确地找出某一特定的污染物与健康和福利之间的数量关系。

2. 维护成本型估价方法符合马克思再生产补偿理论和可持续发展的要求。将自然环境资产与生产资产同样看待，对一定时期环境资产使用后的维护成本进行估算，这与固定资产提取折旧额的估算思想相一致，能够对环境成本作出合理的估算从而实现对环境的科学估价。

综上所述，就目前对环境核算理论与方法的研究水平而言，对经济活动的自然资源与环境恶化成本的估算，采用维护成本型方法较理想。

二、直接测度法

最典型的直接测度法就是意愿调查评估法。

意愿调查评估法(CVM)就是通过调查人们对环境商品或服务的支付意愿来评估环境经济价值的方法。这种方法通常先给被调查者一个提供某种环境服务的假定条件的描述，然后询问被调查者：在特定的条件和情形下，若有机会获得这种服务，将如何为其定价，以其所愿支付的价格作为环境经济价值的估计。

例如，荷属安提列斯海洋公园曾利用意愿调查评估法估计潜水者对海洋公署门票的评价(Scura and Van't Hof，1993)❶。调查样本为 100 个对潜水情况了解的正在离开公园的游客。被调查者首先被问及是否愿意支付每人每年＄10 门票，这笔钱将全部交给公园管理部门用于保持珊瑚礁的质量。接着假设的门票价值(从＄20 到＄100)被依次问及，直到得到最大支付意愿价值。将这些个人的支付意愿平均，得到全部游客的支付意愿的估计值。这个估计值可以作为该公园珊瑚礁的最低价值的估计值。

---

❶ 张帆. 环境与自然资源经济学［M］. 上海：上海人民出版社，1997，91.

意愿调查评估法可以估算利用价值，也可以估算非利用价值[1]，它是目前估算环境服务的非利用价值的几乎惟一的方法[2]。与间接测度法相比，很多经济学家认为这种方法问的是假设的问题，而间接测度法获得的是实际的数据，因此意愿调查评估法存在不足。但另一方面，意愿调查评估法与间接测试法相比又具有两方面的优势：①它可同时用于利用价值和非利用价值问题，而间接测度法只能用于利用价值问题，并且包含弱互补性的假设；②从原则上看，与间接测度法不同的是，意愿调查评估法回答的是支付意愿或补偿意愿的问题，直接得到理论上效用变化的准确货币计量。

第三节 本 章 小 结

本章系统研究了自然资源与环境经济价值测度的理论和方法。

本章首先论述了自然资源与环境为经济系统提供的服务，说明作为自然资产的自然资源与环境其经济价值并不等同于其市场价值。其次对自然资源与环境经济价值的构成作了分析，指出自然资源与环境经济价值是直接利用价值、间接利用价值和非利用价值之和，并将自然资源与环境估价方法分为间接估价法与直接估价法，重点讨论了收入损失型估价方法、维护成本型估价方法和意愿调查评估法的原理、计算方法及应用。

[1] 罗杰·珀曼．自然资源与环境经济学［M］．北京：中国经济出版社，2002，440.

[2] 宋旭光．可持续发展测度方法的系统分析［M］．大连：东北财经大学出版社，2003，77.

第七章　可持续发展的测度方法之一——单一指标测度法

可持续发展战略已在包括中国在内的许多国家加以制定和推行，如何衡量和测度一个国家的发展是持续的或是非持续的呢？正如在可持续发展研究中研究者所提出的：不管我们将怎样实施可持续发展战略，我们首先要知道可持续发展的现实状态[❶]。这句话与前面提出的问题包含着相同的内涵，即为了反映可持续发展在一定时间、空间的对比，反映在不同时间的可持续发展变化过程以及相互之间的数量关系，需要采取合适的方法对可持续发展加以测度。这样才能帮助决策者调整政策，以避免不可持续的发展模式。例如，Meadows 呼吁设计这样一个指数，"该指数由一些简单的数据组成，从而能够与 GDP、道—琼斯指数一样在晚间新闻中出现。我们需要这样的指数来告诉人们，他们的生活状态是变好了还是变坏了，以及将要变得如何"[❷]。对决策者来说，这些指数可以作为发展是否是可持续的信号，这就要求定量测度可持续发展的状态。因此，可持续发展的定量化测度研究就成为增强可持续发展的具体化和可操作性的手段，从而也就成为可持续发展研究的重要内容之一。评价和监测可持续发展的状态和可持续发展的进程，是当前可持续发展的热点与前沿领域[❸]，而其实施则建立在可持续发展测度方法的研究基础之上，本文以下内容即是对可持续发展测度方法的研究。

第一节　可持续发展测度方法概述

对可持续发展属性或特征的刻画既可采用定性方式，也可采用定量方

❶ 张锦高，李忠武．可持续发展定量研究方法综述［J］．中国地质大学学报，2003(12)：32～35.

❷ 张锦高，李忠武．可持续发展定量研究方法综述［J］．中国地质大学学报，2003(12)：32～35.

❸ 张志强等．可持续发展评估指标、方法及应用研究［J］．冰川冻土，2002(8).

式。在可持续发展的探索性研究阶段，前者应用较多，多通过概念的界定来进行，但定性方式的阐释通常只能说明“是什么”，却不能给出“大小”、“多少”、“幅度”等更明确的信息。可持续发展测度的基本功能是对可持续发展的定性内容作量化描述，即以定量化的方式来反映可持续发展的现实状况。对可持续发展的量化测度是定量研究的工作，建立在定性研究的基础之上，是对定性研究成果的明确化与具体化。对于可持续发展的研究从定性的理论分析走向定量的应用研究是可持续发展从理论走向实践的反映，而可持续发展的实证研究又建立在对其的理论与应用方法研究的基础之上。所以要想实现可持续发展的实践，需以可持续发展的理论研究与应用方法研究的成果为基础，完成可持续发展的实践。本文前 6 章内容已对可持续发展的主体理论作了深层次的剖析，以下内容将对可持续发展的应用方法作理论上的分析，为增强可持续发展的具体化和可操作性奠定基础。

在本文的第二章内容中，通过对弱可持续发展与强可持续发展的区分，已经对可持续发展的测度作了定性的描述。在进行可持续发展的实践时，我们更希望了解的是：当今的经济发展处于可持续发展状态吗？或者说当前的行为与可持续发展具有一致性吗？根据所遵循的测度方法得到测度结果，A 国家比 B 国家的可持续发展状态更好吗？A 国家的甲时段比乙时段的发展更具有持续性吗？

回答这些问题，需要借助可以使用的信息对可持续发展加以测度。指标就是这些信息的提供者。指标一词在英文中表述为“indicator”，它的原意是指示者、指示物、指示剂、指示器等能为人传递信息的中介事物。从类别上说，按照对信息的浓缩程度将可持续发展测度方法分为单一指标测度方法和指标体系测度方法两大类❶，其间主要差异在于所生成或构造的指标的个数。单一指标测度方法是只用一个综合性的指标来对可持续发展的状态和趋势进行描述和评价，指标体系测度方法则由一系列相互联系、相互制约的指标组成科学的、完整的总体，用于测量可持续发展的状态。此外，从不同的研究角度出发，对这些方法的分类也有不同的方式：按测度的功能可分为描述性方法和评价性方法；按测度单位可分为实物测度方法和货币化测度方法等。

❶ 张志强等. 可持续发展评估指标、方法及应用研究 [J]. 冰川冻土，2002(8).

值得一提的是，目前测度可持续发展的各种方法都处于探索之中，至今还没有一套公认的方法[1]，可持续发展统计测度方法强调了通过指标研究可持续发展测度的关键作用，这是由可持续发展系统的复杂性及多层次性，以及指标所具有的描述、监测、比较、评价和预测功能，及其指标方法论较成熟，应用性强的特点所共同决定的。可持续发展指标是可持续发展统计测度工作的载体[2]，通过可持续发展指标可架构一座可持续发展理论与实践之间的桥梁，以实现可持续发展定量测度的根本目标。

作为反映可持续发展状态的统计指标，具有以下几方面的特点：

(1) 所需反映的信息量庞大，层次复杂。可持续发展研究是人类历史上一个空前规模的研究课题，可持续发展系统具有的开放性、不确定性、动态并行性、扩散性、涨落性以及混沌性等特性，决定了可持续发展系统的复杂性[3]，也决定了对它的统计测度需要多层次的统计指标，既有单一指标，也有指标体系。

(2) 指标涉及多学科背景。就每个指标而言，其指标内涵通常要涉及多个研究领域，因此，通常要进行跨领域的关联研究。

(3) 指标具有很强的应用特定性。某些指标只适合测度某方面的可持续发展状态，所以在选用可持续发展指标时需考虑其应用背景。

(4) 指标生成的方法论复杂，理论更迭速度快。可持续发展系统的复杂性使得可持续发展指标生成的难度大，并且可持续发展理论仍处在不断发展的过程中，要求可持续发展指标不断更新。

可持续发展指标作为可持续发展测度的载体，是可持续发展的指示器及提供可持续发展信息的基本单元[4]。对可持续发展进行统计测度的单一指标测度方法和指标体系测度方法，能够涵盖可持续发展测度的覆盖面，在研究可持续发展测度方面具有合理性，以下内容将对两类方法作具体的阐述。

---

[1] 徐中民，张志强．可持续发展定量研究的几种新方法评价［J］．中国人口、资源与环境，2002(2)：60～62．

[2] 高敏雪．可持续发展的定量测度问题［J］．中国发展，2002(2)：44～45．

[3] 沈惠璋，顾培亮．可持续发展定量研究探索［J］．天津商学院学报，1998(2)．

[4] 宋旭光．可持续发展指标的研究思路［J］．统计与决策，2002(12)：17．

一、单一指标测度方法

单一指标测度方法或称综合性指标测度方法，是以一个综合性的指标来实现对可持续发展的测度。由于可持续发展涉及经济、环境、社会等不同的层面，单一指标的测度因此必然牵涉到指标设计的角度问题，即立足于哪一方面来实现各层面的综合，据此，可将这类指标分为3类。

（一）立足于经济的测度方法

立足于经济的测度方法，一般是继承经济核算传统，在传统的经济核算体系或相关总量的基础上，通过环境或社会因素的引入作进一步的修正，以货币化为度量手段实现可持续发展不同要素的综合。

此类方法的设计思路受经济核算传统的影响很深。二战之后，在联合国经济和社会事务经济处的组织下，国民经济核算体系逐步在全球范围内得到了统一，以货币量计算的国内生产总值 GDP 等经济核算总量指标成为概括一国经济成果的最重要指标，不仅如此，它也常常被看作是衡量社会经济发展的综合性指标以及国家财富的象征。

长期以来，GDP 可能是应用最为广泛的衡量经济增长和繁荣程度的指标，世界银行称之为划分经济等级的主要标准。根据传统观念，有利于增加国内生产总值就一定有利于国民经济增长；国家财富也随着国内生产总值的增长而增加。但是，GDP 作为衡量国民经济真实进步的尺度也会产生误导。原因主要有以下 3 个方面：

第一，GDP 没有将建设性与破坏性活动区别开来。衡量进步的现实方法应当分清成本与效益，而国内生产总值却将所有交易加入总量。疾病、犯罪以及自然灾害都可以使国内生产总值增加，因为医治病患、关押罪犯、修复损失全都需要投入资金。这样，尽管生活质量下降，但 GDP 依然在上升。

第二，GDP 只有在自然资源被消费之后才能衡量其价值。原始森林中的树木为人类和动物贡献良多，但如果树木没有被砍伐当成木材，它们对国内生产总值来说就毫无价值。而同时，GDP 没有将树木贡献的损失计算在内。

第三，GDP 完全忽视了一切没有标价的活动与服务。由家庭、社区与志愿者发挥的必要职能，诸如家务劳动、照顾儿童等，并没有被 GDP 计算在内。如果这些服务必须掏钱才能得到时，那么国内生产总值也会上升——而这种价值建立在侵蚀社会肌体之上。

简而言之，GDP 的概念只注重增长而不惜一切代价。传统的 GDP 虽然包括了各种不同经济部门的生产和服务的收益及人造资本的折旧，但忽视了经济活动的环境外部效应，自然资本的折旧以及享受生活的闲暇时间等与人类福利息息相关的内容。因此，在认同以单一的货币化指标形式来综合反映发展绩效的习惯之下，沿袭这一传统，创立新的货币化指标，就成为可持续发展测度中的一类重要方法，并形成了一系列相当有影响的指标。其中以联合国等国际组织开发的综合环境经济核算体系形成的 EDP 指标、世界银行开发的国家财富指标、真实储蓄指标等最为引人注目。

(二) 立足于环境的测度方法

对可持续发展的重视使环境要素日益受到关注，也促使人们反思立足于经济的发展测度方法，认识到货币化手段在量化环境要素等方面的不足，由此产生了一系列以实物度量为基础的、立足于环境的测度方法。其中比较著名的包括 Odum 提出的能值分析法，William E Rees 与 Mathis Wackernagel 提出的生态占用法，特别是后者，诞生后短时间内就获得了较多的肯定。

(三) 立足于社会的测度方法

可持续发展的最终目的是促进人类福利的改善和社会的进步，因此，自然而然地形成了一系列立足于社会角度的测度方法。但福利或社会进步都不能够简单地用货币或实物单位来度量，因此此类测度方法多以指数形式表现，比较有影响的几个指标包括：美国海外开发委员会提出的物质生活质量指数(PQLI)，联合国开发计划署提出的人文发展指数(HDI)，美国宾夕法尼亚大学 Richard Jestes 提出的社会进步指数(ISP)，美国社会卫生组织提出的 ASHA(即美国社会卫生组织的英文缩写)等，其中最著名的当数 HDI。

二、指标体系测度方法

对单一指标测度方法持保留态度，避免综合货币化核算或其他形式的综合化核算的结果，是采用指标体系测度可持续发展的反映。此类方法主要是沿袭社会发展多目标综合评价的做法，按照可持续发展的内涵，构造一系列主要是相互联系的指标组成一个整体，从不同角度反映可持续发展的各个层面及其联系。当然，指标体系并不是指标的简单堆叠，各个指标也不是相互独立的，而是以一定的内在联系组织成的一个有机的系统。对可持续发展理解的角度不同，指标体系的构造结构也不同，指标间的内在联系方式也有差异，据此，可将此类方法进一步细分为 3 类。需要指出的是，具体某一指标体系的构造可能是对各种原则的综合运用，这里的分类只是就其所应用的主要构建结构模式而言。

(一) DSR 型指标体系

DSR 是“驱动力(Driving force)—状态(State)—响应(response)”概念模型的英文缩写，表述的是人类社会经济活动与环境之间的关系。驱动力、状态和响应分别通过一组指标来反映，整个指标体系按 DSR 的逻辑关系构成一个完整的体系。DSR 框架较好地反映了经济、环境之间的相互依存和相互制约的关系，指标间具有相对紧密的逻辑联系。

(二) 菜单型指标体系

这是国内最常用的指标体系构建模式。可持续发展涉及经济、环境和社会等各个领域，菜单型指标体系以菜单的形式列示各领域中重要的描述和评价指标。当然，对可持续发展含义的解释不同，菜单的层次设计也有差异。中国的一些研究机构，如中国国家计委国土开发与地区经济研究所、中国国家统计局统计科学研究所和中国 21 世纪议程管理中心、中国科学院所设计的指标体系都可归入此类。

(三) 专题型指标体系

尽管可持续发展所涉及的领域非常广阔，但对于每一个国家(或区域)而言，其重点领域仍然有显著的差异，专题型指标体系并不像菜单型指标体系那样面面俱到，而是先选取本国或本区域可持续发展的关键领域和关键问题，在每个领域或问题下设计具体指标来构造指标体系。这类指标体系由于针对性强，因此差不多各国都形成了自己的一套可持续发展专题指标库，如北欧国家(包括丹麦、芬兰、冰岛、挪威和瑞典等国)的可持续发展指标体系包括了气候变化、臭氧层损耗、富营养化、酸化、有毒物质污染、城市环境质量、生物多样性、人文和自然景观、废弃物、人均生活垃圾、森林资源、渔业资源 12 个专题；荷兰的指标体系包括了气候变化、臭氧层耗竭、富营养化、酸化、有毒物质的扩散、固体废弃物的处置、对地区环境的干扰、部门指标8个专题；加拿大的指标体系包括生命支持系统、人体保健和福利、自然资源可持续性、影响因素4个专题；等等。

第二节　单一指标测度方法

一、EDP(经环境因素调整后的国内产值)

(一) EDP指标的提出

不可否认，可持续发展从理论到实践的历程是缓慢的。其中，传统的经济总量指标GDP只重经济业绩，忽视环境因素，就是影响决策者可持续发展视线的一个重要障碍。另一方面，尽管传统的经济总量指标GDP有这样那样的缺陷，但毕竟是一个较为成熟的指标，在决策领域有话语权，如果可持续发展战略要进入决策层，就必须提供一个可以替代GDP的、能够反映可持续发展态势与进程的指标。显然，弥补GDP指标的缺陷形成一个修正指标，要比重新构造一个全新的指标更容易实现，也更易为公众和决策者接受。而对GDP的修正需从其产生的过程入手。

GDP指标形成于国民经济核算体系(SNA)。对国民经济核算的批评主要体现在：国民经济核算体系没有充分反映环境与经济间的相互关系，忽视了经济活动对自然资源耗减与环境质量下降的影响。因此，国民经济核算体系不能满足可持续发展测度的需求❶~❹。

为了弥补该体系忽视环境要素的缺陷，联合国核算专家依据可持续发展思想对SNA进行局部扩展与补充，结果形成了环境经济核算体系(SEEA)，通过该体系把环境要素引入国民经济过程，形成了一个经环境修正的指标EDP，

---

❶ 雷明. 资源—经济一体化核算——联合国93’SNA与SEEA［J］. 自然资源学报，1998(2)：145～152.

❷ 高敏雪. 对环境经济核算的总体认识［J］. 统计研究，1998(3)：22～27.

❸ 郭秀云. 可持续发展与环境经济核算［J］. 山东经济战略研究，1999(9)：47～49.

❹ 刘红艳. 环境经济核算初探——兼论我国新核算体系的缺陷及其改革思路［J］. 江苏统计，2000(8)：16～17.

即“经环境因素调整后的国内产值”（Environmentally Adjusted Net Domestic Product），或“生态国内产值”（朱启贵，1999）。这里“环境调整”所指的“环境”是一个广义的概念，包括自然资源与环境。

（二）EDP 的核算

按 SNA 的核算规范，生产资产的消耗或损耗要作为中间消耗或固定资产消耗从经济生产的最终成果中扣除，但却没有考虑环境在经济生产过程中的使用或消耗。有鉴于此，SEEA 扩展了原有的资产核算范围，把环境作为“非经济资产”纳入核算框架，将经济过程造成的环境的“耗减”和“退化”作为这些资产的“使用”从国民经济最终生产成果中扣除，实现了对 GDP 的修正，形成了具有可持续发展特色的 EDP 指标。

SEEA 在 SNA 原有基础上重新定义了资产的概念和分类。资产由人造资产与自然资产两部分组成。其中自然资产是指受人类活动直接或间接、实际或潜在影响的自然环境资产，它包括体现为人类生产活动成果的培育资产，以及完全处于自然状态的资产，一般称前者为生产的自然资产，后者为非生产自然资产，这样，自然资产概括了环境的内容被纳入核算之中。

与经济产品相类比，自然资产的使用有两种形式：一是数量利用，即经济对自然资产的利用会造成自然资产总量暂时或永久的耗减，可以认为这时环境为经济提供了环境货物；另一是质量利用，即经济对自然资产的利用不会造成自然资产数量变化，但可能会导致其质量的退化，这时可以认为环境为经济提供了环境服务。这样，与前一种利用对应的自然资产就具有中间的性质，与后一种利用对应的自然资产则具有固定资产消耗的性质。显然，它并没有像国民经济核算中那样区分环境的中间消耗与环境的固定资产消耗，所以没有办法分步扣除，形成总额与净额两个总量指标，而只能一次整体扣除，直接形成净值总量。这就是说，经环境因素调整后的生态产值是一个净值而不是总值。

SEEA 将环境因素引入 SNA 后，对原内容作了两个方面的扩展：其一，在表的右侧增加一列，列出未包括在经济资产中的自然资产。其二，在“国内生产净值”行下增加“非生产自然资产”的使用和“非生产自然资产的其他积累”两行，将资产其他数量变化中因经济原因所引起的资产（主要是自然资产）数量变化的部分独立出来，并把该变化值分别记入与列 1、列 5 和列

6 的交叉点上。相应地，要增加 EDP 一行，使其成为独立的部分。于是得到表 7-1：

SEEA 的基本框架　　表 7-1

	经济活动					环境
	生产 1	国外 2	最终消费 3	经济资产		其他非生产自然资产 6
				生产资产 4	非生产自然资产 5	
期初资产存量 1				$KO_{p.ec}$	$KO_{np.ec}$	
供给 2	P	M				
经济使用 3	C_i	X	C	I_g		
固定资本消耗 4	CFC			$-$CFC		
国内生产净值 5	NDP	$X-M$	C	I		
非生产自然资产的使用 6	Use_{np}				$-Use_{np.ec}$	$Use_{np.en}$
非生产自然资产的其他积累 7					$-I_{np.ec}$	$-I_{np.en}$
经环境调整后的总量 8	EDP	$X-M$	C	$A_{p.ec}$	$A_{np.ec}$	$-A_{np.en}$
持有资产损益 9				$Rev_{p.ec}$	$Rev_{np.ec}$	
资产物量的其他变化 10				$Vol_{p.ec}$	$Vol_{np.ec}$	
期末资产存量 11				$Kl_{p.ec}$	$Kl_{np.ec}$	

资料来源：United Nations. System of National Accounts 1993. New York：United Nations，1993. 511.

表 7-1 中阴影部分的元素是 SNA 中的流量和存量，包括生产一列中的产出(P)、中间消耗(C_i)、固定资本消耗(CFC)和国内生产净值(NDP)；国外一列的出口(X)、进口(M)和出口减进口($X-M$)；最终消费一列的最终消费(C)；生产资产一列的期初存量($KO_{p.ec}$)、资本形成总额(I_g)、固定资本消耗(CFC)、资本形成净额(I)、持有损益($Rev_{p.ec}$)、物量其他变化($Vol_{np.ec}$)和期末存量($Kl_{np.ec}$)；非生产自然资产一列中的期初存量($KO_{np.ec}$)、持有损益($Rev_{np.ec}$)、物量其他变化($Vol_{np.ec}$)、期末存量($Kl_{np.ec}$)。

表 7-1 中非阴影部分的元素是 SNA 在环境核算领域的扩充。这些扩充元素或者是以环境成本的实物量形式补充 SNA 的概念，或者通过对相应的实物量进行估价和引入经调整的环境成本价值来修正 SNA 的概念。在这里，EDP 的计算路径已经相对清晰了。

若从生产角度看：

$$\mathrm{EDP}=P-C_i-\mathrm{CFC}-Use_{np}=\mathrm{NDP}-Use_{np} \tag{7.1}$$

其中 Use_{np} 表示本期生产过程非生产自然资产货币化的使用额。包括列入经济资产中的非生产自然资产和未列入经济资产中的其他非生产自然资产价值。从其内容来看，如前所述，这种使用大体包括两种类型，一种是耗减，一种是退化(又称降级)，如果某些经济活动具有恢复环境质量的功能，那么就作为Use_{np}的抵减项目处理。因此Use_{np}是当期用于经济过程的自然资产价值的净额。

若从使用角度看：

$$EDP=C+(X-M)+(A_{p.ec}+A_{np.ec})-A_{np.en} \tag{7.2}$$

与NDP的计算公式相比：NDP＝$(X-M)+C+I$，可以看到EDP与NDP的有些计算项目是共同的，C、X、M，它们的差别在于有关投资的项目，即从NDP的I，扩展为EDP的$A_{p.ec}$、$A_{np.ec}$和$A_{np.en}$。由于引入了非生产自然资产的使用和非生产自然资产的其他积累，SEEA的资本积累的概念要比SNA主体框架中资本形成概念的内容更为广泛。它由以下3个部分组成：(1)生产资产$A_{p.ec}$，它与SNA主体框架中的资本形成概念相同，即$A_{p.ec}=I$；(2)经济资产中非生产自然资产的积累$A_{np.ec}$，它是经济资产中非生产自然资产的耗减与退化和转移至经济资产范围使用的自然资产之和，即$A_{np.ec}=-Use_{np.ec}+I_{np.ec}$；(3)资产的减少$-A_{np.en}$，它是由不属于经济资产范围的其他自然资产的耗减与退化和由于转移至经济使用而减少的不属于经济资产范围的其他自然资产两部分构成，即$-A_{np.en}=-Use_{np.en}-I_{np.en}$。

由于$-Use_{np.ec}$为经济资产范围的非生产自然资产的使用，而$-Use_{np.en}$为不属于经济资产范围的其他非生产自然资产的使用，因此，将$(-Use_{np.ec})$加$(-Use_{np.en})$，则可得到Use_{np}，表明人类的生产活动对全部非生产自然资产的使用。即$Use_{np}=(-Use_{np.ec})+(-Use_{np.en})=-(Use_{np.ec}+Use_{np.en})$。此外，$I_{np.ec}$为经济资产中非生产自然资产的其他积累(所谓其他积累，是指在投资账户中其他非生产资产净购买以外的积累，主要指自然资产向经济资产的转移)。包括：新探明的矿藏储量；野生森林、草原转变成林场、农田；野生动物资源转变为受经济控制等。与$I_{np.ec}$相对应的就是$-I_{np.en}$，它表明了由于自然资产向经济使用转移所引起的不属于经济资产范围的自然资产的减少。因此，$I_{np.ec}$与$I_{np.env}$的数值相等，符号相反。自然资产向经济使用转移所引起的非生产经济存量的增加$(I_{np.ec})$包括土地向经济使用转移，已探明矿藏的净增加，原始森林变成林场或农田和天然鱼类资源转变为受经济控制。不属于经济资产范围的其他自然资产的减少($-I_{np.en}$)是上述非生产经济资产存量增加的对应项。

所以，根据以上的核算思路，EDP有两种计算方法：

生产法：

$$EDP=P-C_i-CFC-Use_{np} \tag{7.3}$$

支出法：

$$EDP=(X-M)+C+A_{p.ec}+A_{np.ce}-A_{np.en} \tag{7.4}$$

公式(7.3)解释了EDP的形成过程，反映一时期经济产出扣除所有经济产品投入和环境投入后的真实成果；公式(7.4)解释了EDP的使用方法，其中用于积累的部分一方面体现为当期产品积累引起的资产增加，另一方面体现为固定资产磨损和环境投入引起的资产价值减少。

(三) EDP核算的进一步讨论

EDP指标是环境和经济综合核算体系的核心指标。它的地位就相当于GDP指标在国民经济核算体系中的地位。从公式上看，EDP扣除非生产自然资产使用后的余项，其计算的关键就是计算货币化的非生产自然资产使用额❶。这里面涉及非生产经济资产耗减的测算以及不属于经济资产范围的非生产自然资产降级的测算。前者包括矿物的耗减、森林中开采木材、水土流失对农业用地生产能力的影响，酸雨对农业、林业的影响等；后者包括对鱼的过度捕杀，原始森林中开采燃材与木材，猎取野生动物以及残余物排放对水、空气、鱼类和野生森林的质量的影响等。

很显然，对这些非生产自然资产变化进行货币化处理是非常困难的，需要对其中的每一类结合相关专业知识进行测算，对于那些技术上、财力上难以达到的实地测算，只能采用间接的方式加以粗略地估计。从这个意义上说，EDP指标不可能达到GDP等经济总量的核算精度❷。此外，与NDP指标比起来，EDP指标扣除了对非生产自然资产的使用，但我们也应该认识到，环境对经济的作用不仅仅是负向的扣除，这就涉及扩大EDP核算范围

---

❶ 徐涛等. 从“国内生产总值(GDP)”到“生态国内产出(EDP)”核算的必然选择［J］. 经济问题探索，1999(4)：15～16.

❷ 高敏雪等. 环境经济核算再认识［J］. 统计研究，2000(4)：51～55.

的问题[1]。

可以考虑在EDP＝NDP－Use_{np}的基础上再加上必要的"环境产出项"，也就是说，非生产自然资产并不是在被耗减与降级后才体现出价值，它在被耗减与降级之前也可能为人们提供环境服务，如优美的环境会增加人们的福利，这些服务价值没有理由被排除在EDP指标之外[2]。当然，实现这个目标，需要现有的国民经济核算体系扩大其生产核算范围，这个问题已经超出了现有环境和经济综合核算体系的研究范围，是SEEA未来的发展方向。

另外，有学者(P. Bartelmus，1992)认为应从EDP中进一步扣除环境保护费用，理由是国民经济核算体系把环境保护费用计入增加值，而按照可持续发展的理论，这种支出属于"防护性费用"，它是为了防止或消除经济对环境造成的不利影响，并不能带来社会福利实际水平的提高。实际上，从经济活动的性质上看，环境保护活动尽管没有带来社会福利"实际水平"的提高，但这不表示它不是一种生产活动。该活动其实是生产活动在环境领域的延伸和继续，客观上使人们的经济福利得到保护。如果从机会成本的概念上看，这种防护性的生产也是创造福利的，因此，不能把环保生产从生产范围中划出去。并且，不扣除环保增加值并不会造成经济核算的重复计算；反过来说，如果扣除环保增加值反而会形成经济核算的核算真空[3]，使环境产业的投入产出分析等可持续发展核算分析方法失去研究的平台。

(四) 应用

EDP核算仍处于试验阶段。通过在处于不同发展阶段的国家中核算EDP，可以检验其理论的可行性。联合国统计委员会与世界银行以及一些国家统计部门保持密切合作，在几个国家进行项目研究，试图通过国家项目进一步促进SEEA及EDP核算理论与方法的完善和发展[4]。

在墨西哥、巴布亚新几内亚的研究项目中，我们采用EDP的两种计算公式逐步调整国内生产净值：第一步，从国内生产净值中扣除自然资源耗减的环境成本，得到EDP_1；第二步，从EDP_1中扣除环境质量下降的成本，

---

[1] 雷明．绿色国内生产总值(GDP)核算［J］．自然资源学报，1998(4)：320～326．

[2] 朱启贵．国民经济核算与环境［J］．中国软科学，1999(12)：34．

[3] 高全胜．浅谈绿色国内生产总值［J］．中国环境管理，1999，(5)：22～23．

[4] 廖明球．国民经济核算中绿色GDP测算探讨［J］．统计研究，2000(6)：17～19．

得到 EDP_2。在墨西哥，扣除了原油耗减、森林砍伐和土地使用的成本后，EDP_1 约相当于 NDP(Net Domestic Product)的 94%(1985 年)。在巴布亚新几内亚，扣除矿产资源开采成本后，EDP_1 约相当于 NDP 的 92%～99%(1986～1990 年)。进一步扣除环境质量下降成本之后，墨西哥的 EDP_2 降低到 NDP 的 87%(1985 年)，巴布亚新几内亚 EDP_2 降低到 NDP 的 90%～97%(1986～1990 年)。

在瑞佩托等人(1989)的研究报告中，得出了以指数形式表示的计算结果。该结果是世界资源研究的某研究组对印度尼西亚官方核算 GDP 进行调整的一个数据结果。在他们的研究中，通过对 3 种环境资产——石油、木材和土地折旧的价值评估，调整了印度尼西亚的国内生产总值。他们首先建立了实物账户，然后采纳了一种价值计量单位。以石油为例，期初存量的价值采用石油开采的当前市场价格减去平均开采成本的价格进行定价。期末存量等于期初存量减去全年开采量再加上新探明储量，然后采用与期初存量相同的定价方法定价。木材估价所遵循的程序是相同的，它需要对全年的自然生长量进行估算。对土地的侵蚀而言，用农业产量损失对全年物质流失估价。在估价值的基础上计算 EDP，EDP 等于国内生产净值减去该 3 种环境资产的折旧。最后的计算结果表明，平均每年 NDP 的增长率为 7.1%，EDP 的增长率下降为 4.1%。

(五) 评价

无疑，以 EDP 来替代 GDP 是促使可持续发展进入实践领域的最好的一种方式，它能够提供最易为决策者所理解和接受的信息❶，仅此一点就是其他可持续发展测度方法所无法企及的。而且，EDP 指标产生于对经济过程的更完整的刻画，指标本身的科学性和严密性也经得起推敲。

但是，EDP 的缺陷也是显而易见的。首先，EDP 忽略了社会因素❷，就可持续发展的测度而言，这是一个致命的弱点，其次，就环境因素的引入来看，货币化的测度方式在技术上也很复杂和困难，不同的价值核算方法常常

---

❶ 杨缅昆. 绿色 GDP 和环保活动核算——兼论 GDP 修正中的方法论问题 [J]. 统计研究，2000(9)：10～12.

❷ 郑易生. 宏观环境污染损失计量中的一个理论方法问题 [J]. 科技导报，1996(4)：41～42.

造成最终结果的巨大差异；再者，EDP是一个流量概念，对资产存量在可持续发展中的意义没有体现；最后，EDP核算要求有较全面的数据，这样的信息条件常常难以具备，这在一定程度上也妨碍了其研究的深化。

二、国家财富

（一）国家财富概念的提出与定义

国家财富的概念由来已久。自经济学诞生以来，如何增进国家财富就是所有经济学派所必然探讨的问题，但在可持续发展思想获得普遍认可之前，对国家财富的测度范围一般只限于物质财富。1995年9月17日，世界银行向全世界公布了一套全新的国家财富概念和测度方法，在题为《环境进展的监测》（*Monitoring Environmental Progress on Work Progress*）的报告中对国家财富概念做了较为详尽的阐释；1997年6月，在第二份报告《扩展衡量财富的手段——环境可持续发展的指标》（*Expanding the Measure of Wealth: Indicators of Environmentally Sustainable Development*）中给出了更进一步的研究成果❶。本文将立足于可持续发展的测度，对国家财富的概念、测度方法进行检讨和评价，以期获得与此有关的全面认识。

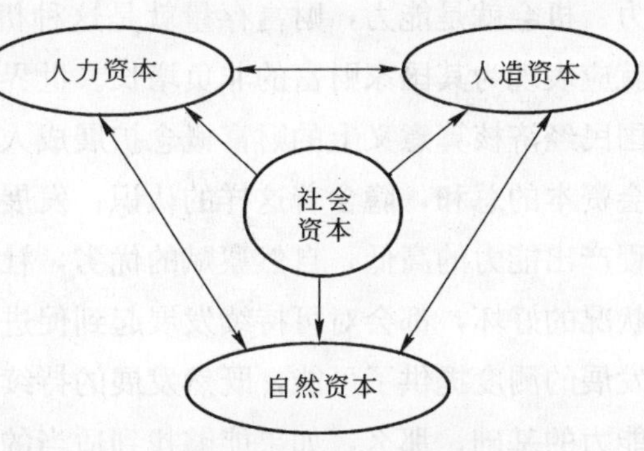

图7-1 各种资本之间关系示意图

根据定义，国家财富（Nation Wealth）是人造资本、自然资本、人力资本和社会资本4组要素的总和（见图7-1）。

其中，人造资本，是人类生产活动所创造和积累的物质财富，包括房屋、基础设施（如供水系统、公路、铁路、输油管道等）、机器设备等；自然资本，是大自然赋予人类的财富，是天然生成的或具有明显的自然生长过程，包括土地、空气、森林、水、地下矿产等；人力资本，指一个国家的民

---

❶ 世界银行环境局J. 迪克逊等. 扩展衡量财富的手段：环境可持续发展指标［M］. 北京：中国环境科学出版社，1998.

众所具备的知识、经验和技能；社会资本，是促使整个社会以有效方式运用上述资源的社会体制和文化基础，是联系人造资本、自然资本和人力资本3种要素的纽带。一国的国家财富即为这4组要素的总和[1]，即

国家财富＝人造资本＋自然资本＋人力资本＋社会资本　　(7.5)

将国家财富与国民经济核算(SNA)以及综合环境经济核算(SEEA)所定义的相关概念加以比较很有必要。第一，国家财富对SNA和SEEA有继承性，其人造资本的定义来自SNA，自然资本的定义来自SEEA。但国家财富在概念上又有发展，它扩展了财富的概念，由以往比较注重物质财富扩展到了人力资本、社会资本。第二，SNA和SEEA更加关注一时期的流量，核算中心是国内生产总值(GDP)和生态国内产值(EDP)，而国家财富概念的提出，则把测度重点明显放在了存量上，可以说，这体现了测度思路的较大改变。

为什么要定义国家财富这样一个概念？作为对可持续发展测度的一种探索(环境经济核算也是一种探索)，它集中体现了可持续发展所包含的代际公平内涵，即在谋求当代福利提高的同时，不损害未来人们谋求这种满足的能力。机会就是能力，财富存量就是这种机会的基础[2]。因此一国可持续发展就应表现为其国家财富的非负增长。世界银行提出的测度财富的新方案，把国民经济核算意义上的财富概念扩展成人造资本、自然资本、人力资本和社会资本的总和，隐含着这样的认识：发展的能力体现在不同层面上，经济过程产出能力的高低，自然禀赋的优劣，社会成员拥有知识的多少，社会运行状况的好坏，都会对可持续发展起到促进或抑制的作用。这种定义为可持续发展的测度提供了可能，既然发展的持续性体现为机会和能力，财富是衡量能力的基础，那么，如果能够找到适当的测度财富的手段或方法，就可以把这些体现不同性质的财富加总到一起，并通过观测其财富总量的变化来衡量可持续发展的状态和进程。目前，关于国家财富测度的尝试就是寻找合适的测度方法从而实现国家财富的货币化计量。

(二)国家财富的测度方法

根据定义，国家财富的测度思路应该是先按人造资本、自然资本、人力

---

[1] 潘家华．持续发展途径的经济学分析［M］．北京：中国人民大学出版社，1997.

[2] ［英］大卫，皮尔斯等．绿色经济的蓝图：衡量可持续发展［M］．北京：北京师范大学出版社，1996.

资本和社会资本 4 个部分分别计算而后加总。测度的基本问题是要把上述内容做货币化处理，以货币总额描述财富的拥有总量，由此，可以认为，所谓国家财富的测度方法，归根结底是财富的估价方法。

应该明确的是，在概念中，人力资本不同于人力资源。人力资本指通过一定的投资形成的，存在于人体中的能力和知识的资本形式，强调以某种代价获得能力，而付出的代价会在人力资本的使用中，以更大的价值得到回报。人力资源是指一定范围的人口总体所具有的劳动能力总和。通常，用从事智力劳动和体力劳动的人的数量和质量来表示。人力资源是一个宏观的、概括性的范畴，既包括不经过任何教育和培训，就拥有从事简单劳动的能力，还包括经过培训才能从事复杂劳动的劳动者的能力知识。而人力资本只是人力资源中全部教育性投资的凝结，仅指从事复杂劳动的能力和知识。人力资源强调劳动者的数量和健康状况，一般只注重劳动的量，忽视了劳动的非同质性。而人力资本却在强调劳动数量的前提下，提供超额的劳动量创造更多的剩余劳动时间，即创造更多的剩余价值。

构成国家财富的这 4 个组成部分是如此的不同，因此，有必要以各自的特性为基础，寻找不同的测度途径。下面具体讨论各部分的测度方法。

关于人造资本和自然资本的核算，直接继承了 SNA 和 SEEA 的方法。对人造资本，以永续盘存模型直接估算期末存量价值，它等于期初总量加减当期投资和资产折旧。为了保证在不同国家之间具有可比性，测度时采用了统一的国际价格和统一的贴现率，并尽可能运用购买力平均价格来估算，目的是避免当地市场上的价格扭曲，加强国际间可比性。对自然资本，目前的测算包括农业用地、牧场、森林(木材和非木材利益)、保护区、金属和矿产，以及煤、石油和天然气等方面，其计价方法普遍应用了以世界市场价格为基础的资源经济租金概念，而后假设年租金不变，按相应的资产存在年限将各期租金折算为现值，加总后的总额即为资产的价值。这正是 SEEA 按照市场估价原则对自然资本所采取的具体估价方法。

人力资本和社会资本是国家财富中最难量化的部分，由于社会资本在目前无法单独测度，又考虑到它与人力资本之间的紧密联系，通常把二者放在一起测度。从整体上看，人力资本和社会资本核算采用的方法是未来收益现值法，其方法的逻辑思路是先求得一个年收益数额，再折现为存量价值。具体来说，可分为以下几步：

1. 计算个人和社会从自然资本和人造资本的使用中所取得的年收益：用农业GDP的45%作为劳动力所得，加上非农业GDP，减去地下资源的经济租金和人造资本的折旧(进行这种扣除主要是为了避免重复计算，因它们在自然资本及人造资本核算中已经被核算过了)。

2. 在收益计算的基础上，按一国人口的平均生产性年限和4%的单一贴现率贴现加总，其结果作为人口平均剩余年限内的全部收益存量。其中，人口平均生产性年限是该国平均预期寿命与其人口平均年龄的差值(如果预期寿命高于65岁，则以65岁为上限，以此表明该国人口能工作的年数)。例如印度的人口平均生产性年限为34年，等于预期寿命61岁减平均年龄27岁。

3. 从上述收益总存量中扣除生产资本和城市用地的估算价值，结果是以当前汇率计算的人力资本和社会资本价值(为了国际比较的方便，也可以按购买力平均价格作为换算因子对之换算)。

从上述计算过程看，用未来收益现值法核算人力资本与社会资本采用的是一种剩余法的思路，它实际上是计算一定假设条件下人们预期收入现值扣除土地与人造资本后的剩余项，这显然是一种间接的计算方法。

(三) 应用

通过这样的测度，可以给出一国拥有的国家财富总量、结构及其变化的情况。可持续发展意味着不随时间递减的福利[❶]，因此，国家财富的总量变化可以作为可持续发展趋势的评价标准，而国家财富的构成变化则可在一定程度上解释为什么会发生这样的总量变化，即对可持续发展的水平提高或降低的原因作出解释。此外国家财富指标允许进行国家或地区间的对比，更有利于对可持续发展状态和变化趋势的理解。

1995年，世界银行以1990年的数据为基础，计算了全球192个国家的人均国家财富指标。计算结果显示，全世界平均水平为86000美元，其中澳大利亚为835000美元，居第1位；日本为565000美元，居第5位；美国为421000美元，居第12位；中国为6600美元，居162位；埃塞俄比亚为

❶ 国家环保局、清华大学可持续发展课题组. 中国城市环境可持续发展指标体系研究手册[M]. 北京：中国环境出版社，1999，102~119.

1400美元，居最后一位。之后，世界银行又以1994年数据为基础，估算了92个国家的财富值。分组情况表明，位于第一组的国家(人均财富在30万～40万美元)包括美国、挪威、瑞士、加拿大、日本；其余较发达国家大多落入随后的组别(人均财富在20万～30万美元)；人均财富值在10万～15万美元之间的多是南美洲和中美洲中等收入国家；而那些相对比较贫困的国家，比如中国、南亚国家以及撒哈拉以南非洲国家的人均财富值在5万美元以下。从国家财富总量数值的分组情况可以看出，可持续发展状态的形成是一个长期的过程，短期内很难发生质的改变。

世界银行还对12个地区国家财富及其构成进行了初步估算和比较，如表7-2所示。

世界不同地区的国家财富及其构成(1994)　　　　**表7-2**

地　区	人均财富(美元/人)				财富构成(%)		
	总财富	人力资本	人造资本	自然资本	人力资本	人造资本	自然资本
北　美	327000	249000	62000	16000	76	19	5
太平洋OECD	303000	205000	90000	8000	68	30	2
西　欧	238000	177000	55000	6000	74	23	2
中　东	150000	65000	27000	58000	43	18	39
南　美	95000	70000	16000	9000	74	17	9
北　非	55000	38000	14000	3000	69	26	5
中　美	52000	41000	8000	3000	79	15	6
加勒比地区	48000	33000	10000	5000	69	21	11
东　亚	47000	36000	7000	4000	77	15	8
东非和南非	30000	20000	7000	3000	66	25	10
西　非	22000	130000	4000	5000	60	18	21
南　亚	22000	140000	4000	4000	65	19	16

资料来源：世界银行环境局，J. 迪克逊等. 扩展衡量财富的手段［M］. 中国环境科学出版社，1997，45.

结果表明，世界上最富有的地区——北美、太平洋地区OECD成员国和西欧地区的人均财富值在20万美元以上，而最为贫困的地区——西非和南亚地区人均财富值仅为2万～3万美元，反映出巨大的贫富差异。财富总量的贫富差异可部分地通过财富的构成来解释，也就是说财富的构成方式在一定程度上决定了财富总量的多寡。从表7-2中可以看到，各地区的财富中占有最大份额的都是人力资本，而人均财富水平越高，人力资本的比重也就越高；自然资本状况则恰好相反，除中东地区以外，人均财富越低的地区其自然资本的份额却越高，而人均财富水平较高的地区，自然资本的优势却明显下降。对于所有地区而言，人力资本是最主要的资本形式，所占财富的比重都在60%以上，中东地区是一个特别，但其人力资本比重也高于其他两类资本。

(四) 国家财富测度的进一步思考

进一步可以设问，和生产总量指标相比，这样的存量指标是否确实提供了有关可持续发展的更多的信息？对此至少不能给予十分肯定的回答。根据目前的测度方法，当前时期的产出量与财富量在逻辑上的一致性非常明显，只要当期 GDP 尤其是 EDP 较高，其对应的财富存量也会较高；如果前者增长较快，后者也必然有较快增长。从这一点来看，国家财富在某种程度上只不过是在 EDP 基础上的重新包装而已。而且，这样的测度极易让人形成这样的理解：投资与生产资本的形成有关，而消费则通过营养、教育、保健、娱乐等形成了人力资本，或通过公共消费而形成了社会资本。这样，一时期所生产的价值，无论是通过传统的投资方式，还是消费方式，都会转化为资本，其结果，投资和消费概念将有重新定义之必要，区分二者的意义将不在于它们是否会对资本产生影响，而只在于它们会对哪一部分资本(人造资本还是人力资本及社会资本)产生影响。在理论上，除非你所生产的价值(GDP)不能抵补其折旧和所消耗的自然资本，否则，无论你如何使用，国家财富都会由此而增加。显然，这与根据国家财富概念来反映可持续发展的初衷是相违背的，而且也不能为可持续发展的管理决策提供很好的着力点。

由于人造资本在计算上的相对独立性，上述问题最终会归结在人力资本和社会资本存量上。从“收益总存量－人造资本价值＝人力资本和社会资本价值”这一关系式来看，收益总存量是未来收益现值法的计算结果，是依据未来可能获得收益对资产价值的虚拟计算的结果；而人造资本价值则是根据现实存在的资产物量和市场价格计算得到的实际结果，体现资本不断投资和消耗的历史滚动过程。将这样两个具有不同性质的数值放在一起相抵减，所得余值作为人力资本和社会资本存量，其含义是十分模糊的，而且很可能包含较多的高估成分。

如上文所述，根据世行以 1994 年数据对 92 个国家的测度结果，人力资本和社会资本在财富中占据了一个令人吃惊的绝大比例，除中东这一特殊地区外，该比例在美洲、东亚和欧洲地区超过了70%，其他地区也都在60%以上。应该如何解释这一点？到目前为止，并没有人能够说清楚，包括世界银行的研究报告。以这些测度结果为依据，可以得出结论，说人力资本是决定未来财富的关键因素，但如果这些结果是建立在一个错误的测度基础上的，那么它毫无疑问地会为现实行动提供误导，比如，既然人力资本在财富中从而在未来的发展中占有如此重要之位置，既然消费是形成人力资本的基础，那么，将当期收入更多地用于消费似乎就是顺理成章的和合乎可持续发展要求的选择，显然这是很荒谬的。

实际测度就国家之间人均占有财富的差别所显示的结果也有必要进行方法上的讨论。根据测度结果，以人均财富计算，处于前1/5的国家的平均水平是处于后1/5国家平均水平的17倍；而如果按人均GDP(按PPP计)计算，此倍数可达到100。可见，各国在财富占有上的差别明显低于对收入占有的差别，如何解释个中差距缩小的原因？无疑，自然资本在起作用，有关专家对两个排名作了对比，在名次提高的16个国家中，有些国家明显地具有自然资本的占有优势，如尼泊尔、澳大利亚、新西兰、加拿大、沙特阿拉伯。但是，鉴于自然资本在整个财富中只占有一个很小的比例(除中东国家占有比例可达39%以外，水平最高的西非也仅占21%)，显然它不是解释上述差别大小缩小的主要原因。实际上最主要的原因在于人力资本和社会资本方面。不仅由于各国水平在此方面差异最小，高低倍数只有19倍，低于人造资本和自然资本(见表7-3)，还因为人力资本和社会资本在整个财富中占有一个绝大的比例。

财富的地区差别表(1994) **表7-3**

财富及其组成	最高地区水平(美元)	最低地区水平(美元)	高低倍数
总财富	326000(北美)	22000(南亚和西非)	14.8
人力和社会资本	249000(北美)	13000(西非)	19
人造资本	90000(太平洋OECD)	4000(南亚和西非)	22.5
自然资本	58000(中东)	3000(中美)	19.3

资料来源：作者根据世界银行环境局，J. 迪克逊等．扩展衡量财富的手段[M]. 中国环境科学出版社，1997，P45表3.3整理而得.

进一步要问，不同国家间在人力资本和社会资本占有水平上差别是否如目前测度结果所示？这又涉及测度方法问题❶。在计算人力资本和社会资本时，使用了人口平均剩余年限作为加总的时期。按照目前的计算方法，在那些长期保持较低出生率的发达国家，其人口平均年龄偏高，因而人口平均生产性年限较短；而在那些出生率较低的发展中国家，则会因为人口平均年龄偏低，而获得较长的生产性年限。比如，印度为 34 年(预期寿命 61 岁减平均年龄 27 岁)，而瑞士只有 25 年(劳动年龄上限 65 岁减平均年龄 40 岁)，尽管瑞士平均预期寿命已达 78 岁。如果考虑到发展中国家平均预期寿命较低这种实际情况，上述计算结果显然高估了其平均生产性年限，最终将导致存量价值的高估。或许，这就是所谓人力资本和社会资本在发达地区和不发达地区之间差异较小的原因，至少是原因之一。如果这一点可以肯定，那么，就可以说，世界银行报告所提供的测度结果以及由此形成的财富排序，人为地缩小了国家间的贫富差距，尤其是发达国家与发展中国家的差距。

(五) 评价

世界银行所提出的国家财富概念以及测度结果建立了新型的财富观，也有益于我们更全面地看待可持续发展问题，它提供了一种全新的可持续发展的认识和思维方式。体现了经济可持续性、环境可持续性和社会可持续性的思想，且综合性强，容易进行国家之间、地区之间的比较，是可持续发展的一个较为理想的测度指标。

可持续发展由对环境的关注而起，许多测度方法因此也对环境要素予以特别关注，却忽视了社会要素。国家财富则不仅把财富所包括的内容从人造资本扩展至全部自然资本，更进一步把人力资本和社会资本(虽然对社会资本尚未有合适的计算方式)也纳入其中，直接体现了可持续发展强调社会、经济、自然环境 3 个系统之间相互协调的内在含义。尽管早在 200 多年以前，亚当·斯密就在《国富论》中指出：无论一国的土壤、气候或领土面积如何，其国民每年产出是丰富还是匮乏，从根本上取决于它的人力资本——“劳动力的熟练、技巧和判断力”。即，自然资源禀赋相似的国家，其财富却

❶ 高敏雪. 国家财富测度及其认识 [J]. 统计研究，1999(12)：9~14.

可能有很大的差别，劳动力及其技术水平就是导致这种差别的关键因素。但真正实现这些要素的综合测度却是自国家财富这一指标开始。这一个创新之举大大提升了对可持续发展认识和测度的高度，具有深远的影响和重要意义。根据这种新方法，世界银行进行了实际的统计，结果表明，人造资本一般只占财富总量的 20%以下，远远小于人力资本与自然资本的份额。这个研究结果给那些唯国民经济核算为是的宏观政策制定者敲了一个警钟，充分说明了可持续发展核算的重要性与紧迫性。

测度方法很重要，关系到用国家财富来测度可持续发展的尝试能否最终实现。本文的讨论表明，目前国家财富的测度方法仍有待于进一步探索和实践，而且，这将是一个艰难的过程。尽管国家财富指标由人造资本、自然资本、人力资本、社会资本四部分组成，但仍属于单一指标，形成国家财富总量指标的假设前提是 4 种资本之间可以相互替代，反映的仅仅是弱可持续性；而且，这种替代的可实现性也值得怀疑。但国家财富仍不失其在理论探讨上的意义，对可持续发展测度有很大贡献。

三、真实储蓄

(一) 真实储蓄的计算

世界银行在 1995 年《监测环境进展》中初步提出了“真实储蓄(Genuine Saving)”为核心的可持续发展核算方法，1997 年在其出版物《扩展衡量财富的手段》中又进一步作了介绍。

真实储蓄从本质上看是对 GDP 的一种修正方式，认为 GDP 的计算过程中没有考虑自然资源消耗、环境污染损失等因素，造成对经济成就的高估，因此应予以修正。基于真实储蓄所提出的观点是，以 GDP 为计算起点，扣除总消费，得到总储蓄，总储蓄加上教育投资，得到广义总储蓄，广义总储蓄减去人造资本的折旧得到净储蓄，从净储蓄中进一步扣除自然资源的损耗和环境污染损失的价值，其结果才是真实储蓄。真实储蓄占 GDP 的百分比即为真实储蓄率。指标的计算过程如表 7-4 所示。

表 7-4 直观地说明了真实储蓄率的计算过程，从某种意义上说，它也是对国民经济核算的可持续化修正。修正主要体现在 3 个方面：(1)把教育作为投资而不是作为最终消费；(2)扣除自然资源的损耗；(3)扣除环境污染损

真实储蓄的计算过程 **表 7-4**

计算项目	编号	计算过程
GDP	(1)	
总消费	(2)	
总储蓄	(3)	(3)＝(1)－(2)
教育投资	(4)	
广义国内总储蓄	(5)	(5)＝(3)＋(4)
人造资本折旧	(6)	
净储蓄	(7)	(7)＝(5)－(6)
自然资源损耗	(8)	
环境污染损失	(9)	
真实储蓄	(10)	(10)＝(7)－(8)－(9)
真实储蓄率(％)	(11)	(11)＝(10)÷(1)

失的价值。

与 EDP 比较起来，真实储蓄扣除了消费部分，增加了教育投资形成的储蓄。并且还计算了一个相对指标：真实储蓄率。

(二) 应用

真实储蓄是世界银行推荐的一种可持续发展核算方法，它的政策含义非常明显，即真实储蓄的持续负增长最终必将导致国民财富的减少。如前文所述，当总资本存量在时间上是非下降的时候，可获得弱可持续发展，即便自然资本是下降的，但只要总的资本存量不下降，发展就仍然是可持续的。如果以资本存量的不同要素之间是否具有替代性作为弱可持续发展与强可持续发展的界限，毫无疑问，真实储蓄是一个弱可持续发展的货币化指标。

可以说，真实储蓄在测度可持续发展的能力上比 EDP 指标更强一些。真实储蓄在实践中遇到的困难与 EDP 差不多，都体现在非经济流量的估价上。其中对自然资源与环境污染损失的估价可以用与 EDP 相同的方法解决，而教育投资问题还涉及人力资本核算的问题，从这个意义上说，真实储蓄的核算范围已经不仅仅是在环境与经济之间，还包括了社会核算的一部分内容。

为了增强真实储蓄测算的可操作性，世界银行对环境污染损失、人力资本核算等问题提出了相应的有弹性的核算框架。对环境污染损失的货币化度

量已在本文第四章内容中进行了阐述；而人力资本的价值可以认为等于其收入能力的现值、或者说等于未来净收入的现值[1]，即

$$V(Y)=\sum_{j=0}^{n}\frac{Y_j}{(1+i)^j} \tag{7.6}$$

式中，$V(Y)$——人力资本现值；

Y_j——时期 j 的净收入；

i——贴现率；

n——年数。

（三）评价

真实储蓄具有描述和评价两种功能，可以满足可持续发展现状和趋势的测度，具有重要的理论价值。从真实储蓄的计算过程看，涉及宏观经济领域和环境领域，可以帮助决策者把宏观经济发展与自然资源开发利用、环境污染控制等环境保护的内容有效地结合起来，因此又具有很好的政策指导意义。

但是，对真实储蓄或真实储蓄率同可持续发展之间关系的确认还需要进一步的分析和探讨。早前观点一再重复，真实储蓄是衡量可持续发展的一个片面的指标，像所有的单一指标测度方法一样，仅从真实储蓄或真实储蓄率的高低、正负方面分析，并不能直接得出可持续性强弱的结论，即使资源损耗和污染损失很严重，较高的投资率、较高的储蓄率仍能够保证真实储蓄始终为正。另一方面，对真实储蓄或真实储蓄率的变化趋势需要有长期的监测，才可能对可持续发展的未来方向有准确的把握，因为如经济结构调整、投资压缩等长远来看可能有利于可持续发展的决策，在短期内却可能降低真实储蓄和真实储蓄率。

相对而言，真实储蓄的相对指标——真实储蓄率的理论意义较为模糊，它用真实储蓄与国内生产总值的相对比率来表示是令人怀疑的，显然其分子分母核算口径相差很大。

四、生态占用

生态占用(Ecological Footprint，简称 EF)一词最早在 1992 年由加拿大

---

[1] 钱伯海. 国民经济核算原理 [M]. 北京：中国经济出版社，2002，432.

生态学家 William E Rees 与其学生 Mathis Wackernagel 提出，后者在 1996 年对其方法和模型又做了进一步完善。因计算简便、结果直观，生态占用在出现后的短时间内就得到了强烈的反响，并被普遍认可，成为一种颇受青睐的可持续发展测度方法。

(一)"生态占用"概念的提出

所谓生态占用(Ecological Footprint)是指"The corresponding area of productive land and aquatic ecosystems required to produce the resources used, and to assimilate the wastes produced, by a defined population at a specified material standard of living, wherever on Earth that land may be located."翻译过来就是：生态占用是指能为一个特定生活标准的人群提供所需要的资源、吸纳其废弃物的那一片生态生产性土地面积(包括陆地和水域)。

从 2000 年开始有人把这个概念引入我国。但对这个概念有不同的理解，以至于出现了几种不同的译法。有人将它译作"生态维持面积"，也有人将它译作"生态支撑点"，更多的人将它直译为"生态脚印"或"生态足迹"。这几种译法前两者是意译，后两者是直译，作为一个学术概念，应尽量意译，以体现其内涵属性。与"生态维持面积"和"生态支撑点"比较起来，"生态占用"的译法更为准确一些，不仅与其概念内涵最为贴切，也很好地指出了其被用于研究"生态系统对人的承载"这样的含义，而这一含义正是可持续发展的内涵。

理论上讲，人类的每一项消费都可以追溯到提供生产该消费所需的原始物质和能量的土地上，这样，把所有消费折算为相应的生物生产性土地(指具有生物生产能力的土地或水体)面积，就可以反映人类所占用的自然资本，因而反映人类消费对自然产生的影响。针对不同的研究层次，可以计算个人的、区域的、国家甚至全球的生态占用，相应的，其含义指维持一个人、地区、国家或者全球的生存所需要或者能够吸纳人类所排放的废弃物的、具有生物生产力的地域面积。William E Rees 曾将生态占用描述为"一只负载着人类与人类所创造的城市、工厂……的巨脚踏在地球上留下脚印"，这种比喻的确形象精当，如图 7-2 所示。

生态占用概念用土地面积来量化人类对自然的影响。显然，如果地球所能提供的土地面积容不下这只巨脚，人类社会就难以永久维持下去，会逐渐

图 7-2 沉重的生态脚印

走向衰落甚至崩溃；反之，则还有发展的空间和潜力。因此，准确地说，生态占用本身还不能进行可持续发展的直接测度，有测度意义的是它与地球所能够提供的空间的比较，这就引出了具有可持续发展测度功能的生态盈余(Ecological Surplus)和生态赤字(Ecological Deficit)概念。生态占用测度是人类对生态维持面积的客观需求，可称之为生态占用需求(Demand of EF, DEF)；而自然生态系统所能够实际提供的生态维持面积，可称之为生态占用供给(Supply of EF，SEF)，用生态承载力概念来反映。二者比较，若SEF>DEF，则为生态盈余，表明该区域人类活动对自然生态系统的压力在区域生态承载力的范围之内，区域生态系统是相对安全的，区域发展模式是可持续的；反之，若SEF<DEF，则为生态赤字，表明该区域的生态占用超过了区域生态系统的承受能力，区域生态系统处于不安全的状态，说明其发展模式是不可持续的。

(二) 生态占用的理论与计算方法

从本文对可持续发展理论的阐释已知道，可持续发展依赖于自然资本特别是人类赖以生存的生命支持系统的保持。20 世纪 60 年代以来的能值理论，全球资源动态模型，世界生态系统的净初级生产力计算，生命周期评估，净初级生产力的人类占用等研究都在企图将人类利用的资源加以量化。生态占用就是建立在这些研究的基础上，用一种生态学的方法将人类活动影响表达为各种相互独立的，被人类占用的、自然界向人类提供服务的生态空间的面积。

“生态生产性土地”是生态占用分析法为各类自然资本提供的统一度量基础。生态生产也称生物生产，是指生态系统中的生物从外界环境中吸收生命过程所必需的物质和能量转化为新的物质，从而实现物质和能量的积累❶。生态生产是自然资本产生自然收入的原因。自然资本产生自然收入的能力由生态生产力(ecological productivity)衡量。生态生产力越大，说明某种自然资本的生命支持能力越强。由于自然资本总是与一定的地球表面相联系，因此生态占用分析用生态生产性土地的概念来代表自然资本。所谓生态生产性土地(ecologically productive area)是指具有生态生产能力的土地或水体。这种替换的一个可能好处是极大地简化了对自然资本的统计，并且各类土地之间总比各种繁杂的自然资本项目之间容易建立等价关系，从而方便于计算自然资本的总量。根据生产力大小的差异，地球表面的生态生产性土地可分为6大类。

1. 化石能源用地

化石能源用地是用来吸收化石燃料燃烧所排放的CO_2，以及通过木质生物量积累可利用能源的土地。后者的用途比CO_2的吸收需要更大的面积，因为不是所有的生物量都能够用作能源。而现在，还没有土地被仅仅用来吸收CO_2或者补充化石燃料燃烧所丧失的生物化学能源。

2. 耕地

耕地是所有生态生产性土地中生产力最大的一类：它所能集聚的生物量是最多的。根据联合国粮农组织(FAO)的报告：目前世界上的耕地大约13.5亿hm^2，都已处于耕种的状态；并且每年其中大约100万hm^2的土地又因土质严重恶化而遭废耕。这意味着，今天世界上平均每个人所能得到的耕地面积已不足0.25hm^2了。

3. 牧草地

即适用于发展畜牧业的土地，全球目前大约有33.5亿hm^2的牧草地，

❶ 杨开忠等. 生态足迹分析理论与方法 [J]. 地球科学进展，2000(12)630.

折合人均约0.6hm²。绝大多数牧草地在生产力上远不及可耕地，不仅因为草地的积累或者生产生物量的潜力明显低于耕地，而且，从植物到动物再到人类的能量传递过程也直接降低了人类可以利用的生物化学能量。

4. 森林

指可产出木材产品的人造林或天然林。森林还具有其他功能，如防风固沙、涵养水源、改善气候，保护物种多样性等。全球现有森林约34.4亿hm²，相当于人均0.6hm²的面积。目前，除了少数偏远的、难以进入的密林地区较难观测外，大多数森林的生态生产力并不高。

5. 建筑用地

建筑用地，包括居住和交通用地，全球大约人均0.03hm²。因为大部分居民点都集中在全球最肥沃的土地地带，建筑用地造成了全球生态能力无法挽回的损失。

6. 海洋

全球有363hm²亿或人均6hm²的海洋，但95%的海洋生态生产量来自于8%的沿海岸带，也就是说人均0.5hm²的海岸带是生态生产力较高的区域。

生态占用的基本核算步骤如下：

(1) 追踪资源消耗和废物消纳

将消费(包括直接的家庭消费、间接消费、最终使家庭受益的商业和政府消费、服务等)分门别类地折算成资源消耗量，将资源消耗量和人类活动所排放的废物按照区域的生态生产能力和废物消纳能力分别折算成具有生态生产力的耕地、草地、化石能源用地、森林、建筑用地和海洋6类主要的陆地和水域生态系统的面积 a_j。

$$a_j=\sum_{i=1}^{n}\frac{C_i}{EP_i}=\sum_{i=1}^{n}\frac{P_i+I_i-E_i}{EP_i}\quad (j=1,2,3,\cdots,6) \tag{7.7}$$

其中，$a_j(j=1, 2, \cdots, 6)$为各类生态系统的面积；

$EP_i(i=1, 2, \cdots, n)$为区域内第 i 个组成地区的生态生产力；

C_i 为第 i 个组成地区对 j 资源的消费量；

P_i 为 j 资源的生产量；

I_i 为 j 资源的进口量(通过进口产品)；

E_i 为 j 资源的出口量(通过出口产品)。

(2) 产量调整

不同的国家或者地区，有不同的资源禀赋，或者不同的生态生产力。因此，要进行区域之间的比较，就需要进行适当的调整，方法是将其生态生产力乘以产量调整因子(yield factor)。产量调整因子是所核算区域单位面积生态生产力与全球平均生态生产力相比较而得到的。如果该因子大于1，那么意味着该地区单位面积的生态生产力或者废物吸收能力高于全球平均水平；反之，则意味着该地区的生态生产力或者废物吸收能力低于全球的平均水平。调整后的面积我们称之为“产量调整面积”(yield adjusted area)，用 A_j 表示。计算公式为：

$$A_j=\sum_{i=1}^{n}\frac{C_i}{EP_i\times\gamma F_i}=\sum_{i=1}^{n}\frac{P_i+I_i-E_i}{EP_i\times\gamma F_i}\quad(j=1,2,3,\cdots,6)\tag{7.8}$$

其中，γF_i 即为产量调整因子。

均衡处理这6类生产系统的生产力是有差异的，因此，还需通过均衡因子把不同类型的生态系统空间调整为具有全球生态系统平均生产力的、可以直接相加的生态系统面积，之后加总为区域的生态生产力。均衡因子是在比较不同类型生态系统单位空间面积的生物生产量的基础上得到的，是对各生态系统的生产潜力标准化处理的结果，以各生态系统生态生产力与全球生态系统平均生产力的比值表示。目前采用的各均衡因子分别为：森林和化石能源用地为1.1，耕地和建筑用地为2.8，草地为0.5，海洋为0.2。

当因子为2.8时，说明这种生态系统的生产力是全球生态系统平均生产力的2.8倍数，将后者作为1。通过均衡因子，将6类生态系统的面积调整为具有全球生态系统平均生产力的、可以直接相加的生态系统的面积，加总后就是生态系统占用，公式表示为：

$$EF=\sum_{j=1}^{6}A_j\times EQ_j\quad(j=1,2,3,\cdots,6)\tag{7.9}$$

其中，EQ_j 为均衡因子。

根据以上分析，我们每个人能够占用的具有生态生产力的面积就是上述6类面积之和：也就是0hm² 化石能源地、0.25hm² 的耕地、0.6hm² 的草地、0.6hm² 的森林、0.03hm² 的建筑用地、0.5hm² 的海岸带，总计1.98hm²。然而，并不是所有这些都能够为人类所利用，我们还必须与其他的物种共享这些资源。根据世界环境与发展委员会的报告，我们至少要保护全球12%的生态承载力，包括各种生态系统类型，以保护生物多样性；尽管从长远看来，这并不足以安全地保护生物多样性，但现在要保护更多的土地可能不具有经济和政治上的可接受性。这样，扣除12%的地球面积，实际上我们每个人可以利用的面积包括海洋在内仅有1.74hm^2。考虑均衡因子，计算人均生态占用面积，得到1.62hm^2。这就是人类的生态阈值(ecological bench mark)。因此，现有人口要实现可持续发展，平均的生态占用需要被缩小到1.62hm^2。在一个可持续的世界里，如果有人占用了更大的面积，那么，其他人就必须缩小相应的生态占用。据有关预测，按现在的人口增长速度，全球人口在2030年达到100亿。如果我们保持现有的生活水平，并且不使生态系统继续退化，届时人均生态占用就必须缩小到不足1hm^2，或者我们寄希望于生态生产力或能量转化效率的大幅度提高。

(三) 应用

1997年，Wackernagel在题为“国家生态占用”(Ecological Footprint of Nations)的论文中对52个国家和地区1995年的生态占用进行了计算[1]，如表7-5所示。这52个国家和地区涵盖了全世界80%的人口和95%的总产出，对全球的可持续发展具有举足轻重的意义。

世界主要国家的生态占用(1995)　　　　**表7-5**

国　家	生态占用		生态承载力		生态盈余/赤字		生态盈余/超载率%
	人均值 (hm^2/cap)	总值 (10^3km^2)	人均值 (hm^2/cap)	总值 (10^3km^2)	人均值 (hm^2/cap)	总值 (10^3km^2)	
阿根廷	3.5	1230	4.9	1719	1.4	489	28.45
澳大利亚	10	1786	16.3	2910	6.3	1124	38.63
奥地利	4.8	386	4.2	338	−0.6	−48	−14.20
孟加拉国	0.6	668	0.2	265	−0.3	−403	−152.08
比利时	5.0	526	1.6	166	−3.4	−360	−216.87
巴　西	3.8	6067	9.1	14499	5.3	8432	58.16

[1] William E R. Revisiting Carrying Capacity: Area-Based Indicators of Sustainability [A]. In: Wackernagel M, ed. Ecological Footprints of Nations [EB/OL]. http://www.ecouncil.ac.cr/rio/focus/report/english/footprint/, 1996.

续表

国家	生态占用		生态承载力		生态盈余/赤字		生态盈余/超载率%
	人均值 (hm²/cap)	总值 (10^3 km²)	人均值 (hm²/cap)	总值 (10^3 km²)	人均值 (hm²/cap)	总值 (10^3 km²)	
加拿大	7.4	2168	12.6	3707	5.2	1539	41.52
智利	2.7	391	3.4	487	0.7	96	19.71
中国	1.5	18046	0.6	7892	−0.9	−10154	128.66
哥伦比亚	2.4	849	5.0	1776	2.6	927	52.20
哥斯达黎加	2.8	97	2.4	82	−0.4	−15	−18.29
捷克	4.1	418	2.6	264	−1.5	−154	−58.33
丹麦	5.6	292	5.4	282	−0.2	−10	−3.55
埃及	1.5	908	0.4	228	−1.1	−680	−198.25
埃塞俄比亚	0.7	404	0.5	275	−0.2	129	−46.91
芬兰	6.4	325	9.8	501	3.4	176	35.13
法国	5.4	3134	4.0	2340	−1.4	−794	−33.93
德国	4.8	3915	1.9	1549	−2.9	−2366	−152.74
希腊	4.8	497	1.8	186	−3.0	−311	−167.20
香港	6.3	385	0.0	0.019	−6.3	−385	−2026215.79
匈牙利	3.0	317	2.6	267	−0.5	−50	−18.73
冰岛	6.6	18	21.8	59	15.2	41	69.49
印度	1.0	9526	0.5	4526	−0.5	−5000	−110.47
印度尼西亚	1.4	2738	2.7	5335	1.3	2597	48.68
爱尔兰	6.7	237	7.2	256	0.5	19	7.42
以色列	3.7	206	0.3	14	−3.5	−192	−1371.43
意大利	4.4	2540	1.5	844	−2.9	−1663	−189.62
日本	4.7	5883	0.8	1033	−3.9	−4850	−469.51
约旦	1.7	73	0.3	11	−1.5	−62	−563.64
韩国	3.8	1716	0.5	202	−3.4	−1514	−749.50
马来西亚	3.1	626	4.0	876	1.2	250	28.54
墨西哥	2.6	2409	1.4	1270	−1.2	−1139	−89.69
荷兰	5.9	917	1.2	185	−4.7	−732	−395.68
新西兰	8.2	292	26.8	955	18.6	663	69.42
尼日利亚	1.0	1140	0.6	658	−0.4	−482	−73.25
挪威	6.2	267	7.4	320	1.2	53	16.56
巴基斯坦	1.0	1360	0.4	571	−0.6	−789	−138.18
秘鲁	1.7	403	7.6	1782	5.9	1379	77.38
菲律宾	1.7	1149	0.9	601	−0.8	−548	−91.18
波兰	4	1562	2.1	794	−2.0	−768	−96.73

续表

国家	生态占用		生态承载力		生态盈余/赤字		生态盈余/超载率%
	人均值 (hm^2/cap)	总值 ($10^3 km^2$)	人均值 (hm^2/cap)	总值 ($10^3 km^2$)	人均值 (hm^2/cap)	总值 ($10^3 km^2$)	
葡萄牙	4.4	431	2.6	253	−1.8	−178	−70.36
俄罗斯	4.7	6987	4.3	6315	−0.5	−672	−10.64
新加坡	6.2	205	0.0	0.178	−6.2	205	−115068.54
南非	3.1	1270	1.3	543	−1.8	−727	−133.89
西班牙	4.1	1629	1.5	608	−2.6	−1021	−167.93
瑞典	6.5	567	7.9	691	1.4	124	17.95
瑞士	4.7	339	1.9	134	−2.9	−205	−152.99
泰国	2.0	1148	1.3	741	−0.7	−407	−54.93
土耳其	2.1	1265	1.3	803	−0.8	−462	−57.53
英国	4.9	2874	1.8	1069	−3.1	−1805	−168.85
美国	10.9	29017	6.7	17808	−4.2	−11209	−62.94
委内瑞拉	4.3	939	4.6	1011	0.3	72	7.12
其他国家	4.0	11659	2.0	22038	0.9	10379	47.10
世界平均	2.4	134201	2.0	112074	−0.4	−22127	−19.74

资料来源：http：//www.ecouncil.ac.cr/rio/focus/report/english/footprint/

计算结果表明：

1. 全球人均生态占用为 2.4hm^2，而地球的供给能力仅人均 2.0hm^2。也就是目前全球人均生态赤字 0.4hm^2，全球的总生态占用为 13420.1 万 km^2，总生态承载力为 11207.4 万 km^2，全球生态赤字高达 2212.7 万 km^2，超出了地球承载力的近 20%。如果所假设的 12%的地球表面还不足以保护生物多样的话，那么人类的生态赤字将会更大，反映出全球的可持续发展形势已处于危机之中。

2. 中国的人均指标依次为 1.5hm^2、0.6hm^2、0.9hm^2，不仅存在生态赤字，而且因为人口规模大，所以总生态占用相当高，达 1804.6km^2。国家的生态占用，是一个表征潜在的生态脆弱性的指标，那些生态赤字较大的国家的资源消耗量已经超过了本国的资源再生能力，其结果就是加剧了环境恶化，或者将这种环境退化后果通过贸易转移到了其他国家或地区。一国的生态占用，表明了该国对于全球生态环境现状的贡献。若按总生态占用排序，中国的环境影响规模位居全球第二，排名第一的是美国，俄罗斯、印度、日本位列三、四、五位。

3. 美国居民人均生态占用 10.9hm^2，为全球之最，是全球平均水平(2.4hm^2)的 4.5 倍，而孟加拉国的最低，人均仅 0.6hm^2。人均生态占用可以反映一个国家居民的资源消耗强度，生态占用越大，资源利用越多，可能生活质量越高。新西兰、冰岛的人均生态承载能力最强，分别为 26.8hm^2 和 21.8hm^2，城市化水平最高的香港特别行政区和新加坡最低，为 0.0hm^2。实际生态承载力与生态占用进行比较的差值则表现为生态赤字或生态盈余。新西兰和冰岛的人均生态盈余最大，分别为 18.6hm^2 和 15.2hm^2；城市化水平最高的香港特别行政区和新加坡的人均生态赤字最大，分别为 6.3hm^2 和 6.2hm^2。

此外，在区域和城市层次上，渥太华、东京、伦敦等地分别也被当作案例加以研究，基本结论是：渥太华的人均生态占用为 5.0hm^2，其总生态占用是渥太华城市面积的 200 倍，东京都(包括东京都 23 区和神奈川县、千叶县)的生态占用为 4811.94 万 hm^2(仅仅计算了食物、森林和废弃物吸收)，是日本国土面积(3777 万 hm^2)的 1.27 倍。而全日本可居住的土地面积仅占其国土面积的 1/3(1255 万 hm^2)，因此，要养活东京的现有人口，需要 3.834 个日本；伦敦的总面积 15.8 万 hm^2，而考虑到其每年需要的燃料、氧气、水、食物、木材、纸张、塑料、玻璃、水泥、砖头、石料、沙子、金属、工业废弃物、家庭和商业废弃物、下水道污泥、CO_2、SO_2、NO_2 等在内的总生态占用为 1970 万 hm^2，是其面积的 125 倍，是英国国土总面积的 80.7%。此外，有关研究还估计了波罗的海沿岸地区 29 个城市的生态占用❶。这 29 个城市占波罗的海流域面积的 0.1%，但其生态占用则至少需要整个波罗的海流域的 75%至 1.5 倍的生态系统，至少是其城市面积的 565～1130 倍。区域和城市的生态占用核算表明，越是经济发达的地区，其生态占用越大❷。城市化的过程，也是城市占用城市外资源的过程。

---

❶ William E R. Revisiting Carrying Capacity: Area-Based Indicators of Sustainability [A]. Wackernagel M, ed. Ecological Footprints of Nations [EB/OL]. http://www.ecouncil.ac.cr/rio/focus/report/english/footprint/, 1996.

❷ Lower Fraser Basin Eco-Research Project. How sustainable are our choices [EB/OL]. http://www.ire.ubc.ca/ecoresearch/ecoftpr.html, 2000.

（四）评价

生态占用指标对可持续发展测度的最重要贡献在于其概念的形象性与理论思考的直观性。以往的可持续发展测度研究多侧重于考虑经济对环境的影响，生态占用则反其道而行之，考虑支持目前人类社会经济活动所需要的生态空间的大小。它将资源供给和消耗统一至一个全球一致的面积指标，使可持续发展的衡量真正具有空间可比性。通过相同的单位比较人类的需求和自然界的供给，测度的结果能够清楚地表明人类对生态环境的影响，使得我们能明确地判断现实与可持续发展的距离[1]。此外，用生态占用进行生物物理解释的结果更容易被人接受，而其他的指标（如土壤侵蚀率）则可能需要较多的技术解释才会被普遍接受。生态占用测度进一步测算了实际生态承载力并将之与生态占用进行比较，通过生态赤字或生态盈余这个指标，清楚地反映出国家或区域对于全球生态环境变化的贡献，是一种有效的可持续发展测度工具。这种全新的思考方式无疑为可持续发展的认识和测度开辟了一条全新的探索途径。

生态占用的政策含义是简明的。因为生态占用取决于人口规模、物质生活水平、技术条件和生态生产力。所以，生态占用指标至少暗示着：①控制人口增长速度以减少新增人口的资源消耗，这在资源贫瘠的地区更为重要；②提倡新式的生态生活方式和生态消费方式，减少资源消费；③通过循环利用、节能技术等措施，高效利用资源和生态服务；④要提高自然资源的生物生产力，也就是提高单位面积的生物产量或者生态服务功能。而要做到这一步，就必须爱护我们所赖以生存的自然资源。

生态占用指标还具有其他一些优点：资料取得相对容易，计算简单，结果直观，易于模型化，可做国际比较，也可做从个人、家庭、地区、国家乃至全世界各层次的测算，应用范围广阔，等等。总之，这是一个可操作性很强的非货币化的可持续发展测度指标。

正如其他测度方法一样，生态占用测度法也有自己的不足：第一，生态

---

[1] Wackernagel M., OnistoL., BelloP. National Natural Capital Accounting with the Ecological Footprint Concept [J]. *Ecological Economics*, 1999, (29).

占用测度只是衡量了生态的可持续程度[1]，强调的是人类发展对环境系统的影响及其持续性，而没有考虑经济、社会方面的可持续性，具有生态偏向性。因此作为可持续发展的测度指标不够全面。为弥补这一缺陷，研究者们企图将其他反映社会经济方面的指标如 GDP 等与其融合，使其相互补充，以全面反映可持续发展程度。第二，生态占用测度法是一种静态指标测度方法，无法反映未来可持续发展的趋势，不足以监测可持续发展变化的过程。对此，一些学者通过计算这一指标的时间序列值来追踪各个时点的可持续发展程度，如以 Helmut Haberl 为代表的研究小组 2001 年对奥地利 1926～1995 年长达 70 年的生态占用进行了度量，以补救生态占用静态指标的缺憾。第三，生态占用分析没有完全描述自然系统提供资源、消纳废物的功能，忽略了地下资源和水资源的估算[2]，也没有考虑污染的生态影响。这些简化处理可能会导致过于乐观的估计，Wackernagel 本人也承认这一缺陷[3]。对此，一些学者在分析干旱区生态时，正在把水资源的估算纳入生态占用的计算当中；还有一些研究正在考虑如何将环境污染造成的生态影响纳入生态占用的计算中。

总之，生态占用测度法在可持续发展的测度理论与方法上，向世人展示了一个新的视角，它的逐渐完善将有效地促进人类对于可持续发展的客观度量和监测。

五、人文发展指数

人文发展指数的使用，是与发展的文化观联系在一起的。20 世纪 70～80 年代，人们逐步对物本主义的发展观提出了怀疑，接受了人本主义的发展观。这一发展观强调人自身的发展，认为人文发展才是发展水平的真正标志。而

---

❶ William E Rees. Revisiting carrying capacity：are-based indicators of sustainability［OL］. http：//www. deoff. com/page110. htm of population and environ ment：a journal of International Interdisciplinary Studies，1997，17，(3).

❷ Mathis Wackernagel. Ecological footprint and appropriated carrying capacity：a tool for planning toward sustainability［D］. Ph D Thesis. School of Community and Regional Planning，The University of British Columbia，Canada，1999.

❸ Mathis Wackernagel，What we use and what we have：ecological footprint and ecological capacity［OL］. http：//www. rprogress. org/progsum/nip/ef/ef. projsum. html. 1999-09-22.

经济实绩和经济福利只不过是实现人文发展的条件和手段。自20世纪70年代初开始，一些学者陆续提出了一些人文发展的评价尺度，主要的有德雷夫诺斯基和斯科特的“生活水平指数”、麦克拉那罕的“发展指数”、莫里斯的“物质生活质量指数”等，而反响最大，应用最广的当属联合国开发计划署(UNDP)的“人文发展指数”❶。

(一) 概念与计算

人文发展指数简称HDI(Human Development Index)，在我国又被译作“人的发展指数”和“人类发展指数”，系联合国开发计划署(UNDP)在其权威性的年度报告《1990年人文发展报告》中首先使用的一个发展尺度。按照定义，人文发展乃是“扩大人们进行选择的范围”。人文发展指数就是将若干个人文发展标志的实际数值，通过数据处理，综合在一起，变换成一个介于0～1间的分值。以这个分值的大小作为评价一国发展水平高低的标准。由于人文发展的标志很多，不可能一一计入，依据其定义，所有发展水平上，对人们来说都有3个基本的选择，这就是：长寿与健康，获得知识，以及提高生活水准。所以UNDP在计算HDI时只选取了4个代表性指标描述以上3个基本选择：国民平均预期寿命(代表寿命变量)；成人识字率、综合入学率(代表知识变量)；按购买力平均价格(PPP＄)计算的人均GDP(代表收入变量或经济变量)。这4项指标加权合成为测算国家的人类发展状况的综合指数——人文发展指数(HDI)。HDI的计算所需数据容易获得，模型和计算方法都较简单。从1991年起，UNDP又对HDI作了几次修正，但基本的方法没有变化。

(二) 应用

依据人文发展指数(HDI)的高低，可将各国分为高人文发展水平国家(HDI＞0.8)、中等人文发展水平国家(0.8＞HDI＞0.5)、低人文发展水平国家(HDI＜0.5)。据联合国开发计划署公布的《人文发展报告2004》，2004年世界人文发展指数最高的国家是挪威，其人文发展指数为0.956，瑞典和澳大利亚分别居世界第二位和第三位。人文发展指数居世界前十位的国家依次还有加拿大、荷兰、比利时、冰岛、美国、日本和爱尔兰(见表7-6)。

---

❶ 金玉国等. 发展尺度的演进及其一致性研究 [J]. 统计研究，2000，7.

2004 年人文发展指数居世界前十位国家比较　　表 7-6

国家	人文发展指数(HDI)				预期寿命指数	教育指数	GDP 指数
	2004		2003				
	位次	HDI	位次	HDI			
挪　威	1	0.956	1	0.944	0.89	0.99	0.99
瑞　典	2	0.946	3	0.941	0.90	0.98	0.95
澳大利亚	3	0.946	4	0.939	0.90	0.99	0.94
加拿大	4	0.943	8	0.937	0.90	0.98	0.95
荷　兰	5	0.942	5	0.938	0.89	0.99	0.95
比利时	6	0.942	6	0.937	0.90	0.99	0.94
冰　岛	7	0.941	2	0.942	0.91	0.96	0.95
美　国	8	0.939	7	0.937	0.87	0.97	0.98
日　本	9	0.938	9	0.932	0.94	0.94	0.93
爱尔兰	10	0.936	12	0.930	0.86	0.96	0.98
中　国	94	0.745	104	0.721	0.76	0.83	0.64
世界(平均)		0.729		0.722	0.70	0.76	0.73
高人文发展水平国家平均值		0.915		0.908	0.87	0.95	0.92
中等人文发展水平国家平均值		0.695		0.684	0.70	0.75	0.63
低人文发展水平国家平均值		0.438		0.440	0.40	0.50	0.41

资料来源：http：//www. Stats. gov. cn/was40

2004 年世界人文发展指数为 0.729，比上年的 0.722 提高了 0.007 个百分点，其中中国的人文发展指数为 0.745，比上年的 0.721 提高 0.024 个百分点。中国人文发展指数增幅比世界人文发展指数平均增幅高出 1.7 个百分点，居世界的位次由上年的第 104 位上升到第 94 位，居世界中等人文发展水平。虽然已经略高于中等人文发展水平国家的平均 HDI(0.695)，但与高人文发展水平国家的平均 HDI(0.915)，特别是世界前十名国家的 HDI 相差较大。2004 年中国在预期寿命指数、教育指数和 GDP 指数 3 个分项指数方面与最高的国家相比：中国预期寿命为 70.9 岁，与日本相差 10.6 岁；中国的教育指数比挪威低 16%；中国的 GDP 指数比挪威低 35%。

HDI 的变化可以反映人文发展水平的变动趋势。在过去的近 30 年中，中国的 HDI 也有较大的增长，特别是 20 世纪 90 年代以来，中国的 HDI 显示出更大的增长趋势，排名也从 1990 年的第 110 位上升到 2004 年的第 94 位。从指标构成看，2004 年中国人文发展指数比上年提高 0.024 个百分点，主要是由于教育指数和 GDP 指数的较快增长。中国预期寿命指数与上年持平，都是 0.76；教育指数由上年的 0.79 增加到 2004 年的 0.83，提高了 5.1%；GDP 指数由上年的 0.62 增加到 2004 年的 0.64，提高了 3.2%。这表明，中国人文发展水平的提高主要是源于教育投资的增加及其经济的持续增长。

（三）评价

UNDP 指出的"人类发展"比单纯的经济发展的内涵广泛，据此构造的 HDI 提供了一个简明但多维的、比较性评价各国人类发展的方法，扩展了关于可持续发展的评价的讨论。

与经济福利指标相比，HDI 的优点主要体现在两个方面，一是能反映收入分配不公形成的两极分化对发展的负面影响；二是能体现财富的"破坏性"，如富裕导致的营养过剩与贫困导致的营养不良一样可以在 HDI 中的寿命变量上得以反映。由于 HDI 的上述优点，它在国际社会中迅速得到广泛的认同。从 1990 年开始，UNDP 的年度人文发展报告都以 HDI 作为各国发展水平排序的标准。

HDI 强调了人是一个国家的真正财富，国家的发展应从传统的以物为中心转向以人为中心。同时 HDI 将收入与发展指标相结合，说明人类在健康、教育等方面的社会发展是传统以收入衡量发展水平的重要补充，倡导各国关注人们生活质量的改善，这些都与社会可持续发展原则相一致。

但是，由于未能将那些可能对国家收入并进而对 HDI 有贡献的活动对自然系统的影响（即人类发展的代价）予以考虑，因而 HDI 忽略了其与自然资源开发和环境退化之间的联系。一些国家的 HDI 虽然取得了明显增长，但其发展不一定是可持续的。另外，人类健康、教育水平、生活质量是人类发展追求的 3 个基本目标，HDI 的指标间缺乏这 3 个目标之间的固有联系，指标构成也具有一定的随意性；而且 HDI 中包含的变量被认为很难用同一标准衡量。这是 HDI 的计算方法的弊端，但 HDI 从人的需求角度设计可持续发展测度指标的思维方式还是值得借鉴的。

第三节　本　章　小　结

本章讨论可持续发展的单一指标测度方法。

首先对可持续发展测度方法概述，说明从不同的研究角度，可持续发展测度方法有不同的分类方式。本文采用了单一指标测度方法和指标体系测度方法的分类方式，并说明通过指标研究可持续发展测度的特点与合理性。

单一指标测度方法也称综合性指标测度方法，是以一个综合性的指标来实现对可持续发展的测度。本章分别从经济、环境、社会 3 个层面讨论了多个具有代表性、且应用较广泛的可持续发展测度指标。

1. 本章详细论述了 EDP 指标的核算过程及其计算方法，并对这一指标的科学性与缺陷作出了分析与评价。

2. 本章在对国家财富指标定义的基础之上，讨论了其测度思路，并指出由于构成国家财富的 4 个组成部分各不相同，须以各自的特性为基础，寻找不同的测度途径。主要探讨了利用未来收益现值法计算人力资本和社会资本时存在的问题，并对国家财富指标作出了评价，指出其缺陷，说明这一测度方法仍有待于进一步完善。

3. 本章研究的第三个单一指标是真实储蓄。首先对真实储蓄指标的计算过程予以说明，其次分析说明真实储蓄是衡量可持续发展的一个片面的指标，讨论了其缺陷，并对真实储蓄的相对指标——真实储蓄率的理论意义提出了质疑。

4. 本章界定了生态占用指标的内涵，详细研究了其计算过程，通过实例对这一指标作出了评价，指明其政策含义，并说明了该指标的最大缺陷在于没有将地下资源和水资源的估算，及其环境污染造成的生态影响纳入到生态占用的计算中去，指明其尚待完善之处。

5. 本章最后研究了人文发展指数指标。介绍了其概念及其计算方法，并通过世界人文发展水平的变动趋势反映了世界可持续发展水平的变动。最后对该指标作出了评价，指出指标构成上的随意性，及其包含变量难以用同一标准衡量是这一测度方法的弊端。

第八章 可持续发展的测度方法之二
——指标体系测度法

我们已知道，可持续发展的测度主要有两种方法：单一指标测度方法和指标体系测度方法。单一指标测度方法在本书上一章中已详细论述，本章主要讨论指标体系测度方法：遵循可持续发展的整体思想，构造反映可持续发展各方面的指标体系。这样的指标体系中指标是松散的，它们在可持续发展的主题思想下聚合在一起，而后通过可持续发展的综合测算方法，将构成指标体系的各指标综合起来，最终形成一个可表达一时期可持续发展水平的综合性指标，实现具备可比性的可持续发展的整体性测度。

第一节 指标体系测度方法的选择

一、可持续发展测度的特性描述

（一）所需信息具有多样性

可持续发展所涉及的范围十分广泛，因此，要实现对它的测度必然需要诸多方面的信息作为基础。可持续发展包含了“发展”与“可持续性”两层含义，由此可知，从纵向来看，对可持续发展进行测度所需要的信息至少应包含如下两个层次[1]：第一个层次是能够反映发展的状况，这是对发展状况进行一般意义上的描述；第二个层次要能够反映发展的可持续性，诸如“代际公平”等应能得到反映。从横向考虑，测度可持续发展的信息涉及经济、生态和社会等领域，这是由可持续发展所包含的内容，及其可持续发展概念

[1] 邱东，宋旭光. 观念创新与政策实施之桥：现代可持续发展指标［M］. 北京：中国财政经济出版社，2002，129～263.

的外延范围所决定的，即可持续发展涉及经济、环境、社会、人口、科教和制度诸方面，要求经济可持续发展、生态可持续发展和社会可持续发展三者相互依存、相互促进，实现协调与统一。

此外，在实际操作过程中，不同发展水平国家的可持续发展测度标准有所不同。发达国家对发展的可持续性关注程度较高，而发展中国家必然要对目前的发展给予更多的重视。不同的测度标准对所需信息的偏向不尽一致，考虑到这一情况，测度可持续发展所需要的信息更具有多样性。

（二）所反映信息具有系统性

尽管测度可持续发展所需的基础信息很大，并且各具特征，但在可持续发展指标体系中，这些信息的分布并非杂乱无章，而是可按若干子系统划分。这些子系统各自独立，同时它们之间又具有密切的联系，在综合各子系统信息的基础之上对可持续发展的状况作出比较全面而恰当的描述。例如，经济子系统的信息可以反映一国或一地区经济发展的状况，说明为环境的保护和资源的开发提供资金和技术的情况，同时也反映为社会可持续发展提供的条件；环境与资源子系统是可持续发展的物质基础，优美适宜的生态环境与合理的资源利用可为人类的可持续发展提供有力的保障，其信息可以反映经济发展对环境造成的压力及对资源的损耗情况，对环境与资源子系统的描述则很好地反映了社会和经济可持续发展的前提状况；社会、人口、制度等子系统信息反映可持续发展的最高目标及实现途径与动力，社会子系统的质量是资源、环境、经济等子系统实现协调发展的关键，社会、人口、制度等子系统信息反映政治制度与分配机制、社会伦理道德与历史文化、社会环境因素以及人口的数量和质量等对经济和环境的可持续发展带来的影响。由此我们可以看出，各子系统的信息分别侧重于反映某个方面的可持续发展状况，各子系统之间又具有内在联系，这些信息共同形成一个反映可持续发展状况的系统。

二、单一指标测度方法的不足

我们知道，任何单一指标都是对客观事物的某一特征的一种度量，为了反映事物综合、整体的状况，指标还应采取一定的组合方式，才能集成地反映事物系统的特征，否则仅凭单一指标而完成对可持续发展这一复杂系统的完全描述将是困难的，对于可持续发展的完整测度终究存在困难，这是单一指标测度方法存在的致命的弱点。

基于核算体系所提供的基础性数据，并按照反映可持续发展信息的要求进行调整而得到的单一指标即总量指标，如生态国内产值指标。总量指标具有高度的概括性，因而能够简明扼要地反映所需信息，在可持续发展的测度中，总量指标是获得信息的常用手段之一。

在可持续发展测度研究的进程中，随研究的深入，我们发现总量指标仍有一些不足，这主要表现在两个方面：一是在总量指标反映信息时存在片面性与缺陷，如 EDP 这个指标作为衡量可持续经济增长的指标存在着片面性，即可持续经济增长“不仅考虑了 EDP 的增长(考虑了生产资本的消耗和自然资本的耗减与质量下降)，并且，还应考虑通过技术进步、自然资源的替代和勘探，以及消耗方式的转变，可以遏制自然资本耗减和质量下降的趋势”。显然可持续经济增长的概念范围与 EDP 这个指标的意义范围不同；且就自然资本的引入来看，货币化的测度方式在技术上的复杂和困难也会影响到指标值的准确性，造成指标缺陷。另一个不足之处是总量指标在测度方法上所存在的缺陷，这导致了总量指标无法充分地反映出可持续发展的信息：在加总的过程中，体系中的某些缺点被掩盖，而这些缺点对于判定整个体系所处的状况是至关重要的。也就是说，体系中很具体的问题在加总的过程中被忽略了，由此得到的指标值有可能造成体系状况的不准确判断。

利用原始数据计算各类指数，再通过数学模型将各指数组合生成一个单一指标，这样形成的指标称单项综合性指标，如人文发展指数指标。就目前的研究水平而言，这类指标确切地说只是衡量了某一领域的可持续发展状况，而对可持续发展的整体状况的反映还不能够满足要求；且这样专门用于可持续发展测度的单项综合性指标在形成的过程中缺乏从总体角度的系统性考虑，这就导致了构成指标的各指数之间没有紧密的联系。当我们对可持续发展的测度要求从某领域扩展至可持续发展概念所包含的整个系统，可持续发展指标体系则成为能够集成地反映被测度系统特征的有效手段。

三、指标体系测度方法的优点

就目前的研究进展而言，可持续发展指标体系不失为测度可持续发展状况的有效而被广泛使用的手段，其可取之处主要表现在以下几个方面：

（一）信息丰富：指标体系能够涵盖大量信息

由前文可知，单一指标测度方法不能满足测度可持续发展所需包含的信息量的要求。基于核算体系形成的单一指标的测算需要对产业和中间环节的大量原始数据的采集，且可持续发展的卫星账户的核算在理论上尚存在需要完善之处，这与对可持续发展进行测度的紧迫性相矛盾。此外，这样形成的单一指标只是对可持续发展的信息进行概括性反映，细节性信息没有得到描述。通过数学模型将各指数组合生成的单一指标只是衡量了某一领域的可持续发展状况，也无法满足测度可持续发展整体状况的需要。

同单一指标比较起来，指标体系所包含的信息量要大得多。可持续发展指标体系可以包含可持续发展系统的各个方面，且指标体系的数据来源并不局限于核算的资料，一部分数据可采集于专业统计资料，相对于账户核算，简化了统计实践的难度，增强了可操作性。同时，由多指标构成的指标体系能够全面地反映信息，从而有效地避免了遗漏细节信息的现象。

（二）指标体系具有良好的系统性

如前文所述，可持续发展指标体系由多个指标或指标群组成，这些指标或指标群的构成并非杂乱无章，而是遵循共同的可持续发展原则，而又相对独立地反映某些子系统的状况❶。每个子系统指标群对某一领域的可持续发展状况进行反映，所有的子系统指标群所提供的信息形成一个有机的整体，满足对于可持续发展内涵与原则的系统性反映。

第二节　可持续发展指标体系的结构模式分析

在1992年联合国环境与发展大会之后，各国际组织、各国政府和学术团体对如何测度可持续发展，即建立可持续发展指标体系问题日益关注，因为可持续发展指标体系的构造过程本身就是可持续发展进程的一部分，实用性和可操作性强的指标体系能够为决策者的管理和决策提供一个有效的信息工具。在讨论如何构造可持续发展的指标体系之前，有必要对各种可持续发

❶ 邓勇等．可持续发展指标体系研究现状与展望［J］．统计与预测，2003(5)：34～36．

展指标体系的结构模式作一个系统的分析，以便于参考。

一、驱动力—状态—响应指标体系模式

驱动力(Driving Force)—状态(State)—响应(Response)结构模式(简称DSR模式)是国际上最为流行的可持续发展指标体系模式。

DSR模式的框架基础是由加拿大政府最早提出、后由OECD和UNEP发展起来的压力(Pressure)—状态(State)—响应(Response)概念模型(PSR模型)。PSR概念模型中使用了原因—效应—响应这一思维逻辑构造指标，主要目的是回答发生了什么、为什么发生、我们将如何做这3个问题。随后，联合国可持续发展委员会对此加以扩展，形成了DSR概念模型。其中，驱动力指标用以表明那些造成发展不可持续的人类活动和消费模式或经济因素；状态指标用以反映可持续发展过程中的各系统的状态；响应指标用以表明人类为促进可持续发展进程所采取的对策。

1996年，由联合国可持续发展委员会(UNCSD)与联合国政策协调与可持续发展部(DPCSD)牵头，联合国统计局(UNSTAT)，联合国开发计划署(UNDP)，联合国环境规划署(UNEP)，联合国儿童基金会(UNICEF)和亚太经社理事会(ESCAP)参加，在"经济、社会、环境和机构四大系统"的概念模型基础上，结合《21世纪议程》中的各章节内容提出了一个初步的可持续发展核心指标框架，这一指标框架被称为可持续发展委员会可持续发展指标体系，即为DSR模式可持续发展指标体系，见表8-1所示。

联合国可持续发展委员会提出的可持续发展指标体系　　表8-1

分　类	21世纪议程	驱动力指标	状态指标	响应指标
社　会	第3章：消除贫困	—失业率	—按人口计算的贫困指标 —贫困差距指数 —收入不均基尼系数 —男女平均工资比例	
	第5章：人口动态和可持续性	—人口增长率 —净迁移率 —总生育率	—人口密度	

续表

分　类	21世纪议程	驱动力指标	状态指标	响应指标
社　会	第36章：促进教育、公众认识和培训	—学龄人口增长率 —初等学校在校生比率(总的和净的) —中等学校在校生比率(总的和净的) —成人识字率	—达到五年初等教育的孩子 —预期学龄 —男性和女性在校生比率的差异 —女性劳动力占男性劳动力的百分比	—教育投资占GDP的百分比
	第6章：保护和增进人类健康		—基本清洁：拥有适当排泄设备人口占总人口的百分比 —安全饮用水增加 —预期寿命 —出生儿正常体重 —婴儿死亡率 —产妇死亡率 —孩子营养状况	—儿童免疫接种人数 —避孕普及率 —食物中潜在有毒化学品监控的比例 —国家医疗卫生支出用于地方卫生保健的比重
	第7章：促进可持续人口居住发展	—城镇人口增加率 —人均机动车矿物燃料消费量 —自然灾害造成人口和经济的损失	—城镇人口百分比 —城镇的正式和非正式住宅的面积和人口 —人均洪灾面积 —房价与收入比率	—基础设施人均支出
经　济	第2章：加速可持续发展的国际合作和相关国内政策	—人均GDP —GDP中净投资所占的份额 —在GDP中进出口总额所占的百分比	—经环境调整的NDP —总的出口商品中制造商品所占的份额	
	第4章：消费方式的改变	—能源年消费量 —制造业增加值中自然资源密集型工业所占份额	—已探明矿产储量 —已探明矿物能源储量 —已探明能源储量可开采时间 —原材料使用强度 —GDP中制造业增加值份额 —可再生能源资料的消费份额	
	第33章：财政资源和机制	—资源转移净产值/GDP —无偿给予或接受的ODA总额占GDP的百分比	—债务额/GDP —债务服务/出口额	—环保支出占GDP的百分比 —新增或追加的可持续发展资金总额
	第34章：环境完全的技术转移、合作和能力的建设	—资本货物进口 —外国直接投资	—环境完好的资本货物进口份额	—技术合作转让

续表

分 类	21世纪议程	驱动力指标	状态指标	响应指标
环 境	第18章：淡水资源的质量保护与供给	—每年提取的地下水和地表水 —国内人均水消费量	—地下水的储量 —淡水中的杂质浓度 —水体中的BOD	—污水处理率 —水文测定网密度
	第17章：海洋、各种海域以及沿海地区的保护	—沿海地区人口增长 —排入海域的石油 —排入海域的氢和磷	—渔业最大可持续产出 —海藻指数	
	第10章：陆地资源的规划和管理	—土地利用的变化	—土地条件的变化	—分散型地区自然资源的管理
	第12章：管理薄弱的生态系统：防沙治旱	—干旱地区贫困线以下人口	—国家月度降雨指数 —卫星获取的植被指数 —受荒漠化影响的土地	
	第13章：管理薄弱的生态系统：可持续山区发展	—山区人口动态	—山区自然资源可持续利用 —山区人口的福利	
	第14章：促进农业和农村的可持续发展	—农药使用 —化肥使用 —灌溉可耕地的百分比 —农业资源使用	—人均可耕地面积 —受盐碱和洪涝灾害影响的土地面积	—农业教育
	第11章：森林毁灭的治理	—森林采伐强度	—森林面积变化	—森林管理面积的比重 —森林保护面积占总森林面积的百分比
	第15章：生物多样化保护		—濒危物种占全部物种的百分比	—保护面积占全部面积的百分比
	第16章：生物技术的环境完好管理			—生物技术R&D支出 —现有的国家生物的保护规章或准则
	第9章：大气层保护	—温室气体排放量 —氧化硫排放量 —氧化氮排放量 —耗损臭氧层物质的消费	—城镇周围废物浓度	—用于减少空气污染的支出

续表

分　类	21世纪议程	驱动力指标	状态指标	响应指标
环　境	第21章：固体废物及与污染有关的问题	—工业区和市政区废物生成量 —人均居民废物处理		—垃圾处理的支出 —废物再生利用 —市区垃圾处理量
	第19章：有毒化学品环境无害管理		—化学品导致的严重毒害	—禁止使用的化学品数量
	第20章：有害废物环境无害管理	—有害废物生成量 —有害废物进出口量	—有害废物污染的土地面积	—处理有害废物的支出
	第22章：放射性废物的安全和环境无害管理	—放射性废物的生成量		
	第8章：将环境与发展纳入决策过程			—可持续发展战略 —综合环境与经济核算的规划 —颁布对环境影响的评估 —可持续发展的国家委员会
制　度	第35章：可持续发展科学		—每百万人中拥有的科学家和工程师	—每百万人从事R&D的科学家和工程师 —R&D支出占GDP的百分比
	第37章：发展中国家能力建设的国家机制和国际合作			
	第38章：国际制度安排			
	第39章：国际法律手段和机制			—全球协议的批准 —全球协议的执行

续表

分　类	21世纪议程	驱动力指标	状态指标	响应指标
制　度	第40章：决策信息		—每百户居民电话拥有量 —容易得到的信息	—国家环境统计规划
	第23～32章：主要团体的作用			—国家可持续发展委员会中主要团体的代表 —国家可持续发展委员会中少数民族代表 —非政府组织对可持续发展的贡献

资料来源：United Nations. Indicators of Sustainable Development Framework and Methodologies. New York：United Nations，1996. 6～8.

由表8-1可知，DSR模式可持续发展指标体系突出了环境受到的压力与环境退化之间的因果关系，因此与可持续的环境目标之间的联系较密切。但对于社会和经济指标，这种分类方法不可能得到其所期望的因果关系，即在“驱动力指标”和“状态指标”之间没有逻辑上的必然联系。此外，有些指标是属于“驱动力指标”还是“状态指标”，界定也未必肯定与合理。根据查阅到的文献，随着UNCSD对可持续指标体系的修改，不少指标的属性也发生了变化：如在第36章中，“女性劳动力占男性劳动力的百分比”由响应指标转为状态指标；在第6章中，“拥有适当排泄设备人口占总人口的百分比”由驱动力指标转为状态指标；在第7章中“自然灾害造成人口和经济的损失”由状态指标转为驱动力指标；等等。这表明该指标体系框架存在着缺陷。此外，该指标体系所选取的指标数目庞大，且粗细分解不均，这些都是该指标体系框架需加以改进的地方。

1994年联合国统计局的彼得·巴特尔穆茨(Peter Bartelmus)对联合国的“建立环境统计的框架”(the Framework for the Development of Environment Statistics，缩写FDES)加以修改，不以环境因素或环境成分作为指标分类依据，而是以《21世纪议程》中的主题章节对指标进行分类，形成了一个可持续发展指标体系的框架FISD(Framework for Indicators of Sustainable Development)。表8-2是该指标体系指标的摘录。

联合国统计局提出的可持续发展指标体系摘录　　表 8-2

《21 世纪议程》的主要章节	社会经济活动、事件	影响和效果	对影响的响应	储量、存量和条件背景
经济问题 —可持续发展合作和相关的国内政策 —消费模式 —财政资源 —技术 —将环境和发展纳入到决策中	—人均净 GDP 的增长率 —生产和消费模式 —在 GDP 中投资所占的份额	—人均 GDP/EVA	—环保支出占 GDP 的百分比 —政府税收中的环境税和补贴的份额 —自 1992 年以来所给出和收到的新的或附加的环保支出	—人均 GDP —GDP 中制造业的贡献 —出口 —生产资本存量
大气和气候 —大气层的保护	—SO_2、CO_2 和 NO_X 的排放 —消耗臭氧层物质的消费	—城市周围SO_2、CO_2、NO_X 和 O_3 的浓度	—大气污染物削减支出	—天气和气候条件
固体废弃物 —固体废弃物和污染 —剧毒和有害废弃物	—废弃物的处理 —工业和市镇废弃物的产生 —有害废弃物的产生	—受剧毒废物污染的土地面积	—废物收集处理费用支出 —废物再循环率 —市镇废物处理 —单位 GDP 废物减少率	
机构支持 —科学 —能力建设 —决策结构			—与可持续发展有关的国际协定的批准 —EIA 的有无 —环境状态，指标和核算的有无 —可持续发展对策有无	—国家可持续发展委员会 —每百人电话线数

资料来源：UN Comission on Sustainable Development. Indercators of Sustainable Development. Framework & Methodologies. NewYork：UN，1996.

由于 FISD 是由 FDES 演变而来，而 FDES 又是由加拿大的压力—状态体系为基础发展而来，因此，FISD 在指标的分类上类似于驱动力—状态—响应模式：即社会和经济活动对应于“驱动力”；影响和效果，储量、存量及背景条件对应于“状态”；对影响的响应对应于“响应”。

同 UNCSD 提出的可持续发展指标体系一样，FISD 给出的指标数目较多且混乱，且在驱动力—状态—响应分类下的指标表达中，有的主题仅有响应指标，有的又仅有驱动力指标和状态指标等，显得缺少“章法”。

国内对这种可持续发展指标体系模式的关注也已经很充分，有很多可持续发展指标体系直接采用了 DSR 指标体系模式的设计思路。我们目前见到的有代表性的有：基于 DPSIR 模型的深圳市水资源承载能力评价指标体系(陈洋波等，2004)、土地可持续利用的系统特征评价(戴尔埠等，2002)、中国城市可持续发展指标体系(李莉等，2000)、沿海开放地区可持续发展指标体系(吴承业等，2000)、区域环境可持续发展指标体系(黄鹄等，1999)、上海市可持续发展指标体系(诸大建等，1999)、湖北区域可持续发展指标体系(赵愚等，1999)、中国脆弱生态区可持续发展指标体系(冷疏影，1999)、农业可持续发展指标体系(周海林，1999)，等等。

通过对驱动力—状态—响应可持续发展指标体系模式的分析，可以看到这种指标体系模式的优点在于可以系统地研究可持续发展测度问题，并且能够把可持续发展测度与可持续发展政策导向有机地联系在一起，且应用于环境领域可以很好地反映出指标之间的因果关系。但这种可持续发展指标体系模式存在的缺陷也较明显，即许多时候难以确定一个指标到底属于哪一类，指标数目庞大，对于经济和社会类指标反映不出指标间的因果关系，这降低了其可操作性。

二、菜单型指标体系模式

可持续发展涉及经济、环境和社会等各个领域，菜单型指标体系模式以菜单的形式列示各领域的可持续发展问题，由反映可持续发展各领域的若干指标构成指标群，将可持续发展问题按涉及领域分成若干个子系统来研究。由于对可持续发展系统的看法不同，菜单的层次设计也有差异。一般的，可将菜单型的指标体系归成以下几个小类。

(一) 平行式

平行式菜单式指标体系模式通常先把可持续发展问题按子系统分解，然后再来测度每个子系统的可持续发展状况，指标的选择也是以子系统为单位进行的。

朱启贵根据可持续发展的理论和《中国 21 世纪议程》对于中国可持续发展评估指标体系的研究成果是这种模式的代表，图 8-1～8-4 是该成果给出的指标体系❶。

---

❶ 朱启贵. 可持续发展评估［M］. 上海：上海财经大学出版社，1999.

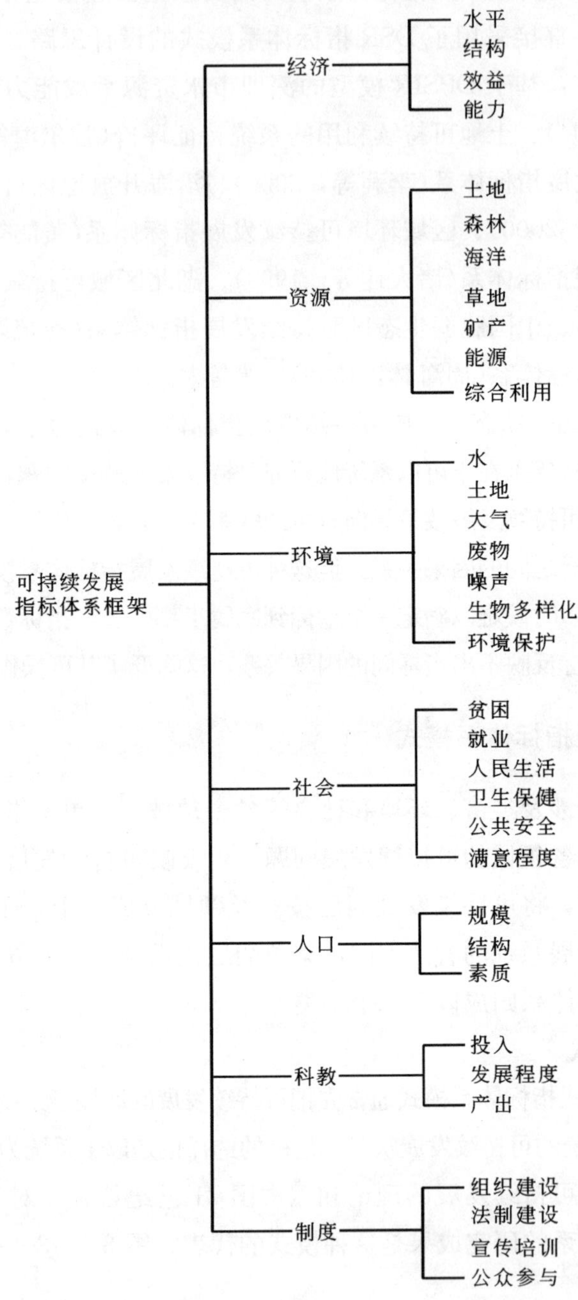

图 8-1　可持续发展评价指标体系框架

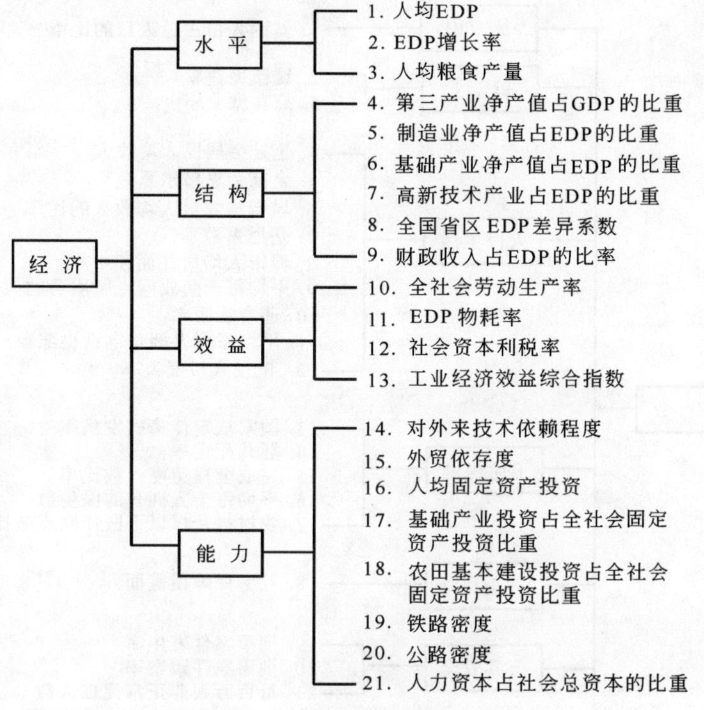

图 8-2 经济领域子指标体系

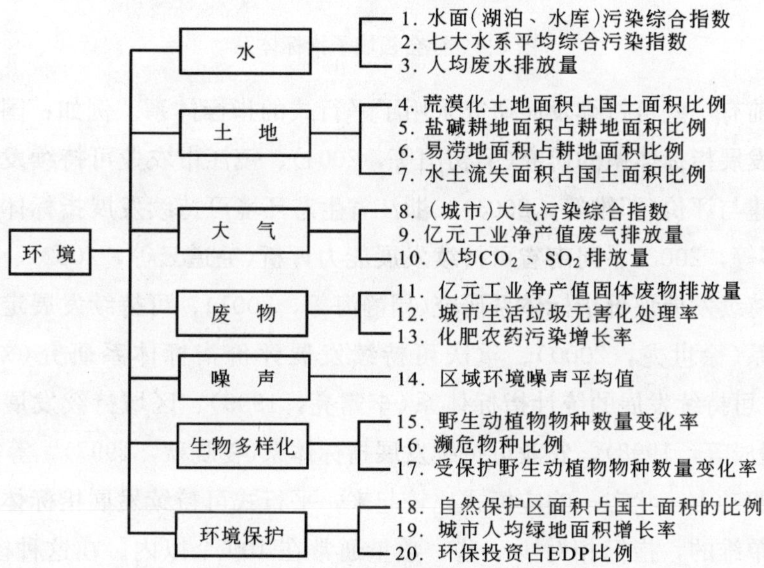

图 8-3 环境领域子指标体系

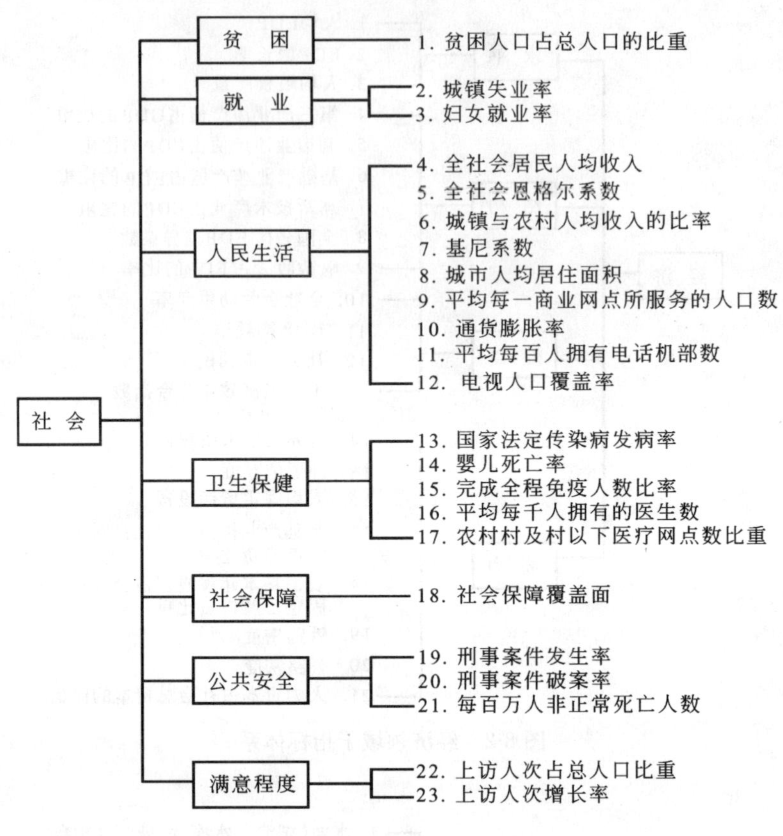

图 8-4 社会领域子指标体系

目前有一些可持续发展研究采用了平行式的指标体系。例如：国土资源可持续发展指标体系的研究(吴初国等，2004)、镇江市农业可持续发展指标体系构建与评价(邓维等，2004)、浙江省生态环境可持续发展指标体系的建立(赵多等，2003)、河南省可持续发展能力评析(毛道云等，2002)、小城镇建设可持续发展评价指标体系研究(周静海等，2001)、可持续发展定量评价指标体系(徐世龙，2000)、重庆可持续发展评价指标体系研究(刘洪彪，1999)、可持续发展的统计指标体系(李露亮，1999)、区域持续发展指标体系(秦耀辰等，1998)、农业可持续发展指标体系(姜晓秋，1997)，等等。

与驱动力—状态—响应模式比较起来，平行式可持续发展指标体系模式明显是单维的，指标相对少一些，数量通常在 100 个以内。在这种模式下，可持续发展测度指标的层次更加清晰了，但存在的问题是对各子系统的划分比较主观，不同的研究者从未在应划分成几类子系统以及是哪些子系统上达成共识。此外，子系统的权重，子系统间的信息重叠也是这一可持续发展指标体系模式存在的问题。

（二）垂直式

垂直式的可持续发展指标体系模式认为应把可持续发展问题纵向分开，即需要测度的是可持续发展的发展水平、发展能力与协调能力。如图 8-5 所示。

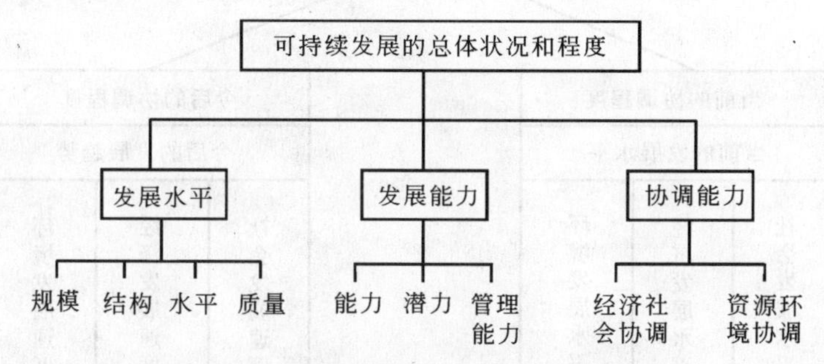

图 8-5　垂直式可持续发展指标体系举例

可以归入此类的可持续发展指标体系主要有：中国区域水资源可持续利用评价及类型划分（刘毅等，2005）、农业生态环境可持续力评价概述（王瑾等，2002）、江苏省可持续发展的实证分析（尚卫平等，2001）、南京市可持续发展评价指标体系（凌亢等，2000）、城市交通可持续发展评价指标体系（樊建林，1999）、煤炭工业可持续发展评价指标体系（宋绍峰，1999）、城市可持续发展指标体系（凌亢等，1999）、工业可持续发展评价指标体系（朱云梅等，1999），等等。

垂直式可持续发展指标体系模式更加注重对可持续发展的发展能力及协调能力的测度，因此将它们单列出来，这是这一模式的特点。

（三）空间式

这种体系模式认为不同的区域应该有不同的可持续发展目标，而总的可持续发展目标必须反映这种层次性的空间结构。根据这个思想，要对本区域以及区域内的子区域设计不同的可持续发展指标体系，并根据这两方面的信息确定总的可持续发展程度。

这种思路比较另类，相应的研究成果也不多，比较典型的研究可以参见黄思铭等人对云南省可持续发展指标体系的研究❶。

(四) 时间式

与空间式的指标体系结构相对应，有学者强调应从可持续发展的代际关系入手来构建可持续发展指标体系❷。他们认为，测度可持续发展的程度，应首先分成当前和今后两个部分来研究，如图 8-6 所示。

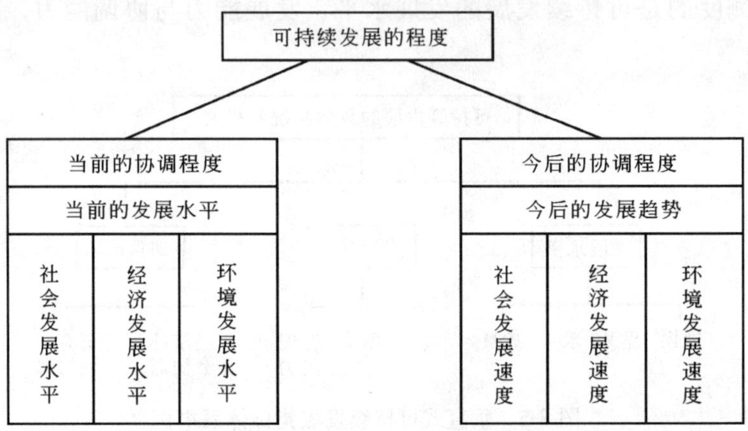

图 8-6　“时间式”可持续发展指标体系的概念框图

这种时间式可持续发展指标体系模式从目前来看还只是一个理论上的尝试，它用发展速度来描述代际之间的可持续发展不很准确，在理论上还需要进一步的考虑。

三、专题型指标体系模式

专题型指标体系并不像菜单型指标体系那样面面俱到，而是先选取本国或本区域可持续发展的关键领域和关键问题，在每个领域或问题下设计具体指标来构造指标体系。专题型可持续发展指标体系模式中以英国可持续发展指标体系最有影响。

1994 年英国政府成立了一个部际间的工作组来研究并提出了一个专题型指标体系，如表 8-3 所示。英国的可持续发展指标体系框架的设计 是以《我

❶ 黄思铭. 可持续发展的评判 [M]. 北京：高等教育出版社，2001，54～58.

❷ 叶文虎. 可持续发展的衡量与指标体系 [J]. 世界环境，1996(1)：8.

英国可持续发展指标体系 表 8-3

分类	关键目标和问题	关键指标
经济	促进经济的健康发展，即不但满足人们的需求，还要改善环境质量，从而进一步保护人类健康和自然环境 当前经济增长 消费 投资 人类健康	国内生产总值 经济结构 GDP 的支出构成及个人储蓄 消费者支出 通货膨胀 就业 政府借贷和债务 治理污染支出 婴儿死亡率 预期寿命
运输	使服务于经济发展能力，与保护环境和维持生活质量的能力之间取适当的平衡 使用污染最小且实用的运输方式、运输工具的有效利用	汽车使用和旅客总人数 短途旅行 交通成本的实际变化 货运量
闲暇与旅游	在休闲的地方保持环境质量以留给后代人欣赏，这是英国对游客具有吸引力的一个重要因素，因此应在保护自然资源的同时使之对参与休闲活动的人们的生活质量有所贡献，并使旅游业的经济贡献最大化	休闲旅行 航空旅行
海外贸易	确保英国的活动尽可能对英国和其他国家的可持续发展作出贡献	英国的进出口贸易
能源	以有竞争力的价格确保能源的安全供应。使能源利用的负效应降低到可接受的水平。通过提高能源效率，促进消费者以较少的能源投入来满足其需求 不可再生资源的耗竭 带来经济效益的燃料消耗 能源使用引起的污染/影响 能源效率	化石燃料的消耗 核能和可再生燃料的能量 一次能源和终端能源的消费 能源消费和产出 工商部门的消费 交通运输的能源使用 居民能源使用 实际燃料价格
土地的利用	平衡对有限可利用土地的竞争性需求 发展(特别是住房)增加了对土地的需求 维护重要的和有生命的城镇中心	城市发展所占用的土地 家庭成员数 城市发展使用土地的再利用 土地休耕和开垦 道路建设 城外零售场所 定期旅行 土地再生的支出 城区的绿地

续表

分 类	关键目标和问题	关键指标
水资源	在维护水生环境并鼓励有效利用水资源的同时，确保可获得充足的水资源以满足消费者的需求 水资源/供应 水的消费 抽水的影响	许可的抽取量和有效降雨 低径流量的缓解 被利用的抽取量 公用水的抽取量 公用水的需求和供应 喷洒灌溉的抽水量
林业	以维持森林的环境质量和生产潜力的方式经营 保护原始的半天然森林 新的、处于环境经营下的森林开发林木的健康	森林覆盖 木材生产 原始的半天然林地 林木的健康 森林的经营
渔业资源	防止对渔储量的过度开发的渔业经营	渔储量 最低的生物的可接受标准(MBAL) 渔获量
气候变化	限制可能导致全球变暖和气候变化的温室气体的排放 全球排放 英国的作用	全球温室气体辐射强制速率 全球温度的变化 温室气体排放 发电站二氧化碳的排放
臭氧层耗竭	限制造成平流层臭氧耗损的物质的大气排放 全球排放 英国的作用	计算出的氯负荷 测量臭氧耗损 臭氧耗损物质的排放 氯氟烃(CFCs)的消费
酸沉降	限制酸排放和保证对土地的适当管理	超过暂定的酸性临界负荷的程度 发电站二氧化硫和氮氧化物的排放 交通运输工具的氮氧化物的排放
空 气	控制空气污染以减少对自然生态系统、人类健康和生活质量产生的负效应 城市空气质量 光化学污染	臭氧的浓度 氮氧化物的浓度 颗粒物的浓度 挥发性有机化合物的排放 黑烟排放 铅排放 削减空气污染的支出
淡水质量	维持和改善水质量和水生环境 地表水和地下水质量 污染控制 废水处理 水的再生利用	河流质量(化学和生物的) 河流和地下水中的硝酸盐 河流中的磷 河流和地下水中的农药 污染事故 污染的防治与控制 水抽取、处理和分配的支出 污水处理的支出

续表

分 类	关键目标和问题	关键指标
海 洋	控制向海洋的人为倾倒 海洋及港湾的水质量 污染的控制	港湾的水质量 主要污染物的浓度 鱼体内的污染物 污染物的倾倒 石油溢出和操作性排放
野生生物栖息地	尽可能合理地保存英国多样性的野生生物物种和栖息地，确保对商业化的物种开发以某种可持续的方式进行管理 栖息地的范围和质量 主要物种的种群和区域	本国的濒危物种 鸟类孵化 在半改良草地中植物的多样性 白垩质土壤草地的面积 灌木树篱内植物的多样性 栖息地的破碎 湖泊和池塘 溪流地带植物的多样性 哺乳动物的分布 蜻蜓的分布 蝴蝶的分布
土地覆盖和景观	保护乡村的自然景观和具有环境价值的栖息地，同时维持高质量食品和其他产品的有效供应 农村土地的覆盖 具有环境价值的景观和栖息地的保护 农业生产率 氮肥和农药的使用 土地管理	农村土地覆盖 划定和受保护的地区 对划定和受保护地区的破坏 农业生产率 氮肥的使用 农药的使用 特色风景线的长度 受到环境管理的土地
土 壤	保护土壤，将其作为一种用于食品和其他产品生产的有限资源，及一种生命有机体的生态系统	土壤质量 表土中的重金属
矿物开采	尽可能地保存矿物、同时确保适当的供应，使废物的产出最小化，并鼓励有效利用矿物，使由矿物开采造成的环境损失最小化，并防止划定的地区被开发 资源的耗竭 废物的回收利用 开采(包括化石燃料矿物) 矿物开采后的景观的恢复	产出总量 废物总量 地上采矿工作区 复原/经过调整的土地 采矿工作区的再利用 从海洋中开采的总量
废 物	使废物的产出最小化，使废物得到最有效的利用，以及使用废物的污染最小化 废物的产出 废物的回收利用 能量再生利用 废物的最终处置	家庭废物 工业和商业废物 特殊废物 家庭废物的回收利用和堆肥 物资的回收利用 来自废物的能源 需填埋的废物

续表

分　类	关键目标和问题	关键指标
放射性	避免放射性废物在非必要情况下发生；保证不对英国公众过多的释放或超计量辐射，对放射性废物进行管理和处理；并确保废物在适当时间以适当的方式安全地处置 常规允许释放的影响 放射性废物的产生和处置	辐射暴露 核装置和核电站的释放 放射性废物的产生和处理

资料来源：Department of the Environment of UK. Indicators of Sustainable Development for the United Kingdom. London：HMSO Publications Centre，1994，7～8.

们共同的未来》中关于可持续发展定义为基础的。这一非常概括的定义被扩展为四大目标：第一，必须保持经济健康发展以提高生活质量，同时保护人类健康和环境；并且在英国及海外，所有部门的一切参与者都应支付他们决策的社会和环境的全部成本(包括经济、运输、闲暇与旅游、海外贸易 4 个方面)。第二，不可再生资源必须优化使用(包括能源、土地的利用两个方面)。第三，可再生资源必须可持续性地利用(包括水资源、林业、渔业资源 3 个方面)。第四，必须使人类活动对环境承载力所造成的损害及对人类健康和生物多样性构成的危险最小化(包括气候变化、臭氧层耗竭、酸沉降、空气、淡水质量、海洋、野生生物和栖息地、土地覆盖和景观、土壤、矿物开采、废物、放射性 12 个方面)。

专题型指标体系模式的特点是在每一个大目标之下将所认为的关键问题通过分组而归纳在一起，但没有惟一的最佳分组方式。不管采用什么方法，问题之间都存在部分重叠，使得被选择的分组之间产生交叉，且该框架的分组和问题的排列顺序并不遵循任何特别的规律。

第三节　可持续发展指标体系的构建

一、指标体系理论

“体系”的一般含义是：一个由某种有规则的相互作用或相互依赖的关系统一起来的事物的总体或集合体；一种由发展或事物的相互联系的性质所

形成的各部分的自然结合或组织；一个有机的整体。由此不难推出指标体系的概念：所谓指标体系就是由一系列相互联系、相互制约的指标组成的科学的、完整的总体。指标体系有如下几个特点：

(1) 目的性。任何指标体系的设计，都是为了一定目的、一定需要服务的。例如可持续发展指标体系的设计是为给决策者和公众提供一个了解和认识可持续发展进程的有效信息工具，为管理和决策服务，因此整个指标体系就应很好地体现出可持续发展的内涵和宗旨，紧紧地把握住可持续发展的原则。按这一思路设计的可持续发展指标体系才能真正体现其目的性。因此，没有明确的目的把握，就难以设计出有效的指标体系。

(2) 理论性。指标体系的设计，都以一定的理论观点作指导。例如，在探讨可持续发展指标体系时，有人仅以生态环境建设方面的指标来说明可持续发展；有人用经济、社会、环境、资源、科教、制度建设等指标来描述可持续发展状况。它们之间的区别，并非设计的具体指标上的不同，而是设计的理论观点和指导思想上的差异。前者的指导思想是："可持续发展就是保护和加强环境系统的生产和更新能力(国际生态联合会和国际生物科学联合会)"，后者是"可持续发展应以经济、社会、环境协调发展为宗旨，并将资源的永续利用及良好的生态环境作为可持续发展的标志"。这说明，理论观点不同，设计指标思想不一样，设计出来的指标体系就会有很大的差异。任何指标体系的设计，不是有无理论指导的问题，而是理论指导科学不科学、明确不明确的问题。没有科学的、明确的理论指导，就不可能设计出好的指标体系。

(3) 科学性。指标体系的设计，应该符合客观实际、符合已被实践证明了的科学理论。因而可持续发展指标体系的设计也应正确地把握住可持续发展科学的、准确的含义，只有正确地把握住可持续发展的科学的理论，才能够构筑科学的指标体系。一切不符合实际、不符合科学理论的设计，都不能算是科学的指标体系设计。

(4) 系统性。指标体系的设计，应该使选用的所有指标形成一个具有层次性和内在联系的指标系统。对于可持续发展这样大的研究课题，指标可分为许多层次，但不管层次多少，各指标之间和各层指标组之间，都应具有内在联系，共同形成一个有机的系统。任何科学的指标体系都应具有很强的系统性，而没有任何游离于系统之外的孤立的指标。

二、构建可持续发展指标体系的指导思想及基本原则

(一) 构建可持续发展指标体系的重要性

建立衡量可持续发展的指标体系，是一项极其重要的基础性工作。从理论上它关系到建立健全有关资源和环境的法制体系、将资源与环境成本纳入国民经济核算体系、追求“有增长也有发展”的经济发展等；在实际中它与对资源的掠夺性开采和破坏、对环境的严重污染等问题直接相关联。运用可持续发展指标体系，可以评价和监测可持续发展的状态和可持续发展的程度，有利于解决那些威胁到人们健康甚至生存的问题，及其建立发展的可持续性根基。

一般来说，建立可持续发展指标体系的重要性体现在以下几个方面：①通过建立可持续发展指标体系，构建评估信息系统，对某一区域的可持续发展状况进行评估，为管理决策提供依据。②通过定量评价某一区域可持续发展总体水平，监测和揭示该地区经济、环境、社会发展过程中的问题，分析问题产生的原因，采取对策，可以促进本区的可持续发展。③利用指标体系引导当地政府贯彻可持续发展思想，能够督促、引导完成其自身的发展规划和可持续发展的基本目标。④能够进行国际间、地区间、部门间可持续发展水平的评价与比较，从比较中找差距和薄弱环节，并分析落后的原因。⑤能够进行本地区发展走向与发展趋势的分析，利用预测手段制定本区可持续发展战略和规划，以进行有效的宏观管理。

(二) 构建可持续发展指标体系的指导思想

建立可持续发展指标体系的总的指导思想是对于可持续发展含义及其特征的界定及理解。可持续发展并没有统一的定义，但已被学术界的大多数人所接受的可持续发展内涵应体现可持续、共同、公平的原则，应包含生态可持续、经济可持续和社会可持续的内容，既关注人类社会与自然界的协调与和谐，也注重人类社会本身的公平与进步。

1. 可持续发展的核心是发展

可持续发展的核心是什么？这是我们正确认识和理解可持续发展的关键所在。可持续发展鼓励经济增长，它是国家实力和社会财富的体现，它不仅

重视增长数量，而且要求改善质量，优化配置，节约资源，降低消耗，减少废物，提高效率，增加效益，改变传统生产和消费模式，实施清洁生产和文明消费。经济发展是实现可持续发展的根本保障，经济高速发展中出现的人口、资源、环境问题必须在发展中解决，用停滞发展、限制发展的消极观点来谋求资源的持续利用和生态环境的改善是与可持续发展观中强调经济发展是可持续发展的核心内容相悖的。

2. 可持续发展的重要标志是资源的永续利用和生态环境的改善

可持续发展涉及的范围广、问题多，可持续发展战略的实施将会引起一系列社会行为、形态的变化。但是它的标志是明确的，即它不是走单纯的经济发展道路，而是在资源永续利用和保护环境的条件下，进行经济建设和发展各项社会事业。因此，保护好人类赖以生存与发展的生命支持系统要素——大气、淡水、海洋、土地、森林、矿产等，保护生态系统的完整性，保护生物多样性，保护自然资源，保证以可持续方式使用可再生资源，使人类的发展保持在地球承载力之内，预防和控制环境破坏和污染，积极治理和恢复已遭破坏和污染的环境，是实现可持续发展的途径。没有资源的永续利用和良好的生态环境，经济与社会的发展将是暂时的、脆弱的、不能持久的。从某种意义上说，经济可持续发展是社会发展具有可持续性的基础，资源的永续利用是经济可持续发展的基础，生态环境的保护与改善是资源可持续利用的基础。

3. 可持续发展的主体是社会发展系统

可持续发展的主体是人类生态系统还是经济系统、环境系统？这个问题从来没有明确的答案。我们认为可持续发展的主体是整个社会发展系统。可持续发展的目标是实现社会发展系统的可持续性。这要求既要考虑当前发展的需要，又要考虑未来发展的需要，不以牺牲后代人的利益为代价来满足当代人的利益和发展。可持续发展以改善和提高人类的生活质量为目的，促进社会进步。为此，它强调控制人口增长，提高人口质量；消除贫困和两极分化现象；谋求长期发展战略与社会价值和习俗相一致，取得社会的公平与公正和文化的多样性。

4. 可持续发展必须重视能力建设

可持续发展是在一定水平上受能力驱动的复合巨系统，水平仅反映系统的状态，能力才是系统发展的动因。所以实施可持续发展战略应十分重视能力建设，不能为追求暂时的发展而忽视甚至削弱能力建设。积极增强科技、教育、管理等可持续发展能力，走与可持续发展思想相统一的发展道路。

（三）构建可持续发展指标体系的基本原则

1. 科学性原则

指标体系一定要建立在科学基础上，能充分反应可持续发展的内在机制。指标的物理意义必须明确，测算方法标准，统计计算方法规范，具体指标能够反映可持续发展的含义和目标的实现程度，这样才能保证测度结果的科学性、真实性和客观性。

2. 全面性原则

指标体系必须能够全面地反映可持续发展的各个方面，既要有反映经济、社会、人口、环境、资源、科技各系统发展的指标，又要有反映以上各系统相互协调的指标。

3. 动态性原则

可持续发展既是一个目标，又是一个过程，在一定时期应保持相对的稳定性，这就决定了指标体系应具有动态性。动态指标综合反映可持续发展的趋势和现状特点。

4. 可比性原则

指标尽可能采用国际上通用的名称、概念与计算方法，做到与其他国家或国际组织制定的可持续发展指标具有可比性；同时，也要考虑与历史资料的可比性问题。

三、可持续发展指标的选择

可持续发展是一个复杂的系统过程（赵玉川，2000），经济、社会和环境等方面的协调发展是可持续发展的基础。可持续发展系统不仅仅论及经济可持续、环境可持续和社会可持续的问题，还着重从三维结构复合系统的观点将经济、社会和资源环境不可分割地结合在一起，构成以人为中心的复合系统。如图 8-7 所示：

在选择可持续发展指标时，首先需要做的是对整个系统有一个概念性的理解。虽然试图对可持续发展系统做出完全的理解十分困难，但至少应当对

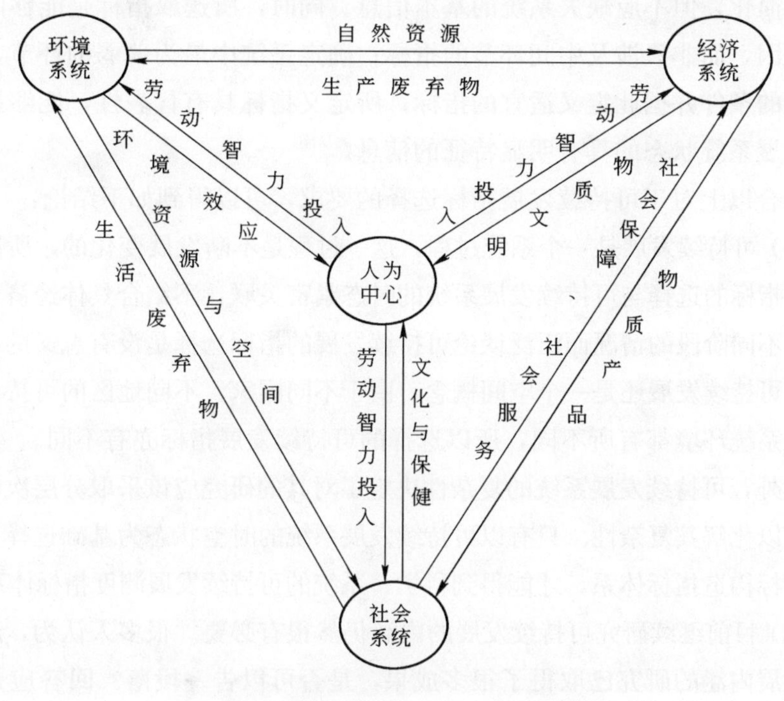

图 8-7 可持续发展复合系统循环图

总系统与其各个子系统、各个子系统之间的关系有清晰的认识，只有在这个基础上，建立指标体系的工作才能顺利进行。可持续发展系统是由若干个子系统组成的，各子系统的整体的综合协调程度决定着由其所组成的总系统的可持续性。而且，如果继续划分的话，这些子系统又各自拥有自己的子系统，从而使所研究的系统层次更加复杂。因此，建立在对可持续发展复杂系统理解基础之上的对可持续发展系统状态的准确把握，是可持续发展系统指标选择的依据。在实际操作过程中，人们往往由于对于可持续发展复杂系统的理解不同以及关注的侧重点不同，造成指标选择的结果及其指标体系构造上的差别。

很明显，对于可持续发展系统的某个具体层次的某一具体问题，有可能有若干个待选的指标都是合适的。如何进行指标的筛选？所遵循的最基本的原则是：在保证所需信息没有缺失的条件下，使用尽量少的指标。也就是说，对我们所需要考虑的各层次子系统以及由其构成的整个系统的指标体系应尽量简化，但不应缺失系统的基本信息。同时，所选取指标是能够阐明最根本原因，而非只涉及中间环节的指标；确定系统中最为薄弱的环节，而非较优越的条件并据此定义适宜的指标；所定义指标具有代表性，能够提供可持续发展系统状态的具有明显特征的信息。

综合以上对于可持续发展指标选择的要求，可以得到如下结论：

(1) 可持续发展是一个系统过程，这一过程是不断发展变化的，所以可持续发展指标的选择与可持续发展系统的时态紧密关联，不结合具体经济、社会发展的不同阶段的情况而泛泛谈论可持续发展的指标选择是没有意义的。另一方面，可持续发展还是一个空间概念，由于不同国家、不同地区的可持续发展系统及系统环境都有所不同，所以选择的可持续发展指标亦有不同。

此外，可持续发展系统的复杂性决定了对其的研究应该采取分层次的研究方法，以化解其复杂性。只有以可持续发展系统的时空状态为基础选择可持续发展指标构造指标体系，才能得到科学、系统的可持续发展测度指标体系。

(2) 目前继续研究可持续发展的内涵仍然很有必要。很多人认为，对于可持续发展内涵的研究已取得了很多成果，是否可以告一段落？回答应是否定的，正如我们一直强调的那样，可持续发展的测度研究建立在可持续发展的内涵研究的基础之上。可持续发展系统的科学内涵广泛而复杂，且对其的理论探讨远未结束，完全把握其科学、准确的含义决非一件轻而易举的事情。对可持续发展系统状态的准确把握建立在对可持续发展系统内涵的理解基础之上，而前者正是可持续发展系统指标选择的途径。因此，没有对可持续发展内涵的完全而准确的理解，就很难设计出科学而准确的指标体系，甚至还有可能造成“失之毫厘，差之千里”的谬误结果。

(3) 在可持续发展指标选择的过程中，要准确界定数学方法的作用。可持续发展指标选择属于定性分析，而数学方法对于定性分析帮助不大，只能在其中的具体问题上有所应用。可持续发展指标选择显然应该用定性的判断来把关，不同的研究者对于可持续发展内涵的理解及其系统状态的把握将决定可持续发展指标选择的最终结果。从这一角度讲，可持续发展指标选择的过程中经验性因素起到了一定的作用。

目前，在可持续发展指标的选择范围和选择内容上，存在着两种偏差：第一种是使命题泛化，任意扩大指标选择范围；第二种是指标选择随意化，任意构造指标体系。

第一种：认为可持续发展内涵通用于一切事物，包揽万物，因此将凡是与可持续发展有关联的事物都纳入其测度范围之内，指标体系像“滚雪球”一样不断扩充，大有包罗万象之势。有的可持续发展研究在指标设计时，将社会腐败等亦列入内，扩大了可持续发展命题的内涵和外延。可持续发展的中心议题是人类社会与自然界的协调发展的关系，涉及人类社会，但是其立意于社会生产方式。的确，社会体制对可持续发展具有至关重要的作用，但是由于这些因素不直接涉及人与自然界的关系，又因为它们难以数量化，更无法货币化，一般将这些因素放在系统环境内予以考虑为宜；而在具体分析可持续发展系统的变化机制和社会的“反应”时，可将这些系统环境因素纳入分析框架。这种做法既保持了可持续发展指标选择的相对独立性，不至于受到过多旁枝末节因素的“干扰”，又不影响分析的深度。可持续发展指标体系与社会指标体系有所区别，不能把那些与可持续发展原则无关的纯粹的社会性指标列入可持续发展指标体系内，至于可持续发展指标选择所设置的指标数量，则以研究目的和政策需求以及测度的客观条件的允许程度为准。但是，将可持续发展理论或指标选择的范围任意扩大，势必混淆系统与系统环境的界限，模糊主要议题，对其理论和指标研究都是不利的。

第二种：只根据现有的数据，随意选择一些指标构造可持续发展的指标体系，甚至舍弃一些环境或科技等方面的关键指标，使整个指标体系残缺不全，支离破碎。其本意是因为现有的基础数据缺乏，故因繁就简，避免在实际测度时，由于原始数据的缺乏而无法进行。这种做法片面强调统计的实用性，因繁就简，偷工减料，随意拼凑出指标体系，这样的指标体系也就犹如散沙一堆，漏洞百出，必然极大地妨碍可持续发展测度的系统性和科学性。

总之，指标选择是一项严肃的工作，需要在科学的理论指导下设计指标，得以完成。

四、对可持续发展指标体系建设的评论

（一）对国外可持续发展指标体系研究的评论

1. 注重指标间的联系

随着对可持续发展内涵及其指标体系的深入研究，人们认识到可持续发展指标体系并不仅仅局限于机械地阐述可持续发展大系统中的单个元素，所构建指标体系也绝不仅仅是各子系统指标松散的、机械的合成，而是紧紧把握住可持续发展的内涵和原则，力图反映指标间内在联系的有机综合。这一点在国外可持续发展指标体系研究中非常突出。如联合国可持续发展委员会提出的“驱动力—状态—响应”模式，按照原因—效应—响应这一思维逻辑构造指标，使原本松散的指标之间具有整体逻辑关系。环境科学委员会SCOPE提出的指标体系也反映了人类活动与环境相互作用的概念。

2. 多层面，综合性

国外的可持续发展研究最初主要集中于环境领域，建立的可持续发展指标体系也以反映环境的可持续发展为集中点，对社会、人口、科技等领域的反映不足，存在“重环境、轻人文”的弊端。如OECD起初建立的“压力—状态—响应”可持续发展指标体系，仅仅反映了环境的可持续发展。该指标体系框架后被扩展，将反映经济、社会等领域的指标也加入在内，克服了“重环境、轻人文”的弊端，成为多层面、综合性的可持续发展指标体系。可持续发展的复杂性特点决定了需要对其进行多层面、综合性的研究，这一点在其他组织后来提出的指标体系中已体现出来，如联合国可持续发展委员会提出的可持续发展指标体系包括社会、经济、环境、制度等方面，英国的可持续发展指标体系包括经济、社会、资源、环境等方面，等等。

3. 重描述，轻评价

国外的可持续发展统计指标体系中，描述功能始终是基础，如何真实而准确地反映客观状态是这些指标体系的主要功能。例如，世界银行的可持续发展指标体系在引言中就把“为政策制定者提供有用的环境资料”作为其目标；而由于其较少地涉及评价指标，其评价功能并不明显，是一种典型的描述统计。

总之，国外对可持续发展指标体系的研究重点突出，内容务实，方法简洁，且由于国外对可持续发展研究起步早，它们在可持续发展指标体系研究方面处于领先地位。

(二) 对国内可持续发展指标体系研究的评论

国内对可持续发展指标体系的研究方法与对其他指标体系的研究方法模

式是一样的，与构建社会发展指标体系、经济发展指标体系从基本思路到方法论上都属一个模式。这不符合可持续发展指标体系的要求，因为可持续发展指标体系是一个崭新的事物，它的建立和完善需要多方面的理论突破，如果不加强指标体系的理论创新，而只是承袭以前固有的思路，就很难胜任可持续发展这一复杂事物的全面统计功能[1]。目前的可持续发展指标体系研究实际上反映了我国多指标综合评价方面的不足，如方法论上的陈旧及实证方面的困难，把积郁多年的毛病“综合”体现出来了。

综观国内关于可持续发展指标体系的研究成果，按研究角度、指标体系侧重点的不同，可以分为以下几类：

1．侧重于经济发展

这类指标体系在以往经济统计指标体系的基础上，增加了社会发展、资源利用以及环境保护方面的指标。虽然或多或少地纳入了可持续发展的思想，提倡经济与社会协调发展，在经济发展的同时注意资源利用与环境保护，但由于在指标体系中经济指标过多，经济评价的权数过大，而且更重要的是设计指标体系的指导思想仍然是经济增长第一位，所以，严格来说，此类指标体系只是对经济发展的多维测量。

2．侧重于社会发展

这类指标体系混淆了社会发展指标体系与可持续发展指标体系的区别。它侧重对社会发展的评价，包括经济、计划生育与卫生、科教文体、城市农村住宅建设、环境保护、社会保障与残废人保护、公共安全、广播电视等各个方面。指标体系覆盖面较广，力图反映社会发展的方方面面，但忽视了可持续发展的能力建设及资源的永续利用等方面。指标体系的设计也没有贯彻可持续发展的战略思想，只能是广义的社会发展评价指标体系。

3．侧重于生态环境建设

有些学者构建的指标体系走向了另一个极端：一切以生态环境保护为中心，片面地扩大了生态环境指标的份额。或者忽视了经济发展这一基础，或者忽略了社会发展，没有从资源利用上寻找深层次的原因，单纯就环境论环境。由于指标指导思想的偏差及研究角度的局限，此类指标体系不能称其为

---

[1] 谢洪礼．关于可持续发展指标体系的述评［J］．统计研究，1999(1)．

可持续发展指标体系。

4. 以人的发展为核心

也有一些指标体系强调一切以人的发展为核心，可持续发展的标志是人的满意程度的提高。因为人的满意程度并不是一成不变的，它随着经济的发展，社会的进步，随其他制约因素的改变会不断发生变化。在较低的经济发展条件下，人的满意程度的提高并不意味着可持续发展水平的提高，即使达到较高的经济水准，满意程度的提高也并不标志着可持续发展能力的改善。因此，片面以人的发展为核心，依此为指导思想来构建可持续发展指标体系也是不确切的。

5. 贯彻可持续发展思想

有一些研究机构与专家学者以可持续发展战略为指导思想，认为可持续发展应以经济、社会、人口、资源与环境协调发展为宗旨，并将资源的永续利用及良好的生态环境作为可持续发展的标志。他们总结了各类指标体系研究的经验，汲取其精华，剔除其不合理的地方，构建可持续发展指标体系。虽然这些研究仍在探索之中，但已体现了良好的发展前景及巨大的潜力。

从国内可持续发展指标体系的研究成果来看，主要存在以下问题：第一，没有正确区分社会发展与可持续发展的差别，将可持续发展指标体系等同于社会发展指标体系。第二，没有处理好可持续发展系统中经济、社会、资源、环境等子系统的关系，偏重经济发展的评价，较少顾及资源的永续利用。第三，注重可持续发展水平的评价，轻视或忽略了可持续发展能力的评价。第四，没有考虑或很少考虑到可持续发展的阶段性。第五，指标体系过于庞大，可操作性不强，等等。

第四节　可持续发展指标体系的综合评价方法

我们知道，从指标测度方法来说，单个指标只能反映可持续发展这样一个复杂的测度客体的某一个侧面，即便是最综合的指标，也只能反映可持续发展系统的某一方面。可持续发展系统还存在互相联系着的其他侧面和其他特征，反映它们就不能只是一两个综合指标，而需要一个较为完整的指标体系。

从本文前述内容可以看到，指标体系实现了对可持续发展各个层面或者领域的较完整的描述。在认识的全面性上，大大优越于单个综合指标，然而在评价的整体性上却大大退步了。这是因为，在可持续发展测度领域，我们动辄就要面对一个指标数量众多的可持续发展指标体系，它们不可能有一个统一的同度量因素，因而对被评价对象做出一个整体性的评判很困难。

为了弥补这一缺陷，几乎所有的指标体系都要通过某种多指标综合评价方法来实现可持续发展的整体综合评价，把说明被评价对象主要指标的信息综合起来，变换成为一个综合评价值，从而解决评价的整体性问题[1]。可持续发展指标体系的综合评价应解决以下两个问题：一是指标体系指标权数的确定，二是可持续发展的整体综合评价。本节讨论解决以上两个问题的具体方法。

一、层次分析法

(一) 可持续发展指标体系权数设置方法总结

为了对被评价事物得出一个全面的整体性的评价，需要把反映该事物各方面的指标综合在一起。在综合时，由于事物本身发展的不平衡性，有的指标在综合水平形成过程中的作用应该大些，有的则应该小些。这就需要加权处理。

很显然，可持续发展指标体系的综合评价必然要涉及权数的问题。可持续发展作为一种异常复杂的系统，其“不平衡性”也十分突出，这使得可持续发展指标体系权数设置也成为多指标综合评价方法权数设置中的一个非常典型的问题，同时也是可持续发展测度研究中的一个重点、难点问题。

从理论上说，现有的权数理论可以给可持续发展的权数设置提供很好的理论基础。正如邱东教授所指出的那样：“我们可以根据实际问题的需要和各种方法的特点，选取某种较合适的方法来生成权数。”也就是说，权数设置问题必须与所研究的问题的性质相结合。我们的研究就是要从各种赋权方法中找到适合可持续发展测度的权数方法。

[1] 邱东. 多指标综合评价方法的系统分析［M］. 1987，120～143.

为了达到这个目的，需要系统分析目前可持续发展测度中的权数设置方法。这些方法散见于各种可持续发展综合评价理论成果中，总结近几年成果所应用的权数设置方法如表 8-4 所示：

部分可持续发展权数设置方法的应用情况 **表 8-4**

序号	方法	应用举例	比重
1	层次分析法	王研等，2004；胡晓寒等，2004；陈杰等，2003；张贵祥等，2003；王好芳等，2002；谢刚等，2002；童玉芬，2000；温淑瑶等，2000；包晓斌，2000；粟晓玲，2000；程淑兰等，2000；李伟等，2000；任东明等，2000；李堂军，1999；崔瑛，1999；申玉铭等，1999；米红等，1999；刘旺，1999；李春晖等，1999；凌亢等，1999；陈涛等，1998；李新运等，1998；郭淑芬等，1998；廖成林，1998	26/37
2	德尔菲法	潘国强，2004；杨芸等，2001；陈超等，2000；黄朝永等，2000	4/37
3	熵权系数法	乔家君，2004；张卫民，2004、2003；陈超等，2000；汤瑞琼等，2000	5/37
4	因子权重法	刘西雷等，1999；周国华，1998	2/37

从表 8-4 可以非常直观地总结出，在可持续发展指标体系权数设置领域，主流的权数设置方法是层次分析法；其他方法虽然有所应用，但应用领域极为有限。

(二) 选择层次分析法的合理性及其计算步骤

层次分析法(The Analytic Hierarchy Process，缩写 AHP)是 20 世纪 70 年代由美国著名运筹学家、匹兹堡大学教授萨蒂(T. L. Saaty)提出的一种定性与定量相结合的多目标、多准则决策方法。

层次分析法在应用过程中，首先通过分析复杂问题所包含因素的相互关系，将待解决问题分解为不同层次的要素，构成递阶层次结构；然后对每一层次要素按规定的准则两两进行比较，建立判断矩阵；运用特定的数学方法计算判断矩阵最大特征值及对应的正交特征向量，得出每一层次各要素的权重值，并进行一致性检验；在一致性检验通过后，再计算各层次要素对于所研究问题的组合权重，据此就可解决评分、排序、指标综合等一系列问题。

层次分析法的本质是一种决策思维方式，把决策规划中的定性分析与定量分析有机地结合起来，用一种统一方式进行优化处理。这种方法体现了人们运用过去已有的知识与经验，对客观事物进行分解、判断、综合，并据此求得最佳规划方案的思路。由于层次分析法改变了运筹学只能处理定量分析问题的传统观点，因而应用范围很广，对于可持续发展系统来说，由于其系统结构特征比较符合层次分析法的分析思路，因此在确定其系统权数时应用层次分析法可以获得较为满意的效果。

可见，层次分析法特别适合用于复杂结构指标体系的权数确定，是为可持续发展量体裁衣的权数确定方法。

该方法的计算步骤如下：

1. 构建可持续发展指标体系的递阶层次结构

如图 8-8 所示是一个 3 层递阶层次结构可持续发展指标体系，图中分为目标层、准则层和指标层。呈递阶层次结构的可持续发展指标体系满足了层次分析法对于指标体系的要求，才可进行下一步骤的分析计算。

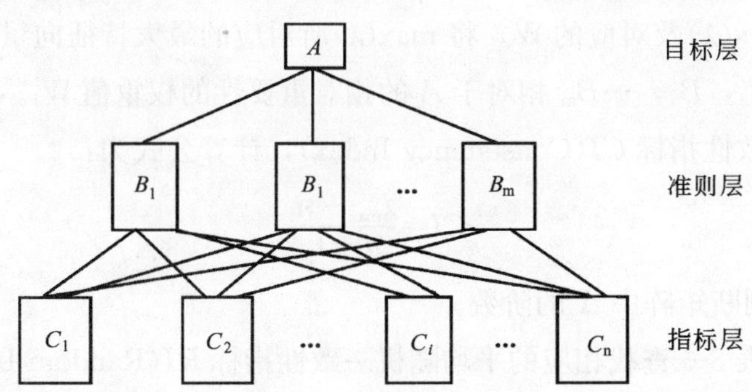

图 8-8 可持续发展指标体系层次结构图

2. 构造判断矩阵

在递阶层次结构综合指标体系建立之后，针对上一层次指标因素，请一些经验丰富的专家对下一层次与之有联系的分指标之间进行两两比较并打分，形成一个两两因素比较矩阵，这就是判断矩阵。根据层次分析法标度理论，打分标准如下表 8-5 所示。

1～9 比例标度法评分规则 **表 8-5**

两因素的相对重要性比较	前者比后者极端重要	前者比后者重要得多	前者比后者明显重要	前者比后者稍微重要	两者同等重要	前者比后者稍不重要	前者比后者不重要	前者比后者很不重要	前者比后者极不重要
标度	9	7	5	3	1	1/3	1/5	1/7	1/9

对于有 n 个准则的准则层，可以得到一个判断矩阵 $A=(a_{ij})$，显然，其中 $a_{ij}>0$，且 $a_{ij}=1/a_{ji}$，$a_{ij}\times a_{ji}=1$。

对于每个准则下的指标群，也进行同样的过程。这样就形成了两级比较判断矩阵。

3. 层次权重值的确定及一致性检验

依据判断矩阵求解各层次指标子系统或指标项的相对权重问题，在数学上也就是计算判断矩阵最大特征根及其对应的特征向量问题。以判断矩阵 A 为例，即是由

$$AW=\lambda W \tag{8.1}$$

式中，A 为判断矩阵；

λ 为特征根；

W 为特征向量。

解出 $\max(\lambda)$ 及对应的 W。将 $\max(\lambda)$ 所对应的最大特征向量归一化，就得到 B_1 与 B_2，B_3，$\cdots B_m$ 相对于 A 的相对重要性的权重值 W_i。

计算一致性指标 CI(Consistency Index)，计算公式为：

$$CI=\frac{\lambda_{max}-n}{n-1} \tag{8.2}$$

式中，n 为判断矩阵中 A 的阶数。

然后按表 8-6 查找相应的平均随机一致性指标 RI(Random Index)值。

平均随机一致性指标对照表　　表 8-6

阶数	1	2	3	4	5	6	7	8	9
标度	0.00	0.00	0.58	0.90	1.12	1.24	1.32	1.41	1.45

最后，计算一致性比率 CR(Consistency Ratio)，计算公式为：

$$CR=CI/RI \tag{8.3}$$

当 $CR<0.1$ 时，我们即认为判断矩阵 A 满足一致性，也就是说，向量 W 中的分量可以作为权重；如果 $CR>0.1$，则认为判断矩阵 A 未通过检验，不能把 W 分量作为权数，此时，应对判断矩阵进行修正，直到能满足一致性要求为止。

4. 各层次组合权重的计算

在任一综合指标体系中，由于所设置指标承载信息的类型不同，各指标子系统以及具体指标项在描述某一状况过程中所起作用程度也不同。因此，综合指标值并不等于各分指标简单相加，而是一种加权求和的关系，即：

$$S=\sum_{i=1}^{n}W_iP_i(v) \quad i\in[1,n] \tag{8.4}$$

式中，S 是综合指标值；

W_i 是各分指标项组合权重值；

$P_i(v)$是各分指标测量值。

W_i 是指标体系最末层各具体指标项相对于最高层 A 的组合权重值。而由各判断矩阵求得的权重值，是各层次指标子系统或指标项相对于其上层某一因素的分离权重值。在这里需要将这些分离权重值组合为各具体指标项相对于最高层 A 的组合权重值。对于图 8-8 所示递阶层次结构，组合权重计算公式为：

$$W(C_{ij})=W(B_i)W(C_{ij}) \quad i\in[1,\ m],\ j\in[1,\ n] \tag{8.5}$$

式中，$W(C_{ij})$为 C_{ij} 指标项相对于 A 的组合权重值；

$W(B_i)$为 B_i 相对于 A 的权重值；

$W(C_{ij})$为 C_{ij} 指标项相对于 B_i 的权重值。

同理，对于具有 k 层结构的可持续发展指标体系，只要从上层到下层对各分离权重值进行合成，就可求出 k 层指标项相对于第一层元素的组合权重。即

$$\overline{W}^{(k)}=W^{(k)}\cdot W^{(k-1)}\cdots W^{(2)} \tag{8.6}$$

上一部分讨论一致性检验只是针对每个判断矩阵的，但每个判断矩阵一致性检验的通过并不等于整个递阶层次结构所做判断具有整体满意的一致性。因此，还要进行整体一致性检验。关于整体一致性检验的公式和方法在此从略。

最后所有指标的权重进行归一化处理，这样便得到了各指标的相对权重。

以上便是层次分析法确定权数的基本步骤。

可持续发展是一个非常复杂的研究对象，测度指标体系的建立相当于对

这一复杂对象的描述作了分层处理，获得了各层次的指标数据后，只要确定其相对于可持续发展整体目标的权重，就可以得到综合评价的结果，显然，层次分析法正适合于这样的思路，因而得到了较为广泛的应用。但需要指出的是，层次分析法的数据来源仍是建立在专家直接评价的基础上的，从这个意义上说，层次分析法是一种定性与定量相结合的综合型赋权方法。

二、主成分分析法

(一) 基本原理

主成分分析法(Factor Analysis)是一种多元统计分析方法，主要应用于多指标的降维和信息的浓缩。为了涵盖内容完整，可持续发展指标体系总是包含着大量的指标，看起来似乎哪个指标对于可持续发展的描述和测度都是必不可少的，但实际上，这些指标反映的都是同一事物的不同侧面，因此必然会有信息重复之处。有时是指标的含义重复，特别是设在同一专题或领域下的指标，含义重复的情况实在屡见不鲜，而且指标数目越多，这种重复现象就表现得越严重；有时即便某些指标在含义上的确完全不同，但是，由于表现在同一事物上也可能具有共同的变化趋势，那么这样的指标实际上从统计的角度看也属于重复设置。

主成分分析法将原来相关的各原始变量作数学变换，使之成为相互独立的新的变量，然后再对新的变量计算综合评价值。与其他直接综合各指标评价值的方法相比，这就消除了指标间相关对被评价对象的重复信息，简化数据是主成分分析法进行多指标综合评价的优点。其基本原理如下：

设 $X=(X_1, X_2, \cdots X_p)$ 是 p 维随机向量，其中 $X_j=(X_{1j}, X_{2j} \cdots X_{nj})$，$j=1, 2, \cdots, p$。若对变量 $X_1, X_2, \cdots X_p$ 作变换，产生新的 p 个变量 F_1，$F_2 \cdots F_p$，并使其满足：

第一，每个新的变量 F_j 都是原有变量 $X_1, X_2, \cdots X_p$ 的线性组合，即

$$F_j=h_{j1}X_1+h_{j2}X_2+\cdots h_{jp}X_p \tag{8.7}$$

且要求

$$\sum h_{jp}^2=1 \quad (j=1, 2, 3, \cdots, p) \tag{8.8}$$

第二，各个新的变量之间互不相关，即

$$Cov=(F_iF_j)=0 \quad (i\neq j;\ i,\ j=1,\ 2,\ 3,\ \cdots,\ p) \tag{8.9}$$

第三，在上述条件下，各个新变量的方差尽可能大，但新旧变量的方差和不变，即

$$\sum VarX_j=\sum VarF_j \tag{8.10}$$

显而易见，新变量是由原变量产生，且二者的关系是简单的线性关系，由于新变量之间互不相关，使各个新变量的意义独立、明确；新变量 F_1，F_2，…，F_p 依次代表了具有最大变异的方向，且各自包含了原有 p 个向量在该方向上的最多信息。在这里，分别称 F_1，F_2，…，F_p 为第 1，第 2，…，第 p 个主成分。当 F_{k+1}，F_{k+2}…，F_p 的方差之间很小时，F_1，F_2，…，F_k（$k<p$）等 k 个主成分就可以基本上反映出原变量 X_1，X_2…，X_p 所含的有关信息。

（二）主成分分析法评价可持续发展水平的步骤

我们已论述，测度可持续发展状况需通过由多层次的，多系统的，各类型的指标构成的可持续发展指标体系来完成，而这些指标对可持续发展状况说明的程度各不相同，彼此间又难免有一定的相关性，使它们在信息上发生重叠，从而导致测度结果不清，甚至发生矛盾。主成分分析法将原来众多指标转化为少数几个互相独立，并由原来各单项指标的线性组合来表示的综合指标，恰能克服上述可持续发展指标体系描述和评价可持续发展状况的不足。所以，在可持续发展指标体系的基础上，应用主成分分析法能够较理想地测算可持续发展水平。国内有很多研究成果采用了这一方法，如：中国可持续发展综合评价研究（陈长杰等，2004）、农业可持续发展与生态环境评估指标体系测算研究（彭念一等，2003）、平顶山市区域性环境资源可持续利用能力研究（李军等，2003）、主成分分析法在城市 PRED 系统可持续研究中的应用（戴志军等，2002）、可持续发展的定量评价与限制因子分析（林道辉等，2001）、生态环境与社会经济发展协调性研究（严登华等，2000）、我国可持续发展评价指标体系的设计和评价方法探索（刘渝琳等，1999）、可持续发展评价指标体系建立原理与方法研究（曹利军等，1998），等等。

应用主成分分析法评价可持续发展水平应遵循如下步骤：

1. 根据可持续发展理论及客观实际情况，按可持续发展指标体系整理原始数据。

记向量

$$X=(X_1, X_2, \cdots, X_{p1})$$

$$Y=(Y_1, Y_2, \cdots, Y_{p2})$$

$$Z=(Z_1, Z_2, \cdots, Z_{p3})$$

分别表示经济子系统、环境子系统、社会子系统具体指标所组成的向量。P_1、P_2、P_3 分别表示各子系统所选取的指标数。若对 n 样品(国家或地区、时间等)进行评判，则有如下 3 个数据矩阵：

$$(X_{ij})=\begin{bmatrix} X_{11} & X_{12} & \cdots & X_{1p1} \\ X_{21} & X_{22} & \cdots & X_{2p1} \\ \cdots & \cdots & \cdots & \cdots \\ X_{n1} & X_{n2} & \cdots & X_{np1} \end{bmatrix}$$

$$(Y_{ij})=\begin{bmatrix} Y_{11} & Y_{12} & \cdots & Y_{1p2} \\ Y_{21} & Y_{22} & \cdots & Y_{2p2} \\ \cdots & \cdots & \cdots & \cdots \\ Y_{n1} & Y_{n2} & \cdots & Y_{np2} \end{bmatrix}$$

$$(Z_{ij})=\begin{bmatrix} Z_{11} & Z_{12} & \cdots & Z_{1p3} \\ Z_{21} & Z_{22} & \cdots & Z_{2p3} \\ \cdots & \cdots & \cdots & \cdots \\ Z_{n1} & Z_{n2} & \cdots & Z_{np3} \end{bmatrix} \quad (8.11)$$

2. 以 X、Y、Z 为基础，分别采用主成分分析法评估各系统的发展水平。

令 F^1、F^2、F^3 分别代表经济、环境、社会系统的发展水平。由于 3 个子系统的发展水平确定方法完全相同，所以仅以经济子系统为例来讨论。

第一，对原始数据进行标准化处理。

由于可持续发展指标通常都是有度量单位的，由这些指标的观测数据所计算的协方差矩阵或相关矩阵必然要受到指标量纲的影响，不同的量纲和数量级将得到不同的协方差矩阵或相关矩阵。所以，为了避免计算结果受指标量纲和数量级的影响，保证其客观性和科学性，在进行其他运算之前，必须对原始数据进行标准化处理。其标准化计算公式为：

$$x_{ij}=\frac{X_{ij}-\overline{X}_j}{S_j} \tag{8.12}$$

式中，x_{ij} 为标准化后的数据；

X_{ij} 为原始数据；

$\overline{X}_j$ 为第 j 个指标的平均数；

S_j 为标准差。

第二，计算标准化后的 p_1 个指标的两两相关矩阵。

$$(R_{ij})_{p1\times p1}=\begin{bmatrix}1 & R_{12} & \cdots & R_{1p1}\\ R_{21} & 1 & \cdots & R_{2p1}\\ \cdots & \cdots & \cdots & \cdots\\ R_{n1} & R_{n2} & \cdots & 1\end{bmatrix} \tag{8.13}$$

其中，$R_{ij}=R_{ji}$

第三，计算相关矩阵 R 的特征根 λ_j 和特征向量 h_j。

采用雅可比方法计算，计算过程有专用的计算机程序。R 的特征根为：

$$\lambda_1\geqslant\lambda_2\geqslant\lambda_3\geqslant\cdots\lambda_{p1}\geqslant 0 \tag{8.14}$$

相应的标准正交特征向量为 h_1，h_2，…，h_p，其中

$$h_j=(h_{j1},\ h_{j2},\ \cdots,\ h_{jp1})\quad (j=1,\ 2,\ \cdots,\ p_1) \tag{8.15}$$

第四，计算各主成分的方差贡献率 a_j 及累计贡献率 $\sum_{j=1}^{k} a_j$。

主成分 F_j^1 的方差贡献率 a_j 表示 F_j^1 的方差在总方差 $\sum Var(F_j^1)$ 中的比重，即第 j 个主成分所取得的原 p_1 个变量的信息在全部信息中的比重；累计贡献率 $\sum a_j$ 则是前 k 个主成分提取信息累计量在信息总量中的比重。

第五，选取主成分个数。

$\sum a_j$ 表示前 k 个主成分从原 p 个变量中提取的信息量，若该信息量已达到全部信息量的绝大部分(通常大于85%)，可以认为，前 p 个主成分已基本反映了原变量的主要信息。故取前 k 个主成分已足以说明问题，后 $p_1\sim k$ 个主成分可以省略掉。所得主成分为：

$$F_1^1=h_{11}X_1+h_{12}X_2+Lh_{1p1}X_{p1}$$
$$F_2^1=h_{21}X_1+h_{22}X_2+Lh_{2p1}X_{p1}$$

……………………………

$$F_k^1 = h_{k1}X_1 + h_{k2}X_2 + Lh_{kp1}X_{p1} \tag{8.16}$$

在这 k 个主成分中，F_1^1 是一切线性组合中方差最大者，即反映原有指标的信息最多，故称之为第一主成分。它在评价研究对象时所起的作用应最大。F_2^1，F_3^1，…，F_k^1 作用递减，重要性依次减轻。

第六，计算主成分的得分并计算综合得分，以表明经济子系统的综合发展水平。

将标准化的数据 X_{i1}，X_{i2}，…，X_{ip1}（$i=1$，2，…，n）分别代入式(8.16)，可得各评价对象的各个主成分得分，然后在此基础上，根据下式计算综合得分：

$$F^1 = \sum_{j=1}^{k} a_j F_j^1 \tag{8.17}$$

可见，F^1 是以各主成分的方差贡献率为权数，p_1 个主成分得分的加权平均数。该综合得分越高，说明该样本的经济子系统的可持续发展水平越高，反之，则越低。值得注意的是各样本综合得分有负有正，综合得分值为正，说明高于平均水平；综合得分值为 0 时是平均水平；综合得分为负，说明低于平均水平。

3. 在经济子系统、环境子系统、社会子系统的可持续发展水平基础上，计算可持续发展水平。

其计算公式为：

$$F = \sum_{i=1}^{3} W_i F^i \tag{8.18}$$

式中，F 为可持续发展水平；

W_i 为第 i 个子系统在可持续发展评价中的重要程度，且要求 $\sum W_i = 1$；

F^i 为第 i 个子系统可持续发展水平。

(三) 主成分分析法评价可持续发展水平的优点

从上述评价过程中可看出，应用主成分分析法评价可持续发展水平有 3 个优点：

第一，评价可持续发展水平既充分利用尽可能全面的信息，又不特别依赖于某一单项指标，从而避免因某项指标选择不当影响整个分析过程。

第二，应用主成分分析法进行多指标综合评价，权数是从信息量和系统效应角度来确定的，比较客观科学，从而提高了评价结果的可靠性与准确性。

第三，由于是将各原指标联系成一有机整体，便于反映这些指标的综合效能，有利于被评价对象的比较。

总之，无论层次分析法或主成分分析法，都只是纯粹的数据综合处理方法，通过这些方法所得到的综合性指标是否有意义或有效，完全取决于指标体系本身的设计得当与否以及数据的质量。如果指标体系本身存在致命问题，则它的综合结果亦将失去意义和价值。

第五节 本章小结

本章系统研究了可持续发展的指标体系测度方法。

首先指出单一指标测度方法的不足。通过对可持续发展测度特性予以描述，说明了对可持续发展的测度信息须具有多样性及系统性的特征。无论是可持续发展单一测度指标中的总量指标，还是单项综合性指标都只是衡量了可持续发展某一领域的状况，而对可持续发展的整体状况的反映还不能够满足要求，对于可持续发展的完整测度终究存在困难。在此基础之上讨论了指标体系测度方法的优点。

其次对各类可持续发展指标体系的结构模式作了系统分析。将可持续发展指标体系的结构模式划分成 3 类：驱动力—状态—响应模式、菜单型模式和专题型模式，对国内近几年可持续发展指标体系的研究成果按上述模式进行了归类，并选取有代表性的指标体系进行了分析。

第三，系统研究了可持续发展指标体系的构建。可持续发展指标体系的构建基于一般的指标体系理论，遵循可持续发展指标体系构建的指导思想及基本原则。在对可持续发展系统内涵的完全而正确的理解基础之上，根据对可持续发展系统状态的准确把握，选择可持续发展系统指标。探讨了可持续发展指标选择的两种偏差，说明了可持续发展指标选择属于定性分析，选择过程中经验性因素起到了一定作用。最后对国内外可持续发展指标体系的研究成果进行了评论。

第四，系统研究了可持续发展指标体系的综合评价方法。可持续发展指标体系的综合评价应解决两个问题：一是指标体系指标权数的确定，二是可持续发展的整体综合评价。总结了可持续发展指标体系权数设置方法的应用情况，分析了运用层次分析法设置可持续发展指标体系权数及其主成分分析法测算可持续发展水平的合理性，并介绍了层次分析法和主成分分析法评价可持续发展水平的计算步骤。

第九章　水资源的可持续利用

第一节　水 资 源 概 述

水资源危机是制约我国国民经济持续健康协调发展的重要"瓶颈"，也是世界性难题。如何安全地度过危机，通过水资源可持续利用支撑世界的繁荣，是可持续发展研究领域的重要内容。水资源的可持续利用，是解决水资源危机的有效途径。

一、水资源的含义

水资源是人类生产和生活不可缺少的自然资源，也是生物赖以生存的环境资源和支撑国民经济健康发展的经济资源。随着水资源短缺在世界范围内的蔓延，水资源成为世界关注的焦点之一，成为政府、学术界的重要议题。

近 20 年来，"水资源"名词在我国广泛流行，但对其内涵，却仁者见仁，智者见智，尚无公认的定论。在国外，较早采用"水资源"这一概念的是美国地质调查局(USGS)。1894 年，该局设立了水资源处(陈家琦，1994)，其主要业务范围是对地表河川径流和地下水的观测。1963 年，英国通过了水资源法，在该法中将水资源定义为"具有足够数量的可用水源"。1965 年，美国通过了水资源规划法案，同时成立了 Water Resources Council(水资源理事会)，此时水资源具有浓厚的行业内涵。在《英国大百科全书》中，水资源被定义为"全部自然界任何形态的水，包括气态水、液态水和固态水"。此定义被广泛引用，这与《英国大百科全书》的权威性有很大关系。1977 年联合国教科文组织(UNESCO)建议"水资源应指可被利用或有可能被利用的水源，这个水源应具有足够的数量和可用的质量，并能在某一地点为满足某种用途而可被利用"。

我国开发利用水资源具有悠久的历史，逐渐形成了比较完整且具有中国特色的水利科学体系。我国水利的内涵极其丰富，在西方国家文字中，暂时还找不到与我国“水利”一词完全相对应的较贴切的译文。随着时间的发展，西方的“水资源”也越来越具有“水利”的意义(陈家琦，1994)。

《中国大百科全书》是国内最具有权威性的工具书，但在不同卷册中对水资源给予了不同解释。如在大气科学、海洋科学、水文科学卷中，水资源被定义为“地球表层可供人类利用的水，包括水量(水质)、水域和水能资源，一般指每年可更新的水量资源(叶永毅，1987)”；在水利卷中，水资源则被定义为“自然界各种形态(气态、固态或液态)的天然水，并将可供人类利用的水资源作为供评价的水资源(陈志恺，1992)”。为了对水资源的内涵有全面深刻的认识，并尽可能达到统一，1991年《水科学进展》杂志社邀请一部分知名专家学者进行了一次笔谈，许多专家就水资源认识发表了自己的见解。

从上述众多的水资源定义中我们可以发现，水资源定义尚未完全统一。我们注意到，上述各种水资源的定义，基本上都是围绕着水的形态、利用、水量等展开论述，很少涉及水资源的质即水质，然而，水质对于水资源而言是十分重要的，如果不考虑水质而研究水资源，必将导致水资源开发利用的失误。

20世纪70年代以来，水资源的开发利用出现了新的问题，主要表现在以下三方面：(1)水资源出现了短缺，所谓短缺是指相对水资源需求而言，水资源供给不能满足生产生活的需求，导致生产开工不足，饮用发生危机，造成了巨大社会经济损失，逐渐显现出水资源是国民经济持续快速健康发展的“瓶颈”，水资源产业是国民经济基础产业，优先发展它是一种历史的必然的趋势；(2)工农业生产和人民生活过程中排放出大量的污水，它们一方面污染了水源，导致水资源功能下降，使本来就存在的水资源供需矛盾更加尖锐，给经济环境带来极大不利影响，严重地制约着经济社会的可持续发展，另一方面，为了缓解水资源的供需矛盾和日益严重的水环境恶化的世界性难题，污水处理回用已迫在眉睫；(3)水资源开发利用带来了一系列环境问题，必须正确处理它们对环境所造成的冲击，尽可能将其对环境所形成的不利影响降低到最低程度，这样水利工程才能发挥最大的效益，也只有这样，对水资源的开发利用、保护和管理才能做出正确决策。因此，从现实角度来看，水资源不仅具有自然属性、社会属性、环境属性，更重要的是它还具有经济属性。

基于上述理由，水资源重新进行了界定。认为：水资源包含水量与水质两个方面，是人类生产生活及生命生存不可替代的自然资源和环境资源，是在一定的经济技术条件下能够为社会直接利用或待利用，参与自然界水分循环，影响国民经济的淡水(姜文来等，1995a)。

根据以上国内外专家对水资源的描述，本书基本沿用姜文来等对水资源的界定，即从水量和水质两个方面对水资源含义进行阐释。

细加分析此定义，会发现它有3个显著的特征：(1)将经济、技术因素隐含在水资源中，强调了水资源的经济属性和社会属性，因而水资源量具有相对的动态性。一些暂时无法利用的水，如南极的冰山，尽管暂时对国民经济没有影响，但当经济技术发展到一定阶段可以开发利用时，它就是水资源，水资源量含有一定的经济技术水量；(2)将失去使用价值的污水划归到水资源行列中。在以往的水资源概念中，污水没有相应的地位，很少论及。世界各国每年向环境排放大量的污水，它们对国民经济和社会发展产生巨大影响。污水也是待开发利用的资源，目前正在兴起的污水资源化技术为解决水资源供需矛盾、保护水环境带来了佳音，如果在理论上不给它相应的地位，这是很不符合现实要求的；(3)明确强调水资源是环境资源，因而水资源的开发利用必须限制在环境可承受的范围之内。在研究水资源时，立足于水量、水质兼顾，避免两者的分离出现偏差的同时，必须考虑水资源环境的制约因素，否则，在理论上是不完善的，在实践上是要付出代价的。

二、水资源的属性

(一) 水资源是生命之源

据科学考证，地球上由于形成了原始海洋和原始大气，才为生命的出现提供了基本条件。原始海洋孕育了最简单的生命，单细胞生命的海洋中，靠着海水溶解的氧、二氧化碳和许许多多的营养物质，靠着海水储备的大量热量，得以生存。随着生物进化，单细胞生命进化为多细胞生命，多数的多细胞生命不直接与海水接触了。但是生物并没有与水断绝往来，只是把水封闭在体内，构成了自己的“海洋”。哪里有水，哪有就有生命。一切生命活动都离不开水。

水是几乎所有植物有机体的最大组成部分。一般情况下，植物植株的含水率为60%～80%，蔬菜和块根作物的含水率在90%～95%以上。人们日常生活中经常消费的黄瓜、白菜、萝卜等蔬菜的水分含量一般都在70%以上。西红柿的含水率高达95%，可消暑解渴的西瓜，含水率高达97%。

人体内的水分，大约占到体重的70%。其中，脑髓含水75%、血液含水83%、肌肉含水76%、坚硬的骨骼里也含水22%。没有水，食物中的养料不能被吸收，废物不能排出体外，药物不能到达需求的部位。人体一旦缺水，后果是很严重的。缺水1%～2%，人感到口渴；缺水5%，口干舌燥，皮肤起皱，意识不清，甚至出现幻视；缺水15%，将对生命构成威胁。没有食物，人可以存活一个月以上；但如果没有水，顶多能活一周左右。

(二) 水资源是人类文明的摇篮

我国古代著名的思想家孟子提出，在中国古代社会处于蒙昧时期的人类，由于抗击自然灾害能力的低下，面对洪水，只能逃遁远避。随着人类社会的发展，人类开始懂得靠灌溉之助栽培食用植物以及建造适宜居住的房屋。脱离了野外穴居的环境，逐步由渔猎转向农耕，生产和生活方式也发生了巨大变化，由野蛮时代转向文明时代。世界上几乎所有古文明的发源地都是沿河流发展和建立起来的，如美索不达米亚的底格里斯河和幼发拉底河、埃及的尼罗河、印度的印度河及我国的黄河。

黄河流域是世界上最早有人类活动的地区之一。距今约100万年前后，华夏民族的先祖黄帝部族，由于逐渐掌握了对水的利用，由游牧生活向农耕经济过渡，择水而居，并逐步向平原推进，远离山区，向渭水之滨迁移。炎帝部族为寻找适宜的农耕区，沿渭水、黄河向东，定居在今山东西部。可以说，华夏民族的融合与水有着密切的联系。

古埃及文明发源于尼罗河谷，因为尼罗河灌溉之利，其文明得以进化。古希腊历史学家希罗多德说：“埃及是尼罗河的赠礼”，道出了尼罗河对古埃及文明推动的作用。长约6600km的尼罗河每年定期泛滥，既给两岸积累了肥沃的土层，又让埃及人较早地掌握水利技术。马克思在《资本论》指出：“因为要预先确定尼罗河水涨落，产生了古埃及的天文学。”实际上，古埃及发达的数学、几何学也与测量洪泛土地有关，古埃及的图形文字许多和水有关。古埃及就是利用尼罗河定期泛滥的特点引洪漫地，改良土壤，保证了农业长期稳定发展，为埃及的物质文明和灿烂文化奠定了基础。

古巴比伦发源于流经西亚美索不达米亚平原的幼发拉底河和底格里斯河。在抗御自然灾害的过程中，促进了两河流域文明的形成。据考古发掘，早在公元前三四千年，当权者就十分重视水利建设，规定国家的主要职能是兴修管理水利工程。公元前 19 世纪汉谟拉比法典的条文对水利管理做出了详细的规定，兴建的纳尔——汉谟拉比渠对巴比伦王国的经济和文化发展产生了深远的影响。

印度河流域的人们创造了史无前例的古代文明。18 世纪哈拉巴遗址发现了大都市残址。以包括哈拉巴在内的旁遮普一带为中心，东西 1600km，南北 1400km 的地域内，发现了被称为印度河文明的大量遗址。据考证，遗址始建于 5000 年以前甚至更早的年代。其中马亨佐达摩城市遗址面积约 $100km^2$，分西侧的城堡和东侧的广大市街区。西侧的城堡建筑在高达 10m 的地基上，市区有四通八达的街道，东西走向和南北走向的各宽 10 余米，有完善的公共设施和通向印度河乃至阿拉伯海的港埠。印度河文明的特殊性和神奇性，使其不仅成为印度文化的源头，也成为人类文明史上的重要印迹之一。

（三）水资源是社会经济发展的基础性资源

随着经济的发展和人口的增长，人们越来越清楚地认识到，水是维持自然界的一切生命和社会经济持续发展所必需的资源。水在国计民生和社会经济发展中占有极其重要的地位。

1. 水资源是农业的命脉。水对农作物的重要作用表现在它几乎参与了农作物成长的每一个过程。农作物靠根系从土壤中吸收水分，靠叶从空气中获得二氧化碳，通过光合作用产生有机物，用来建造自身的组织及满足生长的需要，并将多余的水分和氧气排放到空气中。种子播入农田时，土壤中必须有充足的水分，它的外壳才能破裂，同时子叶储存的营养物质还需要水做载体和运输工具，使胚根生长发育成根，胚轴生长拱出地面，胚芽逐渐发育成茎和叶，这样种子才能萌发成幼苗。要使幼苗茁壮成长，开花结果，仍需要不断地提供充足的水分。在幼苗的生长过程中，需要光合与蒸腾作用，而光合与蒸腾作用都离不开水。

2. 水资源是城市及工业的血液。城市和工业供水为物质生产和人民生活提供必要条件，是城市赖以生产和发展的基础。城市规模在扩大，现代城市和工业就更依赖于水而生存和发展。城市及工业用水在全国总用水量中，虽然只占25%的比重，但其重要意义远远超过这一比例数字的含意。因为，城市人口密集，地域范围有限，用水集中，水资源的供给主要靠外调水源或开采地下水的比例平均高达60%，有的城市甚至超过70%。地下水的过量开采，必然带来生态及环境问题。因此，水资源保证程度对城市和工业发展规模起着重要作用。

3. 水资源是经济社会可持续发展的重要支撑。进入20世纪中期，随着全球资源的过度开发利用以及其他影响人类生存发展的因素不断出现，世界上许多有识之士提出经济社会的可持续发展问题，即如何使世界有限的资源能够永续利用而保证人类社会发展。1968年4月，10多个国家30多位科学家汇聚罗马，讨论当前人类面临的困境问题，成立了一个非正式的国际学术团体——罗马俱乐部，并于1972年提出了研究报告《增长的极限》，指出：由于人口的增长引起粮食需求的增长，经济增长引起不可再生资源耗竭速度的加快，人类面临的“石油危机之后的下一个危机便是水”。20世纪末，一些专家进一步强调，到21世纪，水、粮食和能源这3种资源中，最重要的是水。这些国际组织的认定和有识之士的呼吁，都提出了一个明确的观点，即水资源已成为战略资源，水将是社会发展的重要支撑。

未来经济社会的发展，必须以水资源的有效供给得以实现。第一是全世界人民的安全饮水需求。当前全世界人口达60多亿，这么多人口不仅需要一定的饮用水量，而且需要有洁净的水质。第二是防洪安全的需求。在自然界诸多的灾害中，洪水灾害发生概率较高，造成的损失较重。一个经常洪水泛滥的国家，不可能有持续稳定的经济发展秩序。第三是粮食安全的需求。随着人口的增长和工业化推进后土地的大量减少，世界上粮食供需矛盾越来越大。要增加粮食产量，一靠提高单位面积产量，二靠复垦和开发新的土地资源。增加单位面积产量，关键是发展灌溉农业，复垦和开发新土地资源，同样必须首先解决淡水问题。第四是经济用水安全的需求。水资源承载能力不够，经济只能限量发展，如果城乡出现“水荒”，经济发展必然陷入困境。

第五是生态环境的需求。发展植被需要水，保护湿地需要水，水污染防治需要水。可以说，这些重要层面的用水都满足了，经济社会才可能持续发展。因此，水资源是经济社会可持续发展的重要支撑。

三、水资源的经济特性分析

水资源具有比较显著的经济特性，它们是从水资源的自然性、物理属性、化学属性、社会属性、环境属性、资源属性等各个方面反映出来的。水资源的经济特性主要表现在以下几个方面，具体分析如下：

(一) 稀缺性

作为自然资源之一的水资源，其第一大经济特性就是稀缺性。

经济学认为稀缺性是指相对于消费需求来说可供数量有限的意思。从理论上来说，它可以分成两类：经济稀缺性和物质稀缺性。假如水资源的绝对数量并不少，可以满足人类相当长时期的需要，但由于获取水资源需要投入生产成本，而且在投入某一定数量生产成本条件下可以获取的水资源是有限的、供不应求的，这种情况下的稀缺性就称为经济稀缺性。假如水资源的绝对数量短缺，不足以满足人类相当长时期的需要，这种情况下的稀缺性就称为物质稀缺性。

经济稀缺性和物质稀缺性是可以相互转化的。缺水区自身的水资源绝对数量都不足以满足人们的需要，因而当地的水资源具有严格意义上的物质稀缺性。但是，如果将跨流域调水、海水淡化、节水、循环使用等等增加缺水区水资源使用量的方法考虑在内，水资源似乎又只具有经济稀缺性，只是所需要的生产成本相当高而已。丰水区由于水资源污染浪费严重，加之缺乏资金治理，使可供水量满足不了用水需求，也变成为水资源经济稀缺性的区域。

当今世界，水资源既有物质稀缺性，可供水量不足；又有经济稀缺性，缺乏大量的开发资金。正是水资源供求矛盾日益突出，人们才逐渐重视到水资源的稀缺性问题。

中国水资源总量居世界第六位，但是人均占有量只相当于世界人均的1/4。中国已被列为全球13个贫水国之一。据统计，目前中国农业缺水300亿m^3，城市缺水60亿m^3。到2000年，中国至少缺水600亿m^3。水的稀缺已经成为中国最大的忧患之一。

既然水资源稀缺性是与水资源价值密不可分的，其稀缺性就应通过价格反映出来。水价应包含水资源稀缺性因素。如进一步动态地分析，水资源在不同地区、不同丰枯年份、季节，其稀缺程度是变化的。那么水价也应是一个动态的、连续体现水资源稀缺变化的过程。

（二）不可替代性

稀缺性物品或资源如果是可替代的，其替代品可代之满足人们对稀缺物的需求。反之，稀缺性物品或资源如果是不可替代的，它们的稀缺程度会大大提高。

水资源是不可替代的。其不可替代性具有绝对和相对两个方面。

从功能来分析水资源一般可分为生态功能和资源功能两大类。其生态功能是一切生命赖以生存的基本条件。水是植物光合作用的基本材料。水使人类及一切生物所需的养分溶解、输移。这些都是任何其他物质绝对不可替代的。水资源资源功能的大部分内容也是不可替代的重要生产要素。如水的汽化热和热容量是所有物质中最高的，水的表面张力在所有液体中是最大的，水具有不可压缩性，水是最好的溶剂等。

水资源其资源功能的一部分，在某些方面或工业生产的某些环节是可以替代的，如工业冷却用水，可用风冷替代；水电可用火电、核电替代。但这种替代在经济上较昂贵，缺乏经济上的可行性。在成本上是非对称性的，即用水是低成本的，而替代物是相对高成本的。如从环境经济学分析，这种替代往往要付出更大的生态环境成本。所以，在这种情况下，水的资源功能在经济上也是相对不可替代的。

水资源的不可替代性不仅说明其在自然、经济与社会发展中的重要程度，也提高了水资源的稀缺程度。我们重估水资源经济价值时需充分考虑这一点。如可替代品之间是竞争关系，其价格在市场上有平衡性；不可替代的水资源，其价格就具有特殊性。

（三）再生性

如果对一种资源存量的不断循环开采能够无限期地进行下去，这种资源就被定义为可再生资源。水资源是不可耗竭的再生性资源，有3层含义：

1. 水资源消费以后，通过大自然逐年可以得到恢复和更新。从全球水圈来讲，总水量是不变的。水资源存在着明的水文循环现象。

水资源的再生性不是绝对的，而是有条件的。再生时间是水资源循环周期中最重要的条件。在水资源再生的过程中，不同的淡水和海洋正常更新循环的时间是不相等的。超量抽取地下水，会使一些地下水在人为因素作用下由不可耗竭的再生性资源转为可耗竭型资源。对不可耗竭的再生性水资源的开发利用必须考虑其自然承载能力。如超过其限度就会转为可耗竭型资源或延长再生周期。不能把水资源的再生性误认为水资源是取之不尽用之不竭的。

2. 随着人类社会的飞速发展，在水需求大大超过自然年资源量时，人们可通过工业手段为其人为再生。在利用天然水体本身的自净能力的基础上，同时采取生物的和工程的多种措施，实现水再生化和资源化。这是今后满足日益增长的水需求，尤其是满足超过水资源自然再生性所能提供水量之上需求的主要途径。由于人工再生成本远远高于自然再生成本，其价格的提升将是社会成本的普遍提高。

3. 采用经济合理的管理程序，使同一水资源在消费过程中多次反复使用，也是一种使用过程中的再生形式。对多个非消耗性用水用户，根据不同用水标准、按科学合理的使用顺序安排消费流程，如先发电，后航运，再用于工业或农业。在水资源量一定的条件下，复用次数越多，水资源利用程度就越高，资源再生量就越大。虽然这样的消费流程所需管理难度较大，但也是水资源供求矛盾逼着人们必走之路。

应明确和强调：可再生性的水资源管理的目标是获得最大可持续产出率，而不是最大的即时贴现率。因此应研究出我们国家、一些地区或流域的存量水资源的“承载能力”，使之为科学管理决策提供依据。

(四) 波动性

水资源虽是可再生的，但其再生过程又呈现出显著的波动性特点，即指一种起伏不定的动荡状态，是不稳定、不均匀、不可完全预见、不规则的变化。

水资源的波动性分为自然的和人为的两种。自然的波动性表现在水资源再生过程空间分布和时程降水上。水资源波动性在空间上称为区域差异性，其特点是显著的地带性规律，即水资源在区域上分布极不均匀。水资源时程变化的波动性，表现在季节间、年际间和多年间的不规则变化。

水资源再生过程的波动性对供水保证率是非常不利的。为相应地调节需求，价格浮动也应是必然的。而固定水价是不符合自然规律和市场规律的。

水资源的人为波动是指人作用于水资源的行为后果，负面影响了水资源正常的再生规律。如过度开采水资源、水污染、水工程老化失修、臭氧层的破坏、环境的日益恶化等。

将水资源自然的波动和人为波动两点联系起来分析，水资源自然的波动，是外生不确定性。没有一个经济系统可以完全避免外生不确定性。而保险可能只是有助于减轻它对个人的影响。水资源人为的波动，是内生不确定性。它来源于经济行为者的决策，它与经济系统本身的运行有关。这是我们可以控制和避免的。

在水资源波动过程中，外生不确定性和内生不确定性可以相互作用，内外相生，使水资源波动变成天灾加人祸的水灾难。如一座“豆腐渣”大坝由于建筑者的偷工减料(这是内生的)和意外严重的洪水(这是外生的)的联合作用而崩塌。所以，应控制内生不确定性。应以内生确定性来平衡外生不确定性。用人们科学的决策、合理的规划、优质的水资源工程使水资源波动性降至最低程度。

如上所述，水资源既有稀缺性，又有不可替代性；既有再生性，又有很大的波动性，因此水资源是非常宝贵的资源，人们在开发利用过程中，应该应用经济方法，在完善水资源市场过程中，通过价格机制的作用，使之达到资源最优或次优的经济配置。

当然，水资源除了具有上述较明显的四大经济特性以外，还有其他一些经济特性有待于进一步研讨。

四、水资源数量

本节在简要概括世界与中国水资源数量的基础上，分析了水资源量的供需平衡，研究了对水资源量供需平衡具有重要的影响的因素，包括海水利用、非常规水资源开发利用和节水途径等。但是重点介绍海水利用。

(一) 世界水资源

1. 世界水资源概况

水是地球极其丰富的自然资源，它以气态、固态和液态 3 种基本形态存在于自然界之中，分布极其广泛。表 9-1 是地球水圈赋存于各种介质中的水分布情况。

地球水圈水储量分布 **表 9-1**

水　体	水储量		咸　水		淡　水	
	10^3 km^3	%	10^3 km^3	%	10^3 km^3	%
海洋	1338 000.0	96.54	1338000	99.04		
冰川与永久积雪	24064.1	1.74			24064.1	68.7697
地下水	23400.0	1.69	12780	0.95	10530.0	30.0606
永冻层中冰	300.0	0.022			300	0.8564
湖泊水	176.4	0.013	85.4	0.006	91	0.2598
土壤水	16.5	0.0012			16.5	0.0171
大气水	12.9	0.0009			12.9	0.0378
沼泽水	11.5	0.0008			11.47	0.0337
河流水	2.12	0.0002			2.12	0.0061
生物水	1.12	0.0001			1.12	0.0032
总计	1385984.6	100	1350955.4	100	35029.21	100

资料来源：贺伟程，1992，世界水资源，中国水利大百科全书·水利·北京：中国大百科全书出版社。

地球水圈是“四圈”（岩石圈、水圈、大气圈和生物圈）中最活跃的圈层。所谓的水圈就是由地球地壳表层、表面和围绕地球的大气层中液态、气态和固态的水组成的圈层，大部分水以液态形式存在，如海洋、地下水、地表水(湖泊、河流)和一切动植物体内存在的生物水等，少部分以水汽形式存在于大气中形成大气水，还有一部分以冰雪等固态形式存在于地球的南北极和陆地的高山上。从表 9-1 可以看出，地球上的水量是极其丰富的，其总储水量约为 13.86 亿 km^3，大部分水储存在低洼的海洋中，占 96.54%，而且 97.47%(分布于海洋、地下水和湖泊水中)为咸水，淡水仅占总水量的 2.53%，且主要分布在冰川与永久积雪(占 68.70%)和地下(占 30.36%)之中。如果考虑现有的经济、技术能力，扣除无法取用的冰川和高山顶上的冰雪储量，理论上可以开发利用的淡水不到地球总水量的 1%。实际上，人类可以利用的淡水量远低于此理论值，主要是因为在总降水量中，有些是落在无人居住的地区如南极洲，或者降水集中于很短的时间内，由于缺乏有效的水利工程措施，很快地流入海洋之中。由此可见，尽管地球上的水是取之不尽的，但适合饮用的淡水水源是十分有限的，表 9-2 是世界各洲可用的淡水量。

世界各洲可用淡水量　　表 9-2

洲名称	面积 (km^2)	人口 (百万)	径流量 (km^3/a)	可用水量 (人/百万 m^3·a)	可用水量 (m^3/人·d)
欧　洲	10500	495	3210	152	18
亚　洲	43475	3108	14410	211	13
非　洲	30120	648	4570	144	19
北美及中美洲	24200	426	8200	52	53
南美洲	17800	297	11760	25	108
大洋洲	8950	26	2388	11	252
总　计	13505	5003	44540	114	24

资料来源：Shiklomanov(1993)；da Cunha(1994)

1997 年 10 月 20 日，《水信息报》刊登了世界 153 个国家水资源情况和各国用水量及其构成。国家水资源情况包括国土面积、水资源总量(总量，排序)、1995 年人口、1995 年人均水资源量(人均量，排序)、1995 年耕地面积和单位耕地面积水资源量，各国用水量及其构成包括年份、用水量、人均用水量、用水组成(生活用水、工业用水和农业用水)。这些国家指标前 10 名或者后 10 名情况见表 9-3。

世界 153 个国家水资源指标排序　　表 9-3

序号	排序指标	排　序	说明
1	水资源量	巴西、俄罗斯、美国、印尼、加拿大、中国、孟加拉、印度、委内瑞拉、哥伦比亚	前 10 名
2	人均水资源量	科威特、利比亚、新加坡、沙特阿拉伯、约旦、也门共和国、以色列、突尼斯、阿尔及利亚、布隆迪	后 10 名
3	用水量	中国、美国、印度、巴基斯坦、俄罗斯、日本、乌兹别克斯坦、墨西哥、埃及	前 10 名
4	人均用水量	土库曼斯坦、乌兹别克斯坦、吉尔吉斯坦、塔吉克斯坦、阿塞拜疆、巴基斯坦、美国、阿富汗	前 10 名

续表

序号	排序指标	排　序	说明
5	人均年用水量	所罗门群岛、海地、刚果共和国、赤道几内亚、几内亚比绍、刚果、布隆迪、乌干达、中非共和国、贝宁	后10名

资料来源：根据《水信息报》1997年10月20日资料整理。

2. 世界水资源短缺

世界水资源供需状况并不乐观。1996年5月，在纽约召开的“第三届自然资源委员会”上，联合国开发支持和管理服务部(United Nations Department of Development Support and Management)对153个国家(占世界人口的98.93%)的水资源，采用人均占有水资源量、人均国民经济总产值、人均取(用)水量等指标进行综合分析，将世界各国分为4类，即水资源丰富国(包括吉布提等100多个国家)、水资源脆弱国(包括美国等17个国家)、水资源紧缺国(包括摩洛哥等17个国家)、水资源贫乏国(包括阿尔及利亚等19个国家)(潘理中等，1996)。按此种评价法目前世界上有53个国家和地区(占全球陆地面积的60%)缺水。预测结果表明，21世纪水危机将成为几乎所有干旱和半干旱国家普遍存在的问题。联合国发表的《世界水资源综合评估报告》预测结果表明，到2025年，全世界人口将增加至83亿，生活在水源紧张和经常缺水国家的人数，将从1990年的3亿增加到2025年的30亿，后者为前者的10倍，第三世界国家的城市面积也将大幅度增加，除非更有效地利用淡水资源、控制对江河湖泊的污染，更有效地利用净化后的水，否则，全世界将有1/3的人口遭受中高度到高度缺水的压力。

(二) 中国水资源

我国是一个水资源短缺、水旱灾害频繁的国家，如果按水资源总量考虑，水资源总量居世界第六位，但是我国人口众多，若按人均水资源量计算，人均占有量只有2500m³，约为世界人均水量的1/4，在世界排第110位(按149个国家统计，统一采用联合国1990年人口统计结果)，已经被联合国列为13个贫水国家。

1. 降水量

我国多年平均年降水量呈现北少南多的极不均匀态势，1999年降水量由于气候异常而造成这种北少南多的分布状况更为突出：北方及青藏高原一般为 100～600mm，其中新疆南部和青海西部不足 50mm；南方地区一般为 800～1600mm，部分地区超过 2000mm。将 1999 年降水量与常年比较，除上海、浙北、皖南、赣北、湘北、滇中、新疆中部等地偏多 2～5 成外，全国其余大部地区偏少或接近常年，其中东北大部、华北中部、陕西北部、河西走廊、淮河流域大部等地偏少 2～6 成。

1999 年全国平均降水量 629mm，折合降水总量为 59702 亿 m^3，比上年减少 11.6%，比常年少 1.6%，属平水年。九大流域片的降水量情况是：松辽河片 421mm，比常年少 17.6%；海河片 385mm，比常年少 29.6%；黄河片 399mm，比常年少 11.3%；淮河片 676mm，比常年少 20.0%；长江片 1142mm，比常年多 4.8%(太湖流域 1593mm，比常年多 34.6%)；珠江片 1490mm，比常年少 3.7%；东南诸河片 1769mm，比常年多 7.1%；西南诸河片 1157mm，比常年多 8.1%；内陆河片 164mm，比常年多 1.4%。各省级行政区 1999 年降水量及其与上年、常年比较见表 9-4 和图 9-1。

1999 年行政分区降水量与上年比较 　　**表 9-4**

省级行政区	降水量(mm)	与上年比较(±%)	省级行政区	降水量(mm)	与上年比较(±%)
全　国	629.1	−11.6	河　南	601.8	−34.9
北　京	373.7	−45.6	湖　北	1142.9	−15.7
天　津	347.3	−41.0	湖　南	1589.9	−2.6
河　北	376.9	−29.8	广　东	1507.9	−13.9
山　西	398.1	−19.5	广　西	1604.3	−1.0
内蒙古	223.2	−39.5	海　南	1830.5	18.3
辽　宁	507.4	−35.6	重　庆	1240.0	−12.9
吉　林	509.4	−25.1	四　川	941.7	−9.1
黑龙江	443.5	−23.0	贵　州	1240.2	10.6
上　海	1586.8	36.5	云　南	1367.9	5.8
江　苏	1016.8	−14.3	西　藏	594.6	−9.4
浙　江	1805.7	1.5	陕　西	529.5	−23.8
安　徽	1330.7	−0.3	甘　肃	271.1	−6.6
福　建	1676.9	−10.8	青　海	310.5	7.7
江　西	1840.9	−10.5	宁　夏	255.0	−18.4
山　东	538.8	−30.5	新　疆	164.5	−18.9

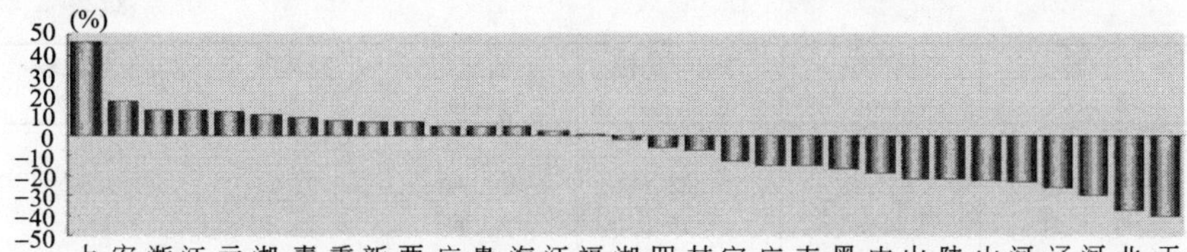

图 9-1　1999 年各省级行政区降水量与常年比较

2. 地表水资源量

地表水资源量指河流、湖泊、冰川等地表水体的动态水量，用天然河川径流量表示。1999 年全国地表水资源量 27204 亿 m^3，折合径流深 286.6mm，比常年多 3.8%，比上年减少 16.6%。按流域片计，松辽河片 1115 亿 m^3，比常年少 34.3%；海河片 92 亿 m^3，比常年少 64.5%；黄河片 524 亿 m^3，比常年少 19.6%；淮河片 347 亿 m^3，比常年少 50.5%；长江片 11126 亿 m^3，比常年多 14.8%（太湖流域 323 亿 m^3，比常年多 112.1%）；珠江片 4379 亿 m^3，比常年少 6.5%；东南诸河片 2240 亿 m^3，比常年多 13.1%；西南诸河片 5927 亿 m^3，比常年多 11.6%；内陆河片 1455 亿 m^3，比常年多 19.2%。各省级行政区 1999 年天然径流深及其与上年、常年比较见表 9-5 和图 9-2。

1999 年行政分区天然年径流深与上年比较　　　　**表 9-5**

省级行政区	径流深(mm)	与上年比较(±%)	省级行政区	径流深(mm)	与上年比较(±%)
全　国	286.6	−16.6	河　南	64.6	−73.9
北　京	30.7	−71.1	湖　北	555.1	−25.3
天　津	6.0	−93.2	湖　南	935.3	−18.4
河　北	28.4	−49.4	广　东	840.3	−16.8
山　西	26.9	−31.0	广　西	783.9	−20.0
内蒙古	27.1	−68.9	海　南	961.9	36.5
辽　宁	103.1	−57.5	重　庆	759.2	−20.1
吉　林	131.2	−35.4	四　川	539.5	−14.1
黑龙江	93.1	−50.0	贵　州	684.7	11.0
上　海	951.4	120.7	云　南	632.4	1.2
江　苏	310.4	−16.0	西　藏	378.3	−8.0
浙　江	1115.9	3.3	陕　西	98.0	−45.4

续表

省级行政区	径流深(mm)	与上年比较(±%)	省级行政区	径流深(mm)	与上年比较(±%)
安　徽	679.5	2.8	甘　肃	53.1	8.6
福　建	981.2	－22.7	青　海	92.2	8.5
江　西	1114.8	－26.5	宁　夏	15.2	－14.1
山　东	77.3	－60.6	新　疆	56.7	1.1

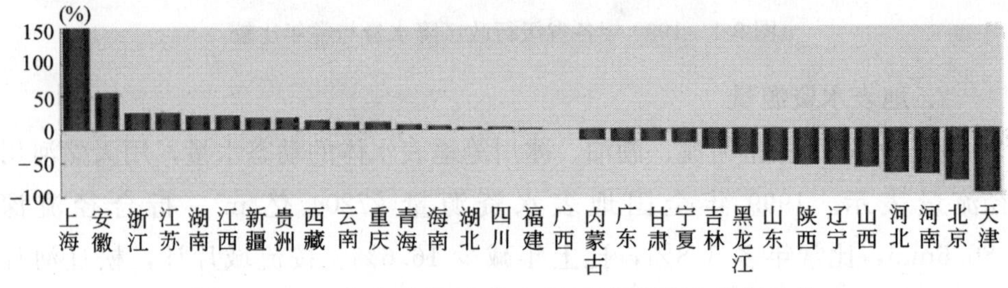

图 9-2　1999 年各省级行政区天然年径流深与常年比较

1999 年，从国外流入国内的水量为 289 亿 m^3，其中流入新疆、内蒙古境内的为 124 亿 m^3，流入广西、云南、西藏境内的为 165 亿 m^3；从国内流出国境及流入国际界河的水量共 7106 亿 m^3，其中从新疆流出国境的为 267 亿 m^3，从云南、西藏、广西流出国境的为 6049 亿 m^3，从辽、吉、黑、内蒙古 4 省(自治区)流入国际界河的为 790 亿 m^3；全国入海水量共 17461 亿 m^3，其中北方松辽河、海河、黄河、淮河 4 个流域片的入海水量为 362 亿 m^3，南方长江、珠江、东南诸河 3 个流域片的入海水量为 17099 亿 m^3。与上年比较，入境水量变化不大，只减少 5 亿 m^3，而出境水量、入海水量分别减少 1130、3860 亿 m^3。

3. 地下水资源量

地下水资源量指降水、地表水体(含河道、湖库、渠系和渠灌田间)入渗补给地下含水层的动态水量。山丘区采用排泄量法计算，包括河川基流量、山前侧向流出量、潜水蒸发量和地下水开采净消耗量；平原区采用补给量法计算，包括降水入渗补给量、地表水体入渗补给量和山前侧向流入量。在确定流域分区或行政分区的地下水资源量时，扣除了山丘区与平原区地下水资源之间的重复计算量。

1999 年全国地下水资源计算面积为 939 万 km^2(未包括水面面积和矿化

度大于 2g/L 的咸水面积)，地下水资源量为 8387 亿 m^3。其中，平原区计算面积为 193 万 km^2，地下水资源量为 1786 亿 m^3，加上井灌回归补给量后的总补给量为 1856 亿 m^3。1999 年各流域片的地下水资源量见表 9-6。

1999 年流域分区水资源量 单位：亿 m^3 **表 9-6**

流域片	降水量	地表水资源量	地下水资源量	地表与地下水资源重复量	水资源总量
全国	59702.4	27203.8	8386.7	7394.8	28195.7
松辽河	5215.7	1114.6	556.0	293.5	1377.1
海河	1224.4	92.0	170.9	70.5	192.5
黄河	3181.3	523.8	393.8	291.8	625.9
淮河	2212.3	346.5	327.4	86.5	587.4
长江	20414.0	11125.9	2559.9	2420.9	11264.9
其中：太湖流域	594.0	323.0	62.8	27.2	358.6
珠江	8612.0	4379.2	1009.5	984.9	4403.9
东南诸河	3668.6	2240.3	503.1	491.4	2252.0
西南诸河	9584.3	5926.8	1804.5	1803.6	5927.7
内陆河	5589.9	1454.6	1061.5	951.7	1564.4

在北方平原地区，地下水是重要的供水水源。北方五大流域片 1999 年的平原区地下水补给情况是：松辽河片总补给量 311 亿 m^3，比上年减少 24.3%；海河片总补给量 116 亿 m^3，比上年减少 36.9%；黄河片总补给量 190 亿 m^3，比上年减少 8.0%；淮河片总补给量 268 亿 m^3，比上年减少 34.0%；内陆河片总补给量 561 亿 m^3，比上年增加 3.2%。北方 17 省(自治区、直辖市)平原区 1999 年总补给量与上年比较见图 9-3。

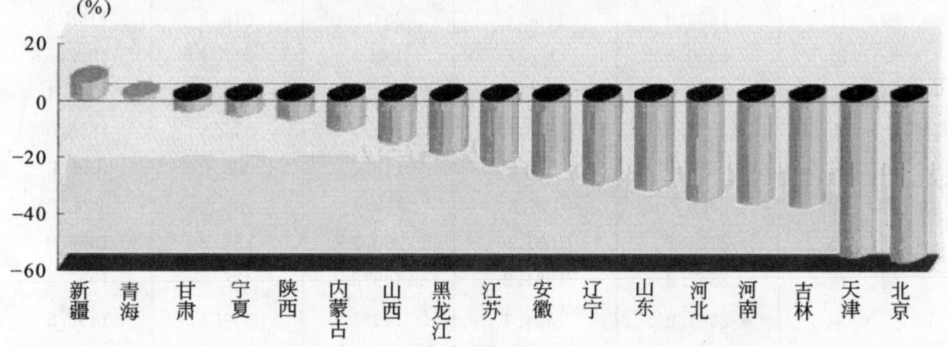

图 9-3 北方平原区 1999 年地下水总补给量与上年比较

4. 水资源总量

水资源总量指评价区内当地降水形成的地表、地下产水总量(不包括区外来水量),由地表水资源量与地下水资源量相加、扣除两者之间互相转化的重复计算量而得。

1999 年全国水资源总量为 28196 亿 m^3,比常年多 2.7%。全国产水总量占降水总量的 47%,平均每平方公里产水量为 29.7 万 m^3。

九大流域片 1999 年水资源总量见表 9-6。与常年比较,松辽河片减少 28.6%,海河片减少 54.3%,黄河片减少 15.8%,淮河片减少 38.9%,长江片增加 17.2%(太湖流域增加 120.9%),珠江片减少 6.5%,东南诸河片增加 16.8%,西南诸河片增加 1.3%,内陆河片增加 20.0%。

各省级行政区 1999 年水资源总量见表 9-7,与常年比较见图 9-4。

1999 年行政分区水资源量　　单位:亿 m^3　　**表 9-7**

省级行政区	降水量	地表水资源量	地下水资源量	地表与地下水资源重复量	水资源总量
全　国	59702.4	27203.8	8386.7	7394.8	28195.7
北　京	62.8	5.2	12.8	3.8	14.2
天　津	39.3	0.7	2.4	0.5	2.6
河　北	707.3	53.3	91.4	36.6	108.1
山　西	622.1	42.1	59.9	32.9	69.0
内蒙古	2585.9	313.5	238.1	114.0	437.6
辽　宁	738.2	150.1	78.5	46.6	182.0
吉　林	954.6	245.9	107.4	61.1	292.1
黑龙江	2017.2	423.6	241.2	111.9	552.9
上　海	100.6	60.3	14.7	0.9	74.1
江　苏	1037.9	316.8	118.8	21.6	414.0
浙　江	1862.0	1150.6	234.8	216.7	1168.8
安　徽	1856.0	947.7	192.2	117.4	1022.5
福　建	2077.3	1215.4	316.0	315.3	1216.1
江　西	3073.4	1861.2	346.2	341.3	1866.0
山　东	825.9	118.5	118.7	50.8	186.4
河　南	993.7	106.8	143.1	45.5	204.3
湖　北	2124.7	1031.9	300.3	251.2	1080.9
湖　南	3367.9	1981.2	445.2	438.6	1987.8
广　东	2664.2	1484.7	405.5	393.7	1496.5
广　西	3796.7	1855.2	296.7	296.7	1855.2

续表

省级行政区	降水量	地表水资源量	地下水资源量	地表与地下水资源重复量	水资源总量
海 南	621.5	326.6	82.0	71.0	337.5
重 庆	1021.8	625.6	63.3	63.3	625.6
四 川	4570.5	2618.4	634.6	631.7	2621.4
贵 州	2184.8	1206.2	313.4	313.4	1206.2
云 南	5391.4	2492.5	824.5	820.3	2496.7
西 藏	7149.2	4548.4	1434.1	1434.1	4548.4
陕 西	1088.6	201.5	118.4	88.0	231.9
甘 肃	1081.0	211.9	147.4	135.9	223.4
青 海	2244.4	666.3	290.7	284.9	672.1
宁 夏	132.1	7.9	28.9	27.6	9.2
新 疆	2709.5	934.1	686.0	627.8	992.2

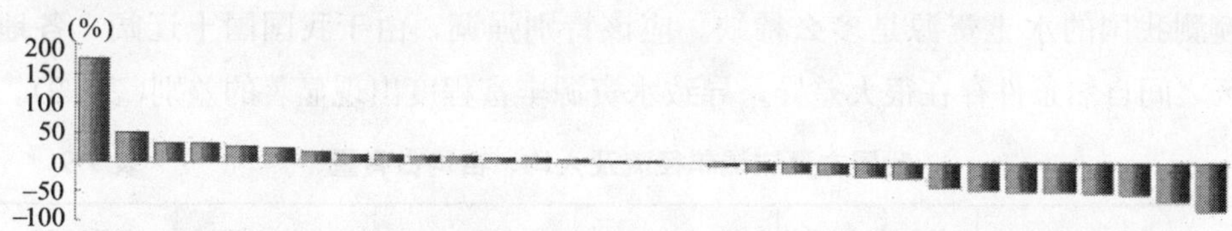

图 9-4 1999 年各省级行政区水资源总量与常年比较

(三) 我国水资源简评

1. 水资源人均量低，分布极不均衡

我国河川径流量 27115 亿 m^3，在世界主要国家中，仅次于巴西、前苏联、加拿大、美国和印尼，居世界第六位(表 9-8)。

世界各主要国家年径流量、人均和单位面积耕地占有量　　　表 9-8

国 家	年径流量（亿 m^3）	单位国土面积产水量（万 m^3/km^2）	人口（亿）	人均占有水量（m^3/人）	耕地（10^6m^2）	单位耕地面积水量（$m^3/100m^2$）
巴 西	69500	81.5	1.49	46808	32.3	215170
前苏联	54660	24.5	2.80	19521	226.7	24111
加拿大	29010	29.3	0.28	103607	43.6	66536

续表

国家	年径流量（亿 m^3）	单位国土面积产水量（万 m^3/km^2）	人口（亿）	人均占有水量（m^3/人）	耕地（10^6m^2）	单位耕地面积水量（$m^3/100m^2$）
中国	27115	28.4	11.54	2350	97.3	27867
印尼	25300	132.8	1.83	13825	14.2	178169
美国	24780	26.4	2.50	9912	189.3	13090
印度	20850	60.2	8.50	2464	164.7	12662
日本	5470	147.0	1.24	4411	4.33	126328
全世界	468000	31.4	52.94	8840	1326.0	35294

资料来源：陈家琦，王浩，1996，水资源学概论，北京：中国水利水电出版社。

从表 9-8 可以看出，在世界主要国家中比较，我国水资源总量是可观的，但是由于人口众多，导致人均水资源量远远低于上述主要国家，也大大低于全世界的平均水平。如果从单位耕地面积水量来看，也远远小于世界的平均水平，我们用全世界 7.2%的耕地，养育了全球 1/5 的人口，从中可以窥测我国的水土资源是多么稀缺。应该特别强调，由于我国国土辽阔，各地区之间自然条件存在很大差异，导致水资源丰富程度出现显著的差别(表9-9)。

我国主要流域年径流及人均、亩均占有量　　表 9-9

流域	河川年径流（亿 m^3）	人口（万）	耕地（万亩）	人均水量（m^3/人）	亩均水量（m^3/亩）
松花江	742	5112	15662	1451	474
辽河	148	3400	6643	435	223
海滦河	288	10987	16953	262	170
黄河	661	9233	18244	716	362
淮河	622	14169	18453	439	337
长江	9513	37972	35171	2505	2705
珠江	3360	8202	7032	4097	4778
(1) 黄、淮、海、辽	1729	37789	60293	455	285
(2) 长江、珠江	12873	46174	42203	2788	3050
(1)/(2)(%)	13.4	82	143	16.3	9.3

资料来源：水利电力部水文局，1987，中国水资源评价，北京：水利电力出版社。

表 9-9 表明，我国水资源分布同人口、耕地分布极不协调，长江流域及其以南的珠江流域、浙闽台诸河、西南诸河等流域，国土面积、耕地和人口

分别占全国的36.5%、36%和54.4%，但水资源总量却占全国的81%，人均水量为全国平均水平的1.6倍，亩均占有量是全国平均值2.3倍；辽河、海滦河、黄河、淮河流域，面积为全国的18.7%(相当于南方的一半)，水资源总量却只为南方4片的10%；北方耕地占全国的45.2%，人口占全国的38.4%，水资源总量更少，特别是海滦河流域尤为明显，人均占有水量为全国平均水平的16%，亩均为全国平均水平的14%，水资源的这种不均衡分布，严重地制约了国民经济的健康发展，调水成为经济和政治的热门话题。

2. 水资源供需矛盾加剧，威胁社会可持续发展

我国水资源供需状况不容乐观。长期以来，我国社会经济发展特别是北方地区，一直受缺水困扰，水资源成为国民经济发展的"瓶颈"，缺水量越来越多，缺水地区迅速由点到面，几乎成为全国性问题，并且此问题越来越突出。

据统计，目前我国缺水量358亿m^3($P=75\%$)，其中农业缺水300亿m^3，工业及城镇缺水58亿m^3。据预测，2030年后我国水资源供需矛盾更加尖锐(表9-10)。

我国水资源供需状况 **表9-10**

水平年	流域	可供水量(亿m^3)	利用量(亿m^3)	需水量(亿m^3)	缺水量(亿m^3)	缺水率(%)
2030	松辽河	746	721	759	13	1.8
	海滦河	487	311	539	52	9.7
	淮河	774	600	815	41	5.1
	黄河	528	443	535	7	1.3
	长江	2340	2647	2341	1	0.0
	珠江	1005	989	1006	1	0.1
	东南诸河	344	328	345	1	0.2
	西南诸河	126	126	127	1	0.6
	内陆河	640	635	652	12	1.8
	全国	6990	6800	7119	129	1.8
2050	松辽河	766	733	767	1	0.1
	海滦河	554	311	556	2	0.3
	淮河	838	606	839	1	0.1

续表

水平年	流域	可供水量（亿 m^3）	利用量（亿 m^3）	需水量（亿 m^3）	缺水量（亿 m^3）	缺水率（%）
2050	黄河	543	439	545	2	0.3
	长江	2482	2833	2429	1	0.1
	珠江	1020	1003	1021	1	0.0
	东南诸河	353	335	353	0	0.0
	西南诸河	144	144	145	1	0.0
	内陆河	654	646	664	10	1.6
	全国	7300	7050	7319	19	0.3

根据表 9-10，2030 年，全国需水量为 7119 亿 m^3，此时可供水量为 6990 亿 m^3，可利用量为 6800 亿 m^3，缺水量为 229 亿 m^3。2050 年，全国需水量为 7319 亿 m^3，此时可供水量为 7300 亿 m^3，可利用量为 7050 亿 m^3，缺水量为 269 亿 m^3。

水资源危机严重地威胁了我国社会可持续发展。首先，水资源危机将会导致生态环境的进一步恶化。为了取得足够的水资源供给社会，必将加大水资源开采力度，水资源过度开发，可能导致一系列的生态环境问题。通常认为，当径流量利用率超过 20%时就会对水环境产生很大影响，超过 50%时则会产生严重影响。目前，我国水资源开发利用率已达 19%，接近世界平均水平的 3 倍，个别地区更高，如 1995 年松海黄淮等片开发利用率已达 50%以上，其中淮河流域达 98%。此外，过度开采地下水会引起地面沉降、海水入侵、海水倒灌等环境问题。其次，水资源短缺将威胁粮食安全。粮食是人类生活不可缺少的物质，充足的粮食供给是现代化社会的首要标志之一。粮食的生产依赖水资源的供给，随着水危机的不断加剧，城市、工业与农业争水日益突出。例如，华北地区四省市 1993 年与 1980 年相比，在总取水量减少 27 亿 m^3 条件下，工业和城市生活用水增加了 33 亿 m^3，农业用水量减少 60 亿 m^3，势必影响粮食生产，威胁粮食安全(特别指出，现在农业水资源减少并没有绝对影响粮食生产，是因为农业节水还有相当的潜力，当潜力发挥殆尽时，影响会非常显著)。第三，国民经济损失不断加大。随着社会经济的发展，国民经济依赖水资源程度越来越大，水资源危机势必给国民经济带来损失，并且随着水资源危机的加剧损失不断加大。仅从现状来看，全国城市年缺水量达58亿m^3，每年因缺水造成的直接经济损失达2000亿元，仅胜利油田1995年因黄河断流减产30亿元。

由此可见，我国水资源面临的形势非常严峻，如果在水资源开发利用上没有大的突破，在管理上不能适应这种残酷的现实，水资源很难支持国民经济迅速发展的需求，水资源危机将成为所有资源问题中最为严重的问题，它将威胁中华民族的腾飞，前景十分令人忧虑。

中国水利部副部长索丽生在2001年举行的中国科协第三届学术年会上发出警告说，中国水资源形势不容乐观，需要认真对待。洪涝灾害频繁，防洪安全仍缺乏保障。中国每年的洪涝灾害都造成上千亿元的经济损失，其仍然是中华民族的心腹之患。水资源短缺已经成为制约中国经济社会发展的主要因素。按目前的正常需要和不超采地下水，中国年缺水总量为300～400亿m^3。

水资源浪费加剧了供需矛盾。中国用水浪费严重，水资源利用效率较低。全国工业万元产值用水量91m^3，是发达国家的10倍以上，水的重复利用率仅为40%；农业灌溉用水有效利用系数只有0.4左右；城市生活用水、家庭用水浪费现象也十分普遍。

中国水环境恶化，水体水质总体上呈恶化趋势。全国污水排放量大；水土流失严重；地下水多年超采，已形成164个地下水超采区，部分地区出现地面沉降、海水入侵等问题。索丽生称，随着中国经济和社会的高速发展，水危机将愈来愈重。预计2030年左右人口达到高峰时，中国也将出现用水高峰，届时水资源紧缺的形势将更为严峻。

如何应对日益严重的水危机的挑战？索丽生在年会上做《中国可持续发展水资源战略》特邀报告时明确表示，要建立三大体系，即人与洪水协调共处，建立完善的防洪减灾安全保障体系；开源节流并举，建立可靠的水资源供给与高效利用保障体系；协调生活、生产、生态用水，建立维护生态环境安全的水利保障体系。同时进行四方面改革，包括水资源要实行统一管理、引入市场机制、改革水价形成机制、加强科技创新，推进水利现代化进程。

南水北调工程是缓解中国北方地区缺水矛盾，实现水资源合理配置的重大战略性工程。索丽生透露，“十五”期间及21世纪初，中国将尽早开工建设这一工程，并重点建立流域和区域防洪中心、水资源管理调度中心、水土保持监测中心，实现水资源可持续利用，保障经济社会的可持续发展。

五、水资源量供需平衡管理

(一) 我国需水预测实践与实际比较

20 世纪 80 年代以来，我国许多部门对 2000 年中国需水量进行了预测，将这些结果与 2000 年实际用水量进行比较，可以分析预测存在的问题，为未来水资源预测提供宝贵的意见。表 9-11 是 2000 年中国水资源预测需求量与实际比较。

2000 年中国水资源预测需求量与实际比较 **表 9-11**

预测单位	预测数(亿 m^3)	实际差值(亿 m^3)	预测时间
水利部	7096	+1565	20 世纪 80 年代初
中国 21 世纪人口、环境与发展白皮书	6000	+469	1994 年
21 世纪中国水供求	6100(中等干旱)	+569	1994 年
	5734(平水年)	+203	

说明：2000 年实际水资源实际使用量为 5531 亿 m^3。

从表 9-11 可以看出，各部门预测的 2000 年水资源需求量与实际使用量存在很大的差距，从表中列出的几个方案来看，相差最小的高出 203 亿 m^3，差距最大的竟然高出 1565 亿 m^3。出现这种差错的原因很多，既有主观的原因，也有客观的原因。

为了提高预测的准确性，把握经济发展不同时段用水需求规律是非常重要的。目前，我们对这种规律还没有掌握，需要从国内外历史经验中进行深刻总结，同时需要艰苦的探索，探讨新的办法。

因此，我们对需水的预测结果要采取审慎的态度，只采用一种方法存在偏差的可能性大，需要用多种方法进行辅助调整，再做出综合判断。

值得说明的是，1987 年在制订“北方缺水 7 省(市)长期供求计划”时，柯礼聃用人均综合用水量定额法预测 2000 年全国需水量为 5500 亿 m^3，与实际使用量 5531 亿 m^3 相差 31 亿 m^3，误差很小。这种结果提示我们，运用人均综合用水量定额法预测可能有一定的准确度，但是否可以普遍推广，还要慎重，因为目前还不能证明该法是一种巧合，还是本身确实很科学。

(二)水资源供给预测

水资源供给预测就是对不同时段供水量进行判断。供水量是指在不同的来水条件下，供水设施可提供的水量。根据供水的来源，供水水源由以下几个部分构成，见图9-5。

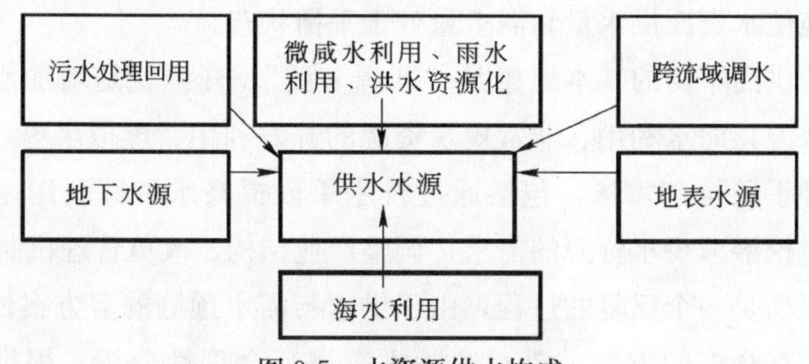

图9-5　水资源供水构成

供水水源由地表水源、地下水源、跨流域带水、污水回用、非常规水资源(微咸水利用、雨水利用、洪水资源化)和海水等构成。其中地表水资源供水量包括蓄水工程供水量和引提水工程量。

区域供水量是在原有的供水系统量再加上新增工程能力所组成。

对于地表蓄水工程的计算，根据来水条件、工程规模进行调节计算，小型蓄水工程及塘坝采用复蓄系数法进行计算，也就是对工程情况进行分类，采用典型调查法，分析不同地区各类工程的复蓄系数。

对于地表引提工程的供水量用以下公式进行计算。

$$W_{供引提}=\sum_{i=1}^{n}\min(Q_i,\ H_i,\ X_i)$$

式中，Q_i、H_i、X_i 分别为 i 时段取水口的可引流量、工程的引提能力及需水量，i 为计算时段数。

$$W_{供地下}=\sum_{i=1}^{n}\min(Q_i,\ W_i,\ X_i)$$

式中，Q_i、W_i、X_i 分别为 i 时段机井提水量、当地地下水可开采量及需水量。

值得说明的是，供水量预测是在考虑供水现状的基础上，要考虑不同保证率的可供水量，要预计不同规划水平年工程变化情况以及考虑现有工程更新改造和续建配套后新增的供水能力，要考虑工程老化、水库淤积和因上游用水增加造成的来水量减少等对工程供水能力的影响。

（三）水资源供需平衡分析

水资源供需分析就是综合考虑社会、经济、环境和水资源的相互关系，分析不同发展时期、各种规划方案的水资源供需状况。供需平衡分析就是采取各种措施使水资源供水量和需求量处于平衡状态。

水资源供需平衡的基本思想是“开源节流”。开源就是增加水源，包括开辟新的水源，海水利用、非常规水资源的开发利用、虚拟水等，而节流就是通过各种手段抑制需求，包括通过技术手段提高水资源利用率和利用效率，如通过挖潜减少水资源的需求、调整产业结构、改革管理机制等。

供需平衡是一个反复的过程，由于供水与需水预测的多方案性，所以供需平衡也存在众多的方案，要对这些方案进行合理性分析，根据经济、技术、环境可行的方案，进行优化，是十分必要的。

我们以前的水资源供需方案中，多方案做的不多，特别是多方案的优化比较做的就更少。在多方案选择时，要进行科学的比较，开展费用—效益是十分重要的，我们在此方面非常薄弱，甚至一些大的工程都没有开展这方面的工作，所以规划设计方案难以被接受，出现各种不同意见，甚至是反对。如对于某地区而言，是用海水经济还是调水合算？对于这样的一个问题，不能简单地从成本上来否定某个方案或者赞成某个方案，应该在详细论证两方案的基础上，从社会、经济、环境等多种角度进行费用效益分析，推荐方案供选择。

六、海水利用

合理节约用水是可持续发展的重要课题，然而，节水并不能增加淡水的总量。大量地利用海水自然而然地就成为 21 世纪解决淡水缺乏的主要途径。海水利用包括直接利用海水、海水淡化和海水综合利用，以及海水农业等。

（一）海水利用有效解决水资源供需矛盾

解决我国水资源短缺的一个重要途径是海水利用。综观我国缺水城市的分布，绝大部分分布于沿海地区。我国沿海地区包括沿海 11 个省、市、自治区，土地面积约为 130 万 km^2，占全国的 13.5%，居住了全国 40%的人口，提供了60%以上的国民生产总值，拥有的水资源却只占全国的26%(中国土地资源生产能力及人口承载量研究课题组，1991)。1996年GDP达到39727亿元，占全国总数58%，人均GDP是内陆19个省(区、市)人均值的18倍。

沿海地区是我国水资源最为短缺的地区，在我国300多座缺水城市大部分分布于沿海地区，大部分沿海城市人均水资源量低于500m^3，大连、天津、青岛、连云港、上海的人均水资源量甚至低于200m^3，处于极度缺水状态。沿海地区受季风气候影响，降水集中在春夏季，降水量的年际、季际变化大，在汛期4个月左右的径流量占据了全年降雨量的60%～80%，加剧了枯水季节水资源供需矛盾。

2004年4月，“海水淡化及利用技术国际研讨会”在天津召开，国际脱盐协会技术委员会主席利昂·阿维尔布奇将海水淡化称为“在水危机和水污染的厄运和困境中开辟新水源的惟一可行的希望”。

(二) 海水利用途径

1. 开发海底淡水资源

海底存在大量的淡水。海底淡水的开发利用也成为一个重要的水源。

新生代近岸浅海区的地质构造运动以及海、陆环境变迁，是海底地下水赋存的主要原因。陆地水系，尤其是地下含水层向海域延伸，从而赋存海底淡水资源。第四纪，特别是晚第四纪以来海平面多次升降相应地使在大陆架大河口区的古河谷经历多次“河流下切——河床冲积——海侵进积——海退前积”的周期性发育过程，从而造就多期巨大规模的埋藏古河道系统，如密西西比、黄河、长江、珠江等河口。

目前，我国已经开展了海底淡水资源研究，中国科学院南海海洋研究所在珠江三角洲陆区和海区发现多处沙砾质埋藏古河道和古溺谷，并在1991年向珠海市有关部门提出开发海底淡水、就近解决万山群岛缺水难的建议。浙江省舟山市正着手引采海底淡水，以解岛上水荒。1993年，中国地矿部第三海洋地质调查大队在长江口早更新世晚期的古河道沉积层中首次钻获两层可供饮用的淡水，估算储量为23亿m^3以上(刘海龄，1997)，河口海底淡水资源以其埋藏浅、储量大、易开采、水质好、毗邻严重缺水的海岛和经济发达的沿海地区、勘探开采成本低廉、不易造成环境污染等巨大优势，将成为沿海及海岛地区可持续发展的重要保障，将为越来越多的人所重视（刘海龄等，1998）。

2. 直接利用海水

海水利用直接利用主要是生产和生活两个方面，从总的情况来看，工业冷却用水占海水总利用量的90%。海水直接利用是用海水代替淡水作为工业用水和生活杂用水。到21世纪上半叶，随着海洋生物污损防治技术的提高和耐腐蚀材料的进一步发展，沿海城市的绝大部分工业冷却水都将采用海水。海水冲厕会得到大面积推广。

3. 海水淡化利用

海水淡化是海水利用的重点，到了21世纪中叶，也许我们会看到这样一个景象，每个岛屿或缺水的沿海城市都建有海水淡化工厂。这些工厂里大多采用蒸馏法和反渗透技术来制取淡水。到时候全世界使用的水资源中有1/5以上来自海洋。

反渗透法是利用孔径比纳米还细小的半透膜滤去盐分来制取淡水的。另外，还有人设想由于反渗透法制取淡水是在一定的压力下实现的，假如把海水淡化装置放在海底，就可以利用海水自身的压力来获取淡水，对海上城市或石油钻井平台非常实用。

出海远洋只要带一台海水淡化设备就可以满足船上的淡水供应。采用蒸馏法制取淡水，主要是利用热能来实现的，在有核电站和热电厂的条件下采用这种技术可以充分利用电厂余热，大大减少能耗。

4. 我国海水利用存在的问题

影响海水利用的因素很多，思想观念、成本、政策、布局、资金等制约我国海水的开发利用。

(1) 狭义的水资源观限制了海水资源的利用

长期以来，我们在解决水资源供需矛盾时，常常将目光集中在淡水上，而对海水的利用则不予重视，没有将海水纳入水资源利用体系中。狭义的水资源观限制了海水的利用。

(2) 淡化水价高失去了竞争力

成本是影响海水利用的重要制约因素。根据有关资料表述，淡化水的成本为8元/m^3左右。目前，沿海城市的水价都低于海水淡化的价格，海水淡化缺乏竞争能力。如果用水价格比海水淡化价格高，则海水淡化就有相应的竞争能力。

(3) 缺乏政策导向

政策导向对于产业来说具有重要影响。目前，我国尚无明确的鼓励政策，影响了海水产业的发展。国家应从解决沿海地区淡水危机及促进其经济发展的战略高度出发，在行政上和经济上制定有利于海水利用的方针和政策；鼓励有条件利用海水的地区和单位大力开发海水资源。同时，在沿海地区水资源规划中，将海水利用作为一个重要的内容纳入其中。

(4) 远离沿海的耗水布局产业

高耗水而又可以直接利用海水的钢铁、化工和电力等工业企业远离海岸是我国工业布局的一大特点。首钢、太钢及北京燕山石化等均建在水资源严重短缺而又远离海岸的内陆。有些沿海省份拥有很多高耗水且远离海岸的大型企业，如鞍钢、邯钢和马钢。

(三) 我国海水利用建议

海水利用，是解决我国沿海地区水资源供需矛盾的重要途径。根据实际，提出我国海水利用的建议：

1. 将海水作为水资源补充纳入水资源规划之中

转变观念，将海水作为解决水资源短缺的源泉之一，纳入到水资源规划之中。

2. 制订海水利用产业政策

海水利用是未来最富有前途的产业，是朝阳产业，国家应该制订明确的在投资、税收等各方面优惠的产业政策。必要的补贴是不可少的，国家对淡化水项目实行补贴，美国和日本的补贴高达80%以上，我们也要制订相应的政策，吸引资金加入这个行列。

3. 大力推广海水利用示范工程

国家为解决沿海地区、内陆苦咸水地区和内陆大中型城市用水，支持了一些膜技术应用示范工程，如北方近海缺水特大城市大型海水淡化示范、以供应城市居民饮用水为目标的大中型海水淡化重大示范、以解决工业纯净水问题为目标的中小型海水淡化、重点行业海水冷却直接利用等将成为中国海水利用今后重点实施的工程。

4. 积极推进海水利用产业化

我国海水利用技术已经成熟，已经初步具备产业化条件。如膜技术在全球范围内受到了前所未有的高度重视，我国在此方面处于先进行列，将先进的膜技术转化为现实的生产力，使之产业化，在海水淡化或者微咸水利用中发挥作用。将海水开发利用作为一项产业，促进产业化经营。

第二节 水资源的可持续利用理论

一、水资源可持续利用理论基础

水资源有其自身的特点，对于维持人类的生存来说，它是一种不可替代的资源。这就是说，当水资源出现短缺时，用其他产品或技术来替代是不可能的，运用价格机制来进行调节的余地也是比较有限的，因为水资源的利用不仅涉及经济效率，而且涉及人类生存的公平问题。因此，在研究水资源的短缺问题时，除了节水技术外，研究的重点只能放在水资源利用的代内和代际公平上。所谓代内公平，是指水资源的配置必须优先保证人类的基本生存需要，而不能单纯由市场机制来决定；所谓代际公平，则同样是指必须给后人留下相当于其最低安全标准的水量。而这种由水资源自身特点决定的水资源利用中的代内公平，与可持续发展是有着共同点的，这个共同点就是自然资源利用中的公平性，而其他自然资源的最优利用中几乎不存在类似的代内公平问题。所以，在研究可持续发展时，水资源的可持续利用则成为可持续发展可行性与实践操作性研究中最为恰当的内容，亦成为可持续发展可行性研究的突破口。

二、水资源可持续利用的内涵

(一) 水资源可持续利用的内涵

1. 可再生资源可持续利用的内涵

可再生资源可持续利用是指能长期保持资源再生能力和令人满意环境质量的资源利用方式。可持续利用作为一种哲学理念，它蕴涵了某些能使人类社会延续与发展的伦理和经济价值。

从伦理价值来看，它反映了各代人都有权利充分利用各种已有资源造福社会的代际公平观。当今天应用崭新科技从资源利用中获取巨大利益时，我们自然会首先感谢先辈将这些资源保存下来。因此，当处在“代际无知之幕”中，我们一定会选择可持续的资源利用原则。所谓“代际无知之幕”是这样一种状态：假定人们不知道自己所处的代际，资源在代际间的分配情况和自己应用资源的能力等特殊情况，但清楚资源利用对人类福利的影响和科技进步可以使资源潜在价值不断开发出来的一般规律。在这种状况中，所有人处境是相似的，没有任何一代人能够设计出有利于自己特殊情况的资源利用原则。所以，在这种状态中获得的原则一定能体现代际公平，可以保证任何一代人都不会因代际不同这样的偶然性因素得利或受害。这种代际公平观为人类不断扩大资源利用范围提供了伦理约束基础。

从经济价值来看，它反映了资源存在本身就有巨大潜在价值的事实。随着科技进步，人们可以预期同样一种资源将来肯定会得到比现在更有效率的利用，即用同样数量和品质的资源，预期将来能够生产出比现在更多更好的最终物品和服务。这种预期将来资源利用价值与现实的差距就称为潜在价值。某种资源的灭绝会使人类未来丧失这种潜在价值，比如，某种动(植)物灭绝，它的基因资源的潜在价值也就可能随之失去。由于人类的理性是有限的，人们无法准确预测未来不同时间资源的潜在价值，那么，资源的潜在价值就有可能被大大低估，资源利用的私人(或社会)优化选择就可能会有过多的“最优灭绝”，这样就会给“未来人”带来难以估计的使用者成本(即非持续方式造成资源灭绝的损失)。为了避免和降低使用者成本出现的风险，我们就需要拥有一种可持续利用的伦理约束弥补人类的理性不足。

2. 水资源可持续利用内涵

根据可再生资源可持续利用的内涵，对水资源可持续利用做如下理解：水资源的可持续性开发和利用概括为：(1)适度开发，对资源利用后，不应该破坏资源的固有价值，并且尽可能地回避开发对资源的不利影响；(2)不妨碍后人未来的开发，为后来开发留下各种选择的余地；(3)不妨碍他区人类的开发利用及其对水资源的共享利益；(4)水的利用率和投资效益是策略选择中的主要准则；(5)不能破坏因水而结合的地理系统(包括自然系统和社会人文系统)。水资源开发利用必须从长期考虑，要求实施开发后不仅效益显著，而且不至于引起不能被接受的社会和环境问题，从用水量讲，持续利用是指从水库和其他水资源引用的水不能多于快于通过自然的水文循环所能补充的数量和速率；从水质上讲，一定要满足用户的要求。不能低质高用，以量代质，不能高质低用，促使水资源短缺。进一步概括地讲，水资源可持续利用至少包括：(1)水资源开发利用不仅考虑当代，而且要将后代纳入考虑的范畴；(2)水资源可持续利用与人口、资源、环境和经济密切协调起来，相互促进；(3)水资源可持续利用要实现整体、协调、优化与高效。

作为可持续性水资源系统，维持其生态、环境和水文完整性，同时能够充分帮助实现现在和未来社会目标的系统(Daniel P. Loucks，2003)。

水资源的可持续利用受到多种因素的限制：主要包括可持续的财政的限制；时间和空间问题；供需管理以及人口增长问题；水质和健康问题；地下水管理和利用问题；环境保护；水力发电；农业和工业需水问题；运输和防洪问题；水库的蓄水和运行问题；自然灾害问题；天然的人为的环境问题；能力建设问题，变化的自然性等。

1988年，Falkenmak提出水资源可持续利用的各种条件：(1)确保雨水能够渗透且能用于足够大范围的生物群落自我维持生产；(2)必须保持土壤的可渗透性和水资源保持能力；(3)必须有可利用的饮用水；(4)必须有足够的水源来保证公共卫生；(5)鱼和其他的水生生物必须得到保护并且能够食用(1988年，Falkenmak)。

(二) 水资源可持续利用时间域

水资源资源可持续利用具有时间和空间的内涵，因此，在研究资源可持续利用时，必须探讨水资源资源利用的时间性，根据时间的长短不同，水资源可持续利用具有不同的模式，我们将考察研究持续发展的时间范围称为可持续利用时间域，根据研究对象时间上的差别，水资源可持续利用时间域可进一步分为水资源可持续利用代际时间域和水资源可持续利用非代际时间域。

1. 水资源可持续利用代际时间域

代际是常用而又难以准确定义的词汇，主要表现在，对于个体而言，该含义非常清楚而且容易理解，如父与子，不管他们之间年龄差距有多大，他们属于两代人，这没有丝毫的争议，但是就人类的整体而言，代际的划分就比较复杂。图 9-6 是 a 代人生活时期示意图。从图 9-6 可以看出，a 代人不仅同 $a-1$ 代人生存一段时间 t_1，而且还要同 $a+1$ 代人共同生活一段时间 t_2，a 代人有接受 $a-1$ 代人抚养的权力，也有对 $a+1$ 代人进行抚育的义务，同时它还有赡养上一代和被 $a+1$ 代赡养的义务与权力。从财富转移过程来看，a 代人是 $a-1$ 代人水资源财富的继承者，它要与 $a-1$ 代、$a+1$ 代人生活一段时间，同时进行财富的生产与消耗，最后将部分水资源等财富遗传给 $a+1$ 代。从此种关系可以看出，就人类的整体而言，代际之间很难有一个明确的清晰界限。

在人类历史的发展过程中，每代人的存续期间是有限的。在这短暂的时间内，它既是水资源财富所有者，也是后代人所具有的财富的代管者。为了人类自身生存和延续能够顺利进行，当代人无疑从上代人那里继承大量的财富，包括自然资源财富，同时利用这些财富进行物质再生产，在满足当代人各种需求的同时，并不断进行财富的积累。当代人最终会将所有的全部财富作为遗产留给下一代，出现财富代际转移现象。

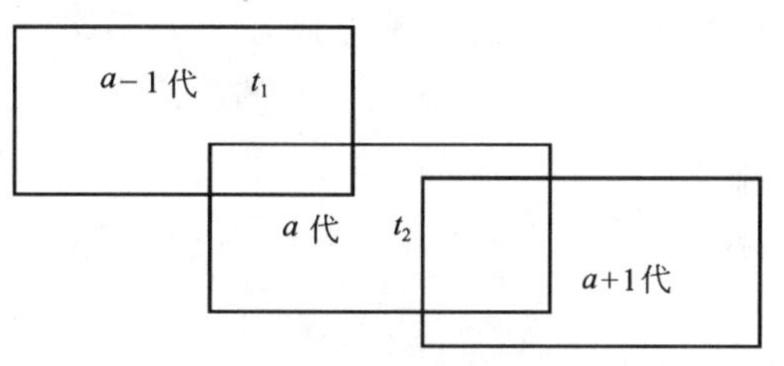

图 9-6　a 代人生活时期示意图

所谓的代际财富转移，就是上一代人将它所拥有和代管的财富通过一定的方式转移给下一代。财富的转移方式有两种：实物量方式和价值量方式。前者是将实物本身转移给下一代，后者不仅仅是将实物量转化为价值量，而且还包括用资金、技术等方式对下一代的补偿转移。当上一代人消耗掉本应属于下一代人的物质财富时，当代人就应该采取恰当的方式对下一代进行合理的补偿。只有采取这种代际财富转移的政策，人类社会的生活质量才不至于一代不如一代，环境质量的进一步衰退才能得到扼制，未来几代人同我们相比才能有相同或更好的资源享用权与生存权，人类社会才能持续发展。

分析水资源财富代际转移模式，它存在着两种基本类型，即水资源财富均衡转移和水资源财富的失衡转移。前者是持续发展所需要的理想模式，后代人所拥有的财富同我们相比是均等的，从资源财富角度来看是公平的，是我们所追求的最理想目标。后者同前者相比恰恰相反，它导致代际间的财富占有不均等，或者当代人所占有财富高于下一代，或者当代人的财富小于后一代，是一种非持续发展模式，是我们必须克服和扭转的。从现实来看，非持续发展模式是多见的。例如，我国的水资源财富无论在数量上还是在质量上都呈下降趋势。污染的加剧，使本来就有限的水资源供求矛盾更加尖锐，掠夺性的开发造成严重的后果。据统计，2003 年全国废水排放量达 460 亿 t，其中工业废水 212.4 亿 t，大部分未经处理直接排入水体。2003 年，在我国七大水系 407 个重点监测断面中，Ⅰ～Ⅲ类水质占 38.1%，Ⅳ、Ⅴ类水质占 32.2%，劣Ⅴ类水质占 29.7%。在七大水系干流的 118 个国控断面中，Ⅰ～Ⅲ类水质断面占 53.4%，Ⅳ、Ⅴ类水质断面占 37.3%，劣Ⅴ类水质断面占 9.3%。据计算，由于水资源的不合理开发利用，1961～1989 年，北京市平原区地下累计亏损量已达 42.78 亿 m^3，平均每年亏损 1.48 亿 m^3。超采产生了一系列严重后果。自 1970 年以后，地下水位平均每年以 0.5～1.0m 的速度下降，已形成区域性大漏斗。据 1980～1981 年 11 月份资料，北京城区东部和东北部沉降大于 100mm 的面积约 190km^2，其中最大沉降幅度达 502mm。

因此，我们必须改变目前的水资源开发利用模式，采取行之有效的措施，给我们后代创造一个美好的生存环境。走持续发展的道路，有计划有步骤地制定实施资源财富代际转移战略，是利在当今、功在千秋的大事。

2. 水资源可持续利用非代际时间域

为了叙述方便，我们将资源可持续利用代际时间域以外的时间范围称为资源可持续利用非代际时间域。

在非代际时间域内，资源的可持续利用仅就资源而言，理论阐述并不复杂，只要资源的开发利用不超过生态系统自我调节能力的极限，即生态阈限，资源开发利用就是可持续利用。如土地，只要在未来的可预见的较长时间内未引起明显的土地退化，该利用方式就是可持续的。

三、水资源可持续利用代际转移模型

代际问题是一个复杂的问题，却是水资源可持续利用必须纳入的范围。代际公平意味着上下代之间享有平等的资源。实际处理这个问题的时候是非常复杂的。如，即使我们使用很少的水资源，但由于人口的增加，下一代所

拥有的人均水资源数量可能比我们少。这就引申出一个问题，代际问题是一个综合问题，必须从综合的角度来进行考察，如社会、经济、环境等。但在处理这个问题时，我们同时也要注意的一点是，处理这样的复杂问题，也存在“不相容”原理，即选择的因素的越多，描述问题的精确程度可能降低。

为了考察水资源在代际中转移情况，我们进行一些假设：

(1) 两代人人口数量基本保持不变；

(2) 水资源是可再生资源，即使深层地下水也被看作，这是不符合实际的；

(3) 水资源开采后第 a 代的水资源存量为 S_a，每代水资源开采量为 C_a，水资源的再生速率为 R_a，水资源可开采的代数为 t。

基于上述假设，则存在下列等式关系：

$$S_1=S_0-C_1+S_0\cdot R_1$$

$$S_2=S_1-C_2+S_1\cdot R_2$$

$$\cdots$$

$$S_{a-1}=S_{a-2}-C_{a-1}+S_{a-2}\cdot R_{a-1}$$

$$S_a=S_{a-1}-C_a+S_{a-1}\cdot R_a \tag{9.1}$$

假设水资源的价格为 $V_a(a=1,2,3,\cdots)$，则每代遗传给下一代的水资源价值量 M_a 为：

$$M_1=V_1(S_0-C_1+S_0\cdot R_1)$$

$$M_2=V_2(S_1-C_2+S_1\cdot R_2)$$

$$\cdots$$

$$M_{a-1}=V_{a-1}(S_{a-2}-C_{a-1}+S_{a-2}\cdot R_{a-1})$$

$$M_a=V_a(S_{a-1}-C_a+S_{a-1}\cdot R_a) \tag{9.2}$$

代际间水资源财富的减少量 ΔM：

为了补偿下一代水资源财富的减少，上一代必须将创造的财富或收入的一部分转移给下一代，财富的转移量至少为 ΔM。

$$\begin{aligned}\Delta M&=M_{a-1}-M_a\\&=V_{a-1}(S_{a-2}-C_{a-1}+S_{a-2}\cdot R_{a-1})-V_a(S_{a-1}-C_{a-1}+S_{a-1}\cdot R_a)\end{aligned} \tag{9.3}$$

a 代人要生产物质财富，它必须投入劳动力 L_a，资本 K_a，以及自然资源 S_a，其生产规模的生产函数为：

$$S=f(L_a, K_a, S_a) \tag{9.4}$$

同时生产者在生产过程中获得收入。从劳动力出卖资本服务和资源利用中得到收入 J 为：

$$J=W_a+r_a \cdot K_a+P_a \cdot C_a \tag{9.5}$$

式中，W_a 为工资量，r_a 为利息率。

为了使下一代所拥有的水资源财富与上一代相同，上一代必须将获得收入的一部分向下一代转移，以补偿掠夺下一代人的财富，其收入转移至少应该满足下列关系式(姜文来，1996d，1997c)：

$$J \cdot \mu=\Delta M \tag{9.6}$$

上式中 μ 称为财富转移系数，其基本含义是需要按多大的比例将财富转移给下一代，才不至于使下一代所拥有的水资源财富减少，将(9.6)式进行变换，并将前式代入，则得到(9.7)式：

$$\begin{aligned}\mu &=\frac{\Delta M}{J}\\ &=\frac{V_{a-1}(S_{a-2}-C_{a-1}+S_{a-2} \cdot R_{a-1})-V_a(S_{a-1}-C_{a-1}+S_{a-1} \cdot R_a)}{W_a+r_a k_a+V_a C_A}\end{aligned} \tag{9.7}$$

式中，$0 \leqslant \mu \leqslant 1$。

当 $\mu=0$ 时，该种模式不需要向下一代转移财富，也能保持持续发展；

当 $\mu=1$ 时，意即将收入财富的全部转移给下一代，这种模式在理论上是可以成立的，在实际经济生活中是难以做到的。因为无论哪一代人，他们必须满足自己一代人生存需求的同时，才能考虑下一代人的需求，他们不可能不做任何消费，完全将其全部收入作为积累遗传给下一代。如果真的将全部收入转移给下一代人，那么这一代人的发展受到极大的限制，代际间的发展是不均衡的，也不符合持续发展中机会均等的原则。在这种情况下，a 代人转移给 $a+1$ 代人的最大财富量为$(J-E)$，E 为 a 代人及 $a+1$ 代人与 a 代人共同生活期间需要必须消耗的最低财富量。此时实际上财富转移系数为(姜文来，1997c)：

$$\mu=\frac{J-E}{J}=1-\frac{E}{J} \tag{9.8}$$

式中，E、J 可以从统计资料中取得。

第三节 水资源可持续利用评价指标体系

水资源可持续利用指标体系是衡量水资源高效持续利用水平的各种指标组成的有机整体的集合，它直接影响资源利用水平评价结果。因此，该指标体系完备性是正确评价水资源可持续利用程度的前提。

一、设计原则

如何构建科学的水资源可持续利用评价指标体系，是水资源可持续利用评价的基础性工作，构建的指标体系的指导思想就是可持续发展理论。在水资源可持续利用评价指标体系构建过程中，遵循如下原则。

1. 政策相关性强：指标应能够对水资源质量、社会和经济活动方式对水资源的压力以及社会的响应等进行有代表性的描述，并与已有的政策目标和有关的标准相关。

2. 信息集成度高：指标体系应符合水资源系统可持续利用的目标内涵，能比较主要地反映水资源系统的各个方面。但指标并不是选取的越多越好，指标太多会使指标体系规模太大而影响其可操作性。

3. 反应灵敏性强：所选指标应简明、易于理解，能够显示系统状态在时间和空间尺度上的变化，而且对水资源状况和相关经济模式与人类活动的变化反应灵敏。

4. 数据获取途径简单：指标体系各指标量的数据应当易获取，且存在标准值或期望值，保证指标体系有较好的可操作性。

5. 实用性强：指标体系在理论上应具有科学的基础，同时各指标还要清晰易懂，能被政府管理者和公众所理解和接受，指标体系自身应易于与评估模型和信息系统联系起来，使其实用性强。

二、水资源可持续利用指标体系

（一）指标体系框架

水域的自然条件决定了水资源持续利用的潜力，而能否保持水资源的持续利用并保持在合理的承载范围之内，主要取决于人类活动和经济社会发展对水资源的利用方式、作用强度以及减缓不利影响措施的效果。人类活动和经济社会发展对水资源的影响，既与水资源的自然禀赋和属性有关，又与水资源宏观规划利用与管理有关，也就是说，可以通过环境建设、调控与管理政策，提高水资源的可持续性，协调与经济的可持续发展。

根据以上分析，结合指标体系的方法学，水资源可持续利用指标体系采用指数—指标—变量三级体系框架。三级体系中，对各级的设计考虑如表 9-12：

水资源可持续利用指标体系设计　　表 9-12

名　称	设　计
指　数	总体反映水资源可持续利用水平，是指标体系的最高一级
指　标	从水质、水量、水生态系统及人类的应对响应等不同方面来表征水资源利用的可持续性。指标按类别进行划分，各类指标中进一步包含多重变量，指标综合反映多个变量的特征
变　量	是指标体系中最低的一级，指向定义清晰、数据可直接获取、或由相关资料提供或通过简单计算便可获得的特征元素

对以上设计的一级指数、二级分类指标、三级变量定义如图 9-7。指数：水资源可持续利用度。指标分 6 类，对各类指标的性质考虑如下：

1. 禀赋及开发利用水平：反映以区域水资源自然赋存条件为基础的水资源开发、利用程度。指标大小表示承受的水资源开发利用强度大小，指标值越大，开发利用强度越高。

2. 经济社会用水水平：反映经济社会发展的相应阶段，水资源系统所承受的用水压力，与经济发展的结构、规模、运行模式，人口数量及生活方式等有关。指标大小表示用水水平的高低，指标值越大，经济社会用水水平越高。

3. 容量与纳污水平：反映各行业经济生产和社会生活的水污染物排放情况，对水资源容量的利用程度，以及过去生产生活所积累的水体污染背景。指标大小表示水污染程度和环境容量利用程度，指标值越大，环境容量利用程度越高。

4. 生态系统功能水平：反映保持水生态系统稳定性能、生态适宜度、生态系统功能正常发挥程度的指标，体现水资源在改善人居环境、生活质

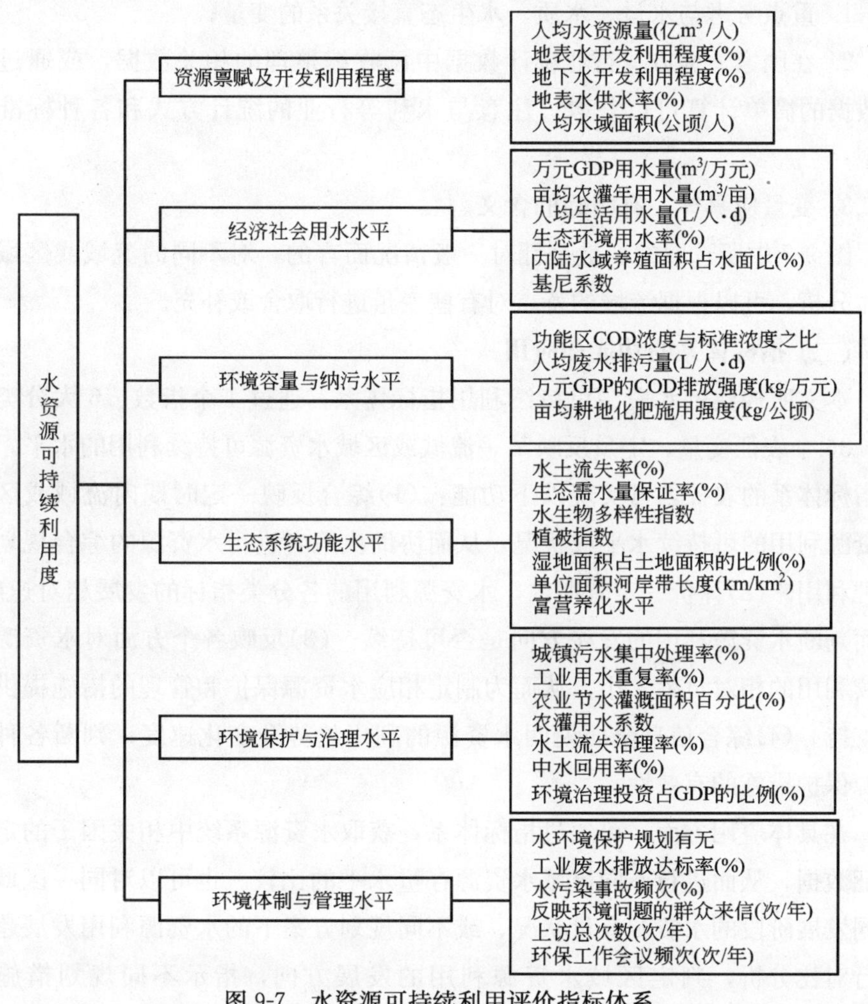

图 9-7 水资源可持续利用评价指标体系

量、维持水生生物多样性等方面的间接价值。指标值大小表示水生态系统功能维持水平的好坏，指标值越大，功能越好。

5. 环境保护与治理水平：反映水环境保护投入力度及治理效果，指标值越大，保护与治理水平越高。

6. 环境体制与管理水平：反映通过健全的机制和加强管理提高承载的可持续性，指标值越大，管理水平越好。

对应于二级分类指标，进行三级变量选取。在变量的选取时，按变量满足指标功能的程度、集合信息的能力、资料收集的难易性等因素，并考虑：

1. 重点考虑与水量、水质、水生态直接关系的变量；

2. 在国家、地方、行业统计数据中已收编整理的相关数据，或通过收编数据的简单计算可以获取。注意与水利等行业的统计方式和各种标准相协调；

3. 变量应具体，有明确的含义。

图 9-7 中所选取的变量是针对一般情况而言的，对不同的流域或区域的具体分析，可以根据流域的特点对有些变量进行取舍或补充。

(二) 指标体系的功能和应用

本文所构建的水资源可持续利用指标体系，通过 1 个指数、6 大分类指标、36 个表征变量，定量反映某一流域或区域水资源可持续利用的水平。通过指标体系的表征，可实现以下功能：(1)综合反映一定时期内流域或区域水资源利用的可持续水平或状况，从而协助决策者进行水资源的综合规划与合理利用。(2)评价一定时期内，水资源利用的各分类指标的发展相对速度，从而判断水资源利用的发展方向是否可持续。(3)反映各个方面对水资源可持续利用的相对贡献大小，从而为制定相应水资源保护和管理的措施提供技术支持。(4)综合信息全面说明水资源的利用趋势及变化速度，判断各种水资源保护措施的有效性。

在具体应用方面，可通过指标体系，获取水资源系统中相关因子的定量表征数据，从而进行不同流域水资源存量水平的比较。也可以对同一区域在不同发展阶段的水资源存量状况、或不同规划方案下的水资源利用发展趋势进行对比分析，判定区域水资源利用的发展方向，指示不同规划措施的效果。

三、水资源可持续利用评价标准的确立

水资源可持续利用标准的确立取决于研究者对客观的认知程度，该标准包含一定的主观成分，是主客观相互结合的产物。绝对的标准是不存在的，我们必须首先确立一个标准年(如以 2000 年为基准年)，分别计算各个年度的水资源可持续利用水平的综合指数(R)，根据 R 的数值来判断水资源可持续利用系统状况。我们建立了如下判断标准谱系(表 9-13、表 9-14)。

水资源可持续利用水平评价标准谱（Ⅰ） 表 9-13

综合指数 R	>0	=0	<0
标　准	可持续	准可持续	不可持续

水资源可持续利用水平评价标准谱（Ⅱ） 表 9-14

综合指数 R_{2i}	$R_{21}>0$；$R_{22}>0$；$R_{23}>0$	$R_{21}>0$；$R_{22}>0$；$R_{23}<0$	$R_{21}>0$；$R_{22}<0$；$R_{23}<0$	$R_{21}<0$；$R_{22}>0$；$R_{23}>0$
标　准	综合协调型可持续	生态经济型可持续	生态型可持续	社会经济型可持续
综合指数 R_{2i}	$R_{21}<0$；$R_{22}>0$；$R_{23}<0$	$R_{21}<0$；$R_{22}<0$；$R_{23}>0$	$R_{21}>0$；$R_{22}<0$；$R_{23}>0$	
标　准	经济型可持续	社会型可持续	生态社会型可持续	

注：R_{21}＝生态水平综合指数；R_{22}＝经济水平综合指数；R_{23}＝社会水平综合指数

上述所列的谱系具有层次性，谱系Ⅱ是谱系Ⅰ的可持续发展的一个分支，谱系Ⅱ还可继续分解。当综合评价完毕之后，可以对照上述谱系查找区域水资源可持续利用水平及其类型，发现区域水资源开发利用中存在的问题，以便采取调控措施，促进旱地农业的可持续发展。

四、水资源可持续利用评价评述

水资源可持续利用评价是水资源可持续利用指标体系构建质量好坏的评判标准。由于认识问题的角度不同，水资源指标设计、评价方法都有差异。目前，水资源可持续评价尚没有统一的模式，存在多种形式，主要包括：(1)协调度模型，通过构建人地相互作用和潜力三维指标体系，综合测度可持续发展水平和水资源可持续利用评价。(2)压力—状态—反应(PSR)结构模型，压力指标用以表征造成发展不可持续的人类活动和消费模式或经济系统，状态指标用以表征可持续发展过程中的系统状态，响应指标用以表征人类为促进可持续发展进程所采取的对策。(3)不确定性指标模型，应用模糊、灰色识别理论、模型和方法进行系统评价水资源可持续利用（宋松柏等，2003)。

水资源评价还存在一定的问题，主要表现在：

(1) 水资源持续利用理论尚不成熟。水资源可持续利用是建立在可持续发展理论基础上，实际上，可持续发展是一种哲学的理念，阐述起来很简单，但操作起来很复杂。这种理念是指导社会各种行为的抽象规范，究竟如何将其落实到水资源利用之中，目前尚在探讨之中。目前，深层次地看，水资源可持续利用在很大程度上停留在概念演绎的阶段，尽管学术研究很活跃，但大多局限于理论的演绎和探讨，整体上定性研究还大于定量研究。水资源持续利用理论正在发展深化之中，需要进一步深入发展。

(2) 水资源可持续利用指标体系还没有完全建立。建立一套公认的科学的水资源可持续利用评价指标体系是一项复杂的系统工程，是评价水资源可持续利用的基础。目前，水资源可持续利用指标呈现“百花齐放”的状态。从目前有关文献来看，选定的指标一般都很多，由于指标的可叠加性或者关联性，指标的科学性受到挑战。

作者认为，在水资源可持续利用的指标体系构建过程中，应该构建宏观和微观两套指标体系。宏观水资源可持续利用指标，不宜过多，具有指示性，要高度概括，同时考虑其可认知性，让民众可感觉到，如对于本地区而言，地下水位作为一个地下水可持续利用的一个指标，具有直观、可接受和易于操作的特点，值得推崇和探讨。微观层次指标要准确描述水资源利用状况以及其与社会经济的关系，指标独立性强，消除叠加和强相关性，同时将要考虑其可观测性或者可统计性，增加可操作性。

(3) 缺乏水资源可持续利用评价标准。水资源可持续利用评价标准是评价的准绳，没有一个客观的公认的标准，所得评价结论受到置疑。遗憾的是，目前国内外还没有公认的可持续利用标准和方法，因此，尽管有关科学工作者做了很多的工作，大多处于理论演绎的阶段，很难得到普遍的接受。如综合评分法能否恰当地体现各子系统之间的本质联系和水资源可持续利用思想的内涵还值得探讨，指标的标准确定有很大的随意性。

因此，通过大量的实际研究，建立水资源可持续利用综合的指标谱系是非常重要的。该谱系相对于指标体系，也有宏观和微观两个体系。微观谱系要做到给定一个指标能查找相对应的级别，经过综合评价达到宏观谱系，确立水资源可持续利用的层次。

在水资源可持续利用评价过程中，指标的可操作性、评价的主要内容、定性指标的量化等方面都存在不同程度的问题，有待于深入研究。

参 考 文 献

1. (美)A·迈里克·弗里曼. 环境与资源价值评估 [M]. 曾贤刚译. 北京：中国人民大学出版社，2002
2. (英)伊恩·莫法特. 可持续发展原则分析和政策 [M]. 宋国君译. 北京：经济科学出版社，2002
3. (英)朱迪·丽丝. 自然资源：分配、经济学与政策. [M]. 北京：商务印书馆，2002
4. (英)大卫，皮尔斯等. 绿色经济的蓝图：衡量可持续发展 [M]. 北京：北京师范大学出版社，1996
5. 车卉淳. 资源耗竭原因的经济学分析 [J]. 现代经济探讨，2002(1)：29～34
6. 陈昌笃. 持续发展与生态学 [C]. 北京：中国科学技术出版社，1993
7. 陈明健. 自然资源与环境经济学：理论基础与本土案例分析 [M]. 台北：双叶书廊有限公司，2003
8. 邓文碧. 环境社会系统研究 [D]. 北京大学博士论文，2003
9. 邓勇等. 可持续发展指标体系研究现状与展望 [J]. 统计与预测，2003(5)：34～36
10. 方福前. 可持续发展理论在西方经济学中的演进 [J]. 当代经济研究，2000(10)：14～22
11. 高敏雪，许健，周景博. 资源环境统计 [M]. 北京：中国统计出版社，2004
12. 高敏雪. 可持续发展的定量测度问题 [J]. 中国发展，2002(2)：44～45
13. 高敏雪. 可持续发展指标体系评价 [J]. 北京统计，2001(3)：22～23
14. 高敏雪. 对环境经济核算的总体认识 [J]. 统计研究，1998(3)：22～27
15. 高敏雪. 国家财富测度及其认识 [J]. 统计研究，1999(12)：9～14
16. 高敏雪等. 环境经济核算再认识 [J]. 统计研究，2000(4)：51～55
17. 高全胜. 浅谈绿色国内生产总值 [J]. 中国环境管理，1999(5)：22～23
18. 郭秀云. 可持续发展与环境经济核算 [J]. 山东经济战略研究，1999(9)：47～49

19. 国家环保总局，清华大学可持续发展课题组. 中国城市环境可持续发展指标体系研究手册［M］. 北京：中国环境出版社，1999
20. 黄思铭 . 可持续发展的评判［M］. 北京：高等教育出版社，2001
21. 姜文来，唐曲，雷波 . 水资源管理学导论［M］. 北京：化学工业出版社，2005
22. 金玉国等 . 发展尺度的演进及其一致性研究［J］. 统计研究，2000(7)：39～44
23. 蓝盛芳，H. T. Odum. 中国生态经济系统能值分析与持续发展［A］. 见：http：//www. ce65. com \ article
24. 雷明. 绿色国内生产总值(GDP)核算［J］. 自然资源学报，1998，(4)：320～326
25. 雷明 . 资源——经济一体化核算——联合国 93' SNA 与 SEEA［J］. 自然资源学报，1998(2)：145～152
26. 李金华 . 中国可持续发展核算体系［M］. 北京：社会科学文献出版社，2000
27. 廖明球 . 国民经济核算中绿色 GDP 测算探讨［J］. 统计研究，2000(6)：17～19
28. 刘红艳 . 环境经济核算初探——兼论我国新核算体系的缺陷及其改革思路［J］. 江苏统计，2000(8)：16～17
29. 刘培哲等 . 可持续发展理论与中国 21 世纪议程［M］. 北京：中国气象出版社，2001
30. 罗杰·珀曼 . 自然资源与环境经济学［M］. 北京：中国经济出版社，2002
31. 曼昆 . 经济学原理［M］. 北京：机械工业出版社，2003
32. 梅多斯 D. 增长的极限［M］. 北京：商务印书馆，1984
33. 牛文元 . 可持续发展导论［M］. 北京：科学出版社，1994
34. 潘家华 . 持续发展途径的经济学分析［M］. 北京：中国人民大学出版社，1997
35. 彭静，廖文根等 . 水环境承载的可持续性评价指标体系研究［C］. 北京：中国水利出版社，2005
36. 钱伯海. 国民经济核算原理［M］. 北京：中国经济出版社，2002
37. 仝川. 不可再生资源利用率度量指标研究 . 见：http：//www. ce65. com \ article
38. 邱东，宋旭光 . 观念创新与政策实施之桥：现代可持续发展指标［M］. 北京：中国财政经济出版社，2002
39. 邱东，宋旭光 . 可持续发展层次论［J］. 经济研究，1999(2)：64
40. 邱东. 多指标综合评价方法的系统分析［M］. 1987
41. 曲福田. 资源经济学［M］. 北京：中国农业出版社，2001
42. 芮建伟. 不可再生资源稀缺性研究［D］. 中国矿业大学博士论文，2001
43. 尚卫平. 可持续发展的理论思考与统计研究［D］. 厦门大学博士论文，2000

44. 沈惠璋，顾培亮. 可持续发展定量研究探索［J］. 天津商学院学报，1998(2)：7～12
45. 沈满洪. 环境经济手段研究［M］. 北京：中国环境科学出版社，2001
46. 世界环境与发展委员会. 我们共同的未来［M］. 长春：吉林人民出版社，1997
47. 世界银行环境局J. 迪克逊等. 扩展衡量财富的手段：环境可持续发展指标［M］. 北京：中国环境科学出版社，1998
48. 宋旭光. 代际公平的经济解释［J］. 内蒙古农业大学学报，2003(3)：6～8
49. 宋旭光. 可持续发展测度方法的系统分析［M］. 大连：东北财经大学出版社，2003
50. 宋旭光. 可持续发展指标的研究思路［J］. 统计与决策，2002(12)：17
51. 王奇. 可持续发展的经济学研究［D］. 北京大学博士论文，2001
52. 王曦. 论国际环境法的可持续发展原则［J］. 法学评论，1998(3)：11～12
53. 谢洪礼. 关于可持续发展指标体系的述评［J］. 统计研究，1999，(1)：59～63
54. 徐涛等. 从"国内生产总值(GDP)"到"生态国内产出(EDP)"核算的必然选择［J］. 经济问题探索，1999(4)：15～16
55. 徐中民，张志强. 可持续发展定量研究的几种新方法评价［J］. 中国人口、资源与环境，2002(2)：60～62
56. 杨开忠等. 生态足迹分析理论与方法［J］. 地球科学进展，2000(12)：630
57. 杨缅昆. 绿色GDP和环保活动核算——兼论GDP修正中的方法论问题［J］. 统计研究，2000(9)：10～12
58. 姚志勇. 环境经济学［M］. 北京：中国发展出版社，2002
59. 叶文虎. 可持续发展的衡量与指标体系［J］. 世界环境，1996(1)：8
60. 叶文虎. 联合国可持续发展指标述评［J］. 中国人口·资源与环境，1997(3)：83～87
61. 尹小波. 可持续经济发展中的资源配置优化［J］. 数量经济技术经济研究，1998(2)：24
62. 张帆. 环境与自然资源经济学［M］. 上海：上海人民出版社，1997
63. 张丰. 可持续发展的经济学分析［D］. 武汉大学博士论文，1999
64. 张丰. 可持续发展中代际公平与折现率的经济学分析［J］. 经济科学，2002(3)：123～126
65. 张锦高，李忠武. 可持续发展定量研究方法综述［J］. 中国地质大学学报，2003(12)：32～35

66. 张坤民. 可持续发展论 [M]. 北京：中国环境科学出版社，1997

67. 张世秋等译. 世界无末日：经济学、环境与可持续发展 [M]. 北京：中国财政经济出版社，1996

68. 张志强等. 可持续发展评估指标、方法及应用研究 [J]. 冰川冻土，2002(8)：344～360

69. 章铮. 自然资源经济学的产生与发展 [D]. 北京大学博士论文，1994

70. 赵玉川. 对我国可持续发展指标研究的再思考 [J]. 科学与科技管理，2000(6)：12～16

71. 郑易生. 宏观环境污染损失计量中的一个理论方法问题 [J]. 科技导报，1996(4)：41～42

72. 朱启贵. 国民经济核算与环境 [J]. 中国软科学，1999(12)：34

73. 朱启贵. 可持续发展评估 [M]. 上海：上海财经大学出版社，1999

74. 朱启贵. 论环境核算 [J]. 统计研究，1995(增)：44～48

75. Barbier E B, Burgess J C, Folke C. Paradise Lost? *The Ecological Economics of Biodiversity* [M]. London: Earthscan, 1994

76. Acharya G. Approaches to valuating the hidden hydrological services of wetland ecosystems [J]. *Ecological Economics*, 2000, 35: 22～36

77. Chen D J, Cheng G D, Xu Z M, Zhang Z Q. Ecological Footprint of the Chinese Population, Environment and Development. [J]. *Environmental Conservation* 2004, 31(1): 66

78. Costanza R, Daly H E, Bartholomew J A. Goals. *Agenda and Policy Recommendations for Ecological Economics: the Science and Management of Sustainability* [C]. New York: Columbia University Press, 1991, 8～9

79. Costanza R, Farber S, Castaneda B, Grasso M. Green national accounting: goals and methods [A]. Cleveland C J, Stern D I, Costanza Red. *The Economics of Nature and the Nature of Economics* [C]. Cheltenham: Edward Elgar, 2001, 200 ～264

80. David Pearce, Anil Markandya, Edward B Barbier. *Blueprint for a Green Economy* [M]. London: Earth-scan, 1989

81. Department of Social Engineering, Graduate School of Decision and Technology, Tokyo Institute of Technology. The Ecological Footprint of Tokyo [OL]. http: // www. soc. titech. Ac. jp. uem/Tokyo-fprint. html, 1999-09-22

82. Gary Banks, Water Rights Arrangements in Australia and Drerseas [R]. Productivity Commission 2003, Commission Research Paper, Productivity Commission, Melbourne. 2003: 105

83. Giarnio. *Dialogue on Wealth and Welfare* [M]. New York: Pergamon Press, 1980

84. Hamilton K, Lutz E. Green National Accounts: Policy Uses and Empirical Experience [J]. *Environmental Economics Series*, 1996, 39(3)

85. Harberl H. Erb Karl-Heinz, Kransmannf. How to calculate and interpret ecological footprints for long periods of time: the case of Austria 1926～1995 [J]. Ecological Economics, 2001, 38(1): 30～36

86. Harrtwick J M. Investing Returns from Depleting Renewable Resource Stocks and Intergenerational Equity [J]. *Economic Letters*, 1978(1)

87. Herman E Daly, John B Cobb, Jr. *For the Common Good* [M]. Boston: Beacon Press, 1989

88. Holly Marie Morehouse. A Spatial Decision Support System for Environmentally Sustainable Communities [D]. Ann, Arbor, MI: Dissertation for Ph. D. in Clark University, 2002

89. James Scott Baldwin, Keith Ridgway. Modelling Industrial Ecosystems and the 'Problem' of Evolution [J]. *Progress in Industrial Ecology*, 2004, 1: 55-58

90. Jansson A M, Hammer M, Folke C, Costtanza R. *Investing in Natural Capital: The Ecological Economics Approach to Sustainability* [M]. Washington: Island Press, 1993

91. Jouni Korhonen. Four Ecosystem for an Industrial Ecosystem [J]. *Journal of Cleaner Production*, 2001, 9: 254

92. Kaufmann R. The environment and economic well being [A]. Henk Folmer. Frontiers of Environmental Economics [C]. Edward Elgar Publishing Limited, UK, 2001: 44～58

93. Lower Fraser Basin Eco-Research Project. How sustainable are our choices [EB/OL]. See: http://www.ire.ubc.ca/ecoresearch/ecoftpr.html, 2000

94. Makarand A. Kulkarni. Analysis of the Sustainable Development of Industrial Ecological System [D]. Ann, Arbor, MI: Dissertation for Master of Engineering. Science in Larmar University, 2003

95. Mathis Wackernagel. Ecological footprint and appropriated carrying capacity: a tool for planning toward sustainability [D]. Ph D Thesis. School of Community and Regional Planning, The University of British Columbia, Canada, 1999

96. Mathis Wackernagel. Footprint: Recent steps and possible traps. The author' s reply to Roger Levett' s Response [J]. *Local Environment*, 1998, 31(2): 221~225

97. Mathis Wackernagel, J David Yount. The ecological footprint: an indicator of progress toward regional sustainability [J]. *Environmental Monitoring and Assessment*, 1998, 51: 514

98. Mathis Wackernagel, Lewan L, Hannsson C B. Evaluation the use of natural capital with the ecological footprint: Applications in Sweden and Subregions [J]. *A mbio*, 1999, 28(7): 604~612

99. Mathis Wackernagel, Onisto L, Bello P, Linares A C, et al. *Ecological Footprints of Nations: how much nature do they use? How much nature do they have* [M]. Costa Rica: The Earth Council, 1997

100. Mathis Wackernagel, Onisto L, Bello P, Linares A C. et al. National natural capital accounting with the ecological footprint concept [J]. *Ecological Economy*, 1999, 29: 375~390

101. Mathis Wackernagel, What we use and what we have: ecological footprint and ecological capacity [OL]. http://www.rprogress.org/progsum/nip/ef/ef.projsum.html. 1999-09-22

102. Mathis Wackernagel, William E Rees. Our Ecological Footprint: Reducing Human Impact on the Earth [M]. Gabriola Island, B.C. Canada: New Society Publishers, 1996

103. Mathis Wackernagel, William E Rees. Perceptual and structural barriers to investing in natural capital: Economics from an ecological footprint perspective [J]. *Ecological Economics*, 1997, 20: 3~24

104. Meadows D, Meadows D, Rander J, Behrens W. *Limits to Growth* [M]. New York: Universe Books, 1972

105. Meadows D, Randers J. *Beyond the Limits* [M]. Vermont, USA: Chelsea Green Publishing Co. 1992

106. Mohan Munasinghe, Wahlter Shearer. *Defining and Measuring Sustainability*:

the Biogeochemical Foundations [M]. Tokyo: The United Nations University Press and The World Bank Press, 1995

107. Monfreda C, Wackernagel M, Deumling D. Establishing National Natural Capital Accounts Based on Detailed Ecological Footprint and Biological Capacity Assessments [J]. *Land Use Policy*, 2004, 21: 240～245
108. Murtough, G., Aretino, B. Matysek, A. Greating Markets for Ecosystem Services [R]. Productivity Commission Staff Research Paper, Ausinfo, Canberra, 2002
109. Odum H T. *Ecological and General Systems* [M]. Revised Edition. Boulder: University of Colorado press, 1994
110. Union Bancaire Prvee, Geneva, Switzerland; Redefing Progress, San Francosico, United States; and the centro de Estudios para la Sustentabilidad, Xalapa Mexico. Updated footprint of nations ranking list (1995 data) [OL]. http://www.rprogress.org/resouce/ ef_nations_table_hectares. Htm, 1999-06-22/1999-09-22
111. Partha Dasgupata and Geoffrey M. Heal. The optimal depletion of exhaustible resources [J]. *Review of Economics Studies*, 1974, 22
112. Pauline Deutz. David Gibbs and Amy Proctor. Eco-industrial Development: its Potential as a Stimulator of Local Economic Development [A]. New Orleans: Annual Meeting of the Association of American Geographers, March 2003, 12
113. Peace D W. *Blueprint 3: Measuring Sustainable Development* [M]. London: Earthscan, 1993
114. Peace D W. The Economic Value of Externalities from Electricity Sources [J]. *Scandinavian Journal of Economics*, 1993, 88(1)
115. Perman R, Ma Yue, Mc Gilvray J, Common M. *Natural Resources and Environment Economics* [M]. 2nd edition. Pearson: Pearson Education Ltd, 1999
116. Pezzy J. Sustainability constraints versus "optimality" versus intertemporal concer, and azioms versus data [J]. *Land Economics*, 1997, 73(4): 448
117. P. W. Gerbens-Leenes, S. Nonhebel, Consumption patterns and their effects on land required for food [J]. Ecological *Economics*, 2002, 42: 188～192
118. Richard T, Woodward Wui Y—S. The economic value of wetland services: a meta-analysis [J]. *Ecological Economics*, 2001, 37: 263～269
119. Serageldin, Steer A. Epilogue: Expanding the Capital Stock [A]. In: Serageldin

and Steereds. Making Development Sustainable: From Concepts to Action. Environmentally Sustainable Development Occassional Paper no 2 [C]. Washington D C: World Bank, 1994

120. Solow R. On the intergenerational allocation of national resources [J]. *Scandinavian Journal of Economics*, 1986, 88(1): 141～149

121. Solow R. The Economics of Resources or the Resources of Economics [J]. *The American Economic Review*, 1974, (64): 1～14

122. Stefan Gossling, Carina Borgstrom Horstmeier, Stefan Saggel Ecological Footprint analysis as a tool to assess tourism Sustainability [J]. *Ecological Economics*, 2002, 43: 199～211

123. Torras M. The total economic Value of Amazonian deforestation, 1978—1993 [J]. *Ecological Economics*, 2001, 33: 288～290

124. Vitousek R M, Ehrilich P R, Ehrilich A H, Matson P A. Human appropriation of the products of photo-synthesis [J]. *Bioscience*, 1986, 34: 368～373

125. Wackernagel M., OnistoL., BelloP. National Natural Capital Accounting with the Ecological Footprint Concept [J]. *Ecological Economics*, 1999, (29)

126. Wackernagel M. What We Use and What We Have: Ecological Footprint and Ecological Capacity [EB/OL]. http: //www. rprogress. org/resources/, 1999

127. Whittaker R H. *Communities and Ecosystems* [M]. New York: Mac Millan Publishing, 1975

128. William E Rees. Is'sustainable city'an oxymoron [J]. *Local Environment*, 1997, 2(3): 303～310

129. William E Rees. Revisiting carrying capacity: are-based indicators of sustainability [OL]. http: //www. deoff. com/ page110. htm of population and environ ment: a journal of International Interdisciplinary Studies, 1997, 17, (3)

130. William E R. Revisiting Carrying Capacity: Area-Based Indicators of Sustainability [A]. In: Wackernagel M, ed. Ecological Footprints of Nations [EB/OL] http: // www. ecouncil. ac. cr/rio/focus/report/english/footprint/, 1996

131. World bank. *Monitoring Environmental Progress: A Report on Work in Progress* [M]. Washington DC, 1995

132. World Commission on Environment and Development. *Our Common Future* [M]. Oxford New York: Oxford University Press, 1987

133. WWF. Living Planet Report 2002 [C]. World Wide Fund for Nature, Gland, Switzerland. 2002

134. Yoshihiko Wada. The myth of sustainable development': The ecological footprint of Japanese consumption [D]. Ph D Thesis. School of Community and Regional Planning, The University of British Columbia, Canada, 1999

133. WWF. Living Planet Report 2002 [C]. World Wide Fund for Nature, Gland, Switzerland, 2002

134. Yoshihiko Wada. The myth of sustainable development: The ecological footprint of Japanese consumption [D]. Ph.D Thesis. School of Community and Regional Planning, The University of British Columbia, Canada, 1999